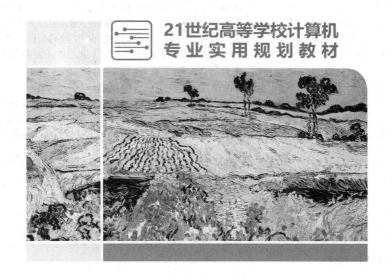

21世纪高等学校计算机
专业实用规划教材

Android移动网络程序设计案例教程

Android Studio版

◎ 傅由甲 王勇 罗颂 编著

U0342997

清华大学出版社

北京

内 容 简 介

本书以 Android Studio 为开发环境，从移动网络编程应用需求出发，由浅入深、循序渐进地介绍了 Android 基础编程和网络编程，涵盖了 Android 移动网络程序开发的理论、实验和课程设计。全书包含四大部分：第 1 部分是 Android 程序开发基础，包括开发环境搭建、移动程序创建、用户界面设计、组件通信、数据存储与访问、广播与后台服务；第 2 部分是 Android 网络编程，包括 WiFi 操作、TCP、UDP、HTTP、蓝牙和百度地图应用编程；第 3 部分是 Android 移动应用编程实践，包括 Android 开发环境搭建、移动程序结构、用户界面、组件通信、数据存储与访问、后台服务、WiFi 管理、Socket、HTTP、蓝牙及百度应用开发实验；第 4 部分是 Android 移动网络应用编程课程设计，包括设计目的、题目及要求等。

全书采用案例教学和项目引导驱动相结合的方式，除了对每章的重要知识点辅以范例讲解外，还以"移动点餐系统"项目为线索，在将各章节知识点串起来的过程中重点揭示如何将所学技能进行实战，从而领悟到更多的工程技巧。通过本书的学习能让读者快速掌握移动网络应用程序的开发流程和编程技能，并获得较好的工程实践体验。

本书既可作为高等院校信息技术的教材，也可供相关专业人士参考。同时，为了配合教学及自学，本书提供了配套教学的 PPT 和源代码。

图书在版编目（CIP）数据

Android 移动网络程序设计案例教程：Android Studio 版/傅由甲，王勇，罗颂编著.—北京：清华大学出版社，2018（2021.6重印）
（21 世纪高等学校计算机专业实用规划教材）
ISBN 978-7-302-47548-4

Ⅰ. ①A⋯　Ⅱ. ①傅⋯　②王⋯　③罗⋯　Ⅲ. ①移动终端－应用程序－程序设计－高等学校－教材
Ⅳ. ①TN929.53

中国版本图书馆 CIP 数据核字（2017）第 140556 号

责任编辑：刘　星　梅栾芳
封面设计：刘　键
责任校对：时翠兰
责任印制：丛怀宇

出版发行：清华大学出版社
　　　　网　　　址：http://www.tup.com.cn，http://www.wqbook.com
　　　　地　　　址：北京清华大学学研大厦 A 座　　　　　　　邮　　　编：100084
　　　　社 总 机：010-62770175　　　　　　　　　　　　　邮　　　购：010-83470235
　　　　投稿与读者服务：010-62776969，c-service@tup.tsinghua.edu.cn
　　　　质量反馈：010-62772015，zhiliang@tup.tsinghua.edu.cn
　　　　课件下载：http://www.tup.com.cn，010-83470236
印　刷　者：北京富博印刷有限公司
装　订　者：北京市密云县京文制本装订厂
经　　　销：全国新华书店
开　　　本：185mm×260mm　　　　印　　　张：21.5　　　　字　　　数：524 千字
版　　　次：2018 年 1 月第 1 版　　　　　　　　　　　印　　　次：2021 年 6 月第 7 次印刷
印　　　数：10001～11500
定　　　价：49.00 元

产品编号：073361-01

前　　言

　　由于智能手机和平板电脑的普及,各种 Android 程序已深入到大众生活,移动应用编程成为程序开发的一个非常重要的方向,而随着"互联网＋"的兴起,Android 的移动网络应用编程正走向深入。正是在此背景下,本书除了介绍 Android 的基本知识外,还花了大量篇幅介绍了 Android 平台上的各种网络编程技术,并通过实际的应用项目作为引导驱动教学,从而让读者快速掌握移动网络应用程序的开发流程和技巧,为在"互联网＋"的技术浪潮中奋勇搏击奠定坚实的基础。

　　本书涵盖 Android 移动网络程序开发的理论、实验和课程设计。

　　全书内容共四大部分,具体如下:

　　第 1 部分是 Android 程序开发基础,该部分为第 1~6 章,各章内容如下:

　　第 1 章介绍 Android 的起源、特征、体系结构,然后介绍了 Android 开发环境的搭建及在 Android Studio 开发环境中使用 Android,最后简单介绍了 Android 中的四大组件。

　　第 2 章介绍 Android 项目的创建、项目结构、生命周期以及 Android 程序的调试方法。

　　第 3 章介绍 Android 单一用户界面的编程,包括界面的布局、常用控件以及"移动点餐系统"中的单界面编程。

　　第 4 章在第 3 章的基础上介绍多个用户界面的编程,包括 Toast、对话框、菜单以及不同界面间的数据传递,最后介绍"移动点餐系统"中的多用户界面编程。

　　第 5 章介绍 Android 数据存储和访问技术,包括 SharedPreference 存储、文件存储和数据库存储,并将以上存储方法应用到"移动点餐系统"中。

　　第 6 章介绍 Android 系统的广播消息、本地服务、多线程服务和远程服务,并将广播消息和本地服务技术应用到"移动点餐系统"中。

　　第 2 部分是 Android 网络编程,该部分为第 7~11 章,各章内容如下:

　　第 7 章介绍 Socket 通信和 HTTP 通信基础,以及如何在 Android 中管理 WiFi。

　　第 8 章详细介绍 Socket 编程,从 TCP 和 UDP 套接字概念开始,逐步讲解 TCP 传输和 UDP 传输编程方法,最后介绍无线局域网中的"移动点餐系统"。

　　第 9 章介绍 HTTP 编程,包括 HTTP 协议、使用 URL 相关类实现数据下载的方法,HttpClient 网络编程和 JSON 数据包传输方法,最后介绍互联网中的"移动点餐系统"。

　　第 10 章是蓝牙传输编程,主要包括蓝牙 API 的使用、蓝牙设备的查找与配对、蓝牙的连接与数据传输,最后通过蓝牙聊天程序实现以上知识点的综合应用。

　　第 11 章是 GPS 应用与百度地图编程,主要包括百度地图应用开发步骤,基础地图、百度定位及位置检索功能的开发。

　　第 3 部分是 Android 移动应用编程实践,即第 12 章,该实践由 11 个实验组成,分别对应理论部分的 11 章,通过这些实验对相应的理论知识点进行巩固、拓展以及深化。

第 4 部分是 Android 移动网络应用编程的课程设计,即第 13 章,包括课程设计的目的、题目及要求、考核方式等。

本书在写作过程中得到清华大学出版社的支持和帮助。本书由重庆理工大学的傅由甲、王勇、罗颂编著,重庆理工大学网络工程创新实验室的鲜光季参与了第 11 章内容的整理。

本书可作为高等院校计算机及相关专业的教材,也可作为信息技术领域中的教师、学生和工程技术人员的参考书。

本书参考了国内外的相关教材和著作,在此对相关作者表示真诚的感谢。由于编者水平有限,书中出现错误在所难免,恳请广大读者批评指正。

作　者

2017 年 11 月于重庆理工大学

目　录

第1章 Android 开发起步

1.1 Android 简介

1.1.1 Android 起源与发展

1. Android 的起源

Android 一词最早出现于 19 世纪，法国象征主义派诗人维里维耶德利尔·亚当 (Villiers de L'isle Adam，1838—1889)在 1886 年出版的《未来的夏娃》(L'Eve Future)一书中。

该书中的男主角为了回报他的救命恩人，帮他制造了一个女性机器人，并命名为 Hadaly，这种仿人机器在书中称为 Android。今天，Android 当作名词使用时意指"机器人"，而当形容词使用时，意思为"有人类特征的"。

《未来的夏娃》一书主要描述了人性、灵魂和科学之间的矛盾碰撞，由于这种题材非常吸引人，一位名叫 Andy Rubin 的年轻人在 2003 年创立面向移动终端 OS 开发的公司时将该公司命名为 Android。和苹果公司只向自己的合作公司提供 OS 不同，Android 公司免费向其他公司提供 OS 和 APP 开发环境。

后来，Android 公司于 2005 年被美国 Google 公司收购，而 Android 这一公司名也就只能作为 OS 的名称保留下来，作为 Android 之父的 Andy Rubin 在公司被收购之后留在了 Google 负责 Android 业务，之后成为 Google 的工程副总裁。

Android 操作系统的发展离不开 Google 公司的研发和开放手机联盟(Open Handset Alliance，OHA)的推动。

OHA 是 Google 公司于 2007 年发起的一个全球性的联盟组织，目标是研发用于移动设备的新技术，用以大幅消减移动设备开发与推广成本。同时通过联盟的各个合作方的努力，在移动通信领域建立新的协作环境，促进创新移动设备的开发，使消费者的用户体验远远超过当时的移动平台所能享受到的。图 1.1 是该组织的徽标。

OHA 成立时由 34 个成员组织构成，包括电信运营商、半导体芯片商、手机硬件制造商、软件厂商和商品化公司五类，涵盖移动终端产业链的各个环节，众多大公司都是该组织的成员。表 1.1 列举了 OHA 中几个较为知名的成员。但要注意的是，这 34 家企业并不包含诺基亚、苹果公司、美国运营商 AT&T 和 Verizon，也不包含微软公司。

图 1.1 开放手机联盟徽标

表 1.1　OHA 中几个较为知名的成员

类　　别	所 含 成 员
电信运营商	中国移动通信、中国电信、NTT DoCoMO、T-Mobile、Sprint 等
半导体芯片商	高通、Intel、NVIDA、ARM 等
手机硬件制造商	摩托罗拉、HTC、PHILIPS、三星、LG 等
软件厂商	Google、eBay 等
商品化公司	Accenture、Aplix、Corporation 等

2. Android 发展史

2008 年 9 月 23 日，Google 发布了 Android 1.0 版，这是一个稳定版本。1.0 版的 SDK 中分别提供了基于 Windows、Mac 和 Linux 操作系统的集成开发环境，包含完整高效的 Android 模拟器和开发工具、详细的说明文档和开发示例。10 月 21 日，Google 又公布了 Android 平台的源代码，任何人或机构都可以免费使用 Android，并对它进行改进。10 月 22 日，第一款 Android 手机 T-Mobile G1（HTC Dream）在美国上市，由中国台湾的宏达电（HTC）制造。

2009 年，Android 系统发展迅速，继 Android 1.5、1.6 后，Android 2.0 版正式发布。同年，HTC Hero G3 成为全球最受欢迎的智能手机。

2010 年，Google 发布了旗下第一款自主品牌手机：Nexus one（HTC G5）。同年 5 月 20 日，Google 对外正式展示了搭载 Android 系统的智能电视——Google TV，成为全球首台智能电视。5 月 Android 2.2 版发布，12 月 Android 2.3 版发布。

2011 年 2 月，Android 3.0 版正式发布；5 月，Android 3.1 版正式发布。这两个版本是专为平板电脑设计的 Android 系统，在界面上更加注重用户体验和良好互动，并重新定义了多任务处理功能。还是这一年的 10 月，Android 4.0 版正式发布，该版最显著的特征是同时支持智能手机、平板电脑、电视等设备，而不再需要根据设备不同选择不同版本的 Android 系统。经过这一年的迅猛发展，Android 手机已占据全球智能机市场的 48% 的份额，并在亚太地区牢牢占据统治地位，终结了诺基亚 Symbian 的霸主地位，跃居全球第一。截至 2017 年 9 月，Android 的最新版本是 8.0 版。表 1.2 整理了历年版本的简介，有趣的是，每一版本的 Android 代号都是以甜点名称来命名的。

表 1.2　Android 历年版本及代号

Android 版本	Linux 内核版本	代　　号	发布日期
1.5	2.6.27	Cupcake(纸杯蛋糕)	2009/04/03
1.6	2.6.29	Donut(甜甜圈)	2009/09/15
2.0/2.0.1/2.1	2.6.29	Éclair(松饼)	2009/10/26
2.2/2.2.1	2.6.32	Froyo(冻酸奶)	2010/05/20
2.3	2.6.35	Gingerbread(姜饼)	2010/12/07
3.0	2.6.36	Honeycomb(蜂巢)	2011/02/02
4.0		Ice Cream Sandwich(冰淇淋三明治)	2011/10/19
4.1/4.2/4.3		Jelly Bean(果冻豆)	2012/06/28
4.4		KitKat(奇巧巧克力)	2013/11/1
5.0/5.1		Lollipop(Android L 棒棒糖)	2014/06/25
6.0		Marshmallow(Android M 棉花糖)	2015/05/28
7.0		Nougat(Android N 牛轧糖)	2016/05/18
8.0		Android Oreo(奥利奥)	2017/08/22

1.1.2 Android 特点

Android 作为使用 Linux 内核的智能手机操作系统之所以能够成功,是由以下特点决定的:

- 开放源代码。源代码全部放开是 Android 最大的特征,其所有源代码可以从 Google 的官网免费下载,这是以前手机操作系统所没有的。
- 应用广泛。Android 除了可以用于智能手机外,还可以用于 PAD、智能电视、车载导航仪 GPS、MP4 及笔记本电脑硬件上,使用范围非常广泛。
- 可扩展性强。广泛支持 GSM、CDMA、3G 和 4G 的语音和数据业务,提供了地图服务的强大的 API 函数,提供组件复用和内置程序替换的应用程序框架,提供基于 WebKit 的浏览器,广泛支持各种流行的音视频和图像格式,并为 2D 和 3D 图形图像处理提供专用的 API 函数。用户可以充分发挥想象力,创造自己的 Android 王国。
- 硬件调用。内置重力感应器、加速度感应器及温度、湿度感应器等硬件传感器,另外 GPS 模块、WiFi 模块也让更多的硬件调用更为方便。
- 开发方便。Android 应用程序使用 Eclipse＋ADT＋Android SDK＋JDK 或者 Android Studio＋Android SDK＋JDK 的开发环境,容易集成,开发和调试也更加方便,另外,由于 NDK 的支持,使得对 Java 不熟悉的开发者也可以方便地使用 C 和 C++语言开发应用程序。

此外,Android 的浏览器还支持最新的 HTML5 和 JavaScript 脚本;不断更新的 SDK 在个性支持、Widget、Shortcut、Live Wallpapers 上表现得更加华丽和时尚,这一切都让其未来充满希望。

1.1.3 Android 体系结构

Android 是基于 Linux 内核的软件平台和操作系统,采用 HAL(Hardware Abstraction Layer)架构,共分为 4 层,如图 1.2 所示。第一层是 Linux 内核,提供由操作系统内核管理的底层基础功能;第二层是中间件层,也称 Android 运行库层,由函数库和 Android 运行时构成;第三层是应用程序框架层,提供了 Android 平台基本的管理功能和组件重用机制;第四层是应用程序层,提供了一系列核心应用程序。下面就各层做简单的介绍。

1. Linux 内核层

Android 基于 Linux 2.6 提供核心系统服务,如安全、内存管理、进程管理、网络堆栈、驱动模型。该层也作为硬件和软件之间的抽象层,它隐藏具体硬件细节而为上层提供统一的服务。分层的好处是可以使用下层提供的服务,同时也为上层提供统一的服务,屏蔽本层及以下各层的差异,本层及以下层的变化不会影响到上层,各层各尽其职,因此具有高内聚、低耦合的特点。如果只是做应用开发,则不需要深入了解 Linux 内核层。

2. Android 运行库层

该层包括函数库(Libraries)和 Android 运行时(Android Runtime)。

函数库包含一个 C/C++集合,供 Android 系统的各个组件使用。它们通过 Android 的应用程序框架提供给开发者,包括标准 C 系统库(libc)、媒体库、界面管理库、图形库、数据

图 1.2　Android 体系结构

库引擎、字体库等。

　　Android 运行时包含一个核心库（Core Libraries）和 Dalvik 虚拟机。核心库提供大部分在 Java 编程语言核心类库中可用的功能。每一个 Android 应用程序是 Dalvik 虚拟机中的实例，运行在它们自己的进程中。Dalvik 虚拟机设计成在一个设备中可以高效地运行多个虚拟机。大多数虚拟机，包括 JVM 都是基于栈的，而 Dalvik 虚拟机则是基于寄存器的。两种架构各有优劣，一般而言，基于栈的机器需要更多指令，而基于寄存器的机器指令更大。Dalvik 虚拟机依赖于 Linux 内核提供基本功能，如线程和底层内存管理。

　　3．应用程序框架层

　　通过提供开放的开发平台，Android 使开发者能够编制极其丰富和新颖的应用程序。开发者可以自由地利用设备硬件优势、访问位置信息、运行后台服务、设置闹钟、向状态栏添加通知等等，也可以完全使用核心应用程序所使用的框架 API。应用程序的体系结构旨在简化组件的重用，任何应用程序都能发布它的功能且任何其他应用程序可以使用这些功能（需要服从框架执行的安全限制）。这一机制允许用户替换组件（所有的应用程序其实是一组服务和系统）。这一层包括：活动管理器（Activity Manager）、内容提供者（Content Providers）、通知管理器（Notification Manager）、资源管理器（Resource Manager）、定位管理器（Location Manager）、电话语音模块（Telephony Manager）、显示框架（View System）等。

　　4．应用程序层

　　Android 装配一个核心应用程序集合，包括电子邮件客户端、SMS 程序、日历、地图、浏览器、联系人和其他设置。所有应用程序都是用 Java 编程语言写的，更加丰富的应用程序有待我们去开发！

从上面可知 Android 的架构是分层的,非常清晰,分工很明确。Android 本身是一套软件堆迭(Software Stack),或称为"软件迭层架构",该迭层主要分成三层:操作系统、中间件、应用程序。开发者不但可以直接调用这些应用,而且也可以利用此模式分享自己的 API,允许其他软件调用。

1.2 Android Studio 开发环境

1.2.1 Android Studio 概要

Android Studio 是由 Google 公司推出的 Android 集成开发工具,基于 IntelliJ IDEA,类似 Eclipse ADT,提供了集成的 Android 开发工具用于开发和调试,已免费向 Android 开发人员发放。为了简化 Android 开发,Google 将重点建设 Android Studio 工具,并于 2015 年年底停止支持如 Eclipse 等其他集成开发环境。国内比较著名的 Android Studio 中文社区为 www.android-studio.org。

1. Android Studio 主要功能

Google 在 IDEA 的基础上使 Android Studio 提供以下功能:

- 可视化布局:功能强大的布局编辑器,可以让开发者拖动 UI 控件并进行效果预览。
- 开发者控制台:优化提示、协助翻译、来源跟踪、宣传和营销曲线图、使用率度量。
- 基于 Gradle 的构建支持。
- Android 专属的重构和快速修复。
- 支持 ProGuard 和应用签名。
- 提示工具更好地对程序性能、可用性、版本兼容和其他问题进行控制捕捉。
- 基于模板的向导生成常用的 Android 应用设计和组件。
- 支持构建 Android Wear、TV 和 Auto 应用。
- 内置 Google Cloud Platform,支持 Google Cloud Messaging 和 APP Engine 的集成。

2. Android Studio 对系统的要求

Android Studio 对计算机软硬件的要求如表 1.3 所示。

表 1.3　Android Studio 开发环境对系统软硬件的要求

项　　目	Windows	OS X	Linux
操作系统及版本	Microsoft Windows 10/8.1/8/7 Vista 2003(32 或者 64 位)	OS X 10.8.5 或更高版本,最高 10.10.5	GNOME、KDE、Unity Desktop on Ubuntu、Fedora、GNU/Linux
JDK 版本	Java Development Kit(JDK)7 或更高版本		
内存	最低 2GB,推荐 4GB 内存		
磁盘空间	500 MB 磁盘空间		
Android SDK 空间	至少 1GB 用于 Android SDK,模拟器系统映像和缓存		
屏幕分辨率	最低 1280×800 分辨率		

3. Android Studio 和 Eclipse ADT 比较

Android Studio 和 Eclipse ADT 的比较如表 1.4 所示。

表 1.4　Android Studio 和 Eclipse ADT 的比较

特　　性	Android Studio	Eclipse ADT
编译系统	Gradle	Ant
基于 Maven 的构建依赖	是	否
构建变体和多 APK 生成	是	否
高级的 Android 代码完成和重构	是	否
图形布局编辑器	是	是
APK 签名和密钥库管理	是	是
NDK 支持	Beta	是

4. Android Studio 版本发布时间

2013 年 5 月 16 日,Google I/O 大会上发布了 Android Studio 0.1 预览版本,Android 的开发者终于有了自己的 IDE 工具。

2014 年 12 月 8 日,Android Studio 1.0 稳定版本发布,这一版本新增了很多特性,提供了安装向导、代码示例、项目创建向导、统一的构建系统(Gradle)、国际化字符串编码、可视化布局编辑器、性能分析工具、集成 Google 云服务等,这是里程碑式的版本。

2015 年 12 月 18 日,Android Studio 1.5 稳定版本发布,这一版本专注于 Android Studio 自身的错误修复和稳定性,内存分析器中新增了检测常规内存泄漏的功能,Lint 检查也增加了一些新的规则。

2016 年 4 月 8 日,Android Studio 2.0 稳定版本发布,这一版本专注于提升构建的效率,新增即时运行(Instant Run)、重新设计的模拟器等。

2016 年 4 月 27 日,Android Studio 2.1 稳定版本发布,支持 Android 7.0 和 Java 8,同时也新增了对 Java 8 语言众多功能的支持,包括可转为 Jack compiler,对 New Project wizard 的更新以及对全新的模拟器的更多优化。

2016 年 9 月 18 日,Android Studio 2.2 正式版本发布,改进了 Jack compiler,可以调试 GPU,改进了对 C++的支持,使模拟器支持虚拟传感器,提升了 Android 开发效率,优化了性能。

2017 年 3 月,Android Studio 2.3 正式版本发布,该版本提高性能的同时,增加了新的特性,包括对 WebP 支持更新,对 ConstraintLayout 库支持更新。提供布局编辑器的部件面板,新的 App Link 助手帮助在应用中构建 URI 统一视图,新的运行按钮提供更直观和可靠的立即运行体验。最后,Android 模拟器增加了支持文本复制和粘贴功能。

2017 年 10 月 25 日,Android Studio 3.0 稳定版本发布,支持 Kotlin 语言,大幅提高了 Gradle 编译速度,支持即时应用开发,在 Android 模拟器中增加了 Google Play Store,自适应图标等 20 多项新功能。

1.2.2　安装 JDK

开发 Android 应用程序的时候,仅有 Java 运行环境(Java Runtime Environment)是不够的,需要完整的 JDK。从 Oracle 公司可以下载 Windows 版的 JDK7 或者 JDK8,下载网址 为 http://www. oracle. com/technetwork/java/javase/ downloads/jdk7-downl oads-

1880260.html,下载界面如图 1.3 所示。

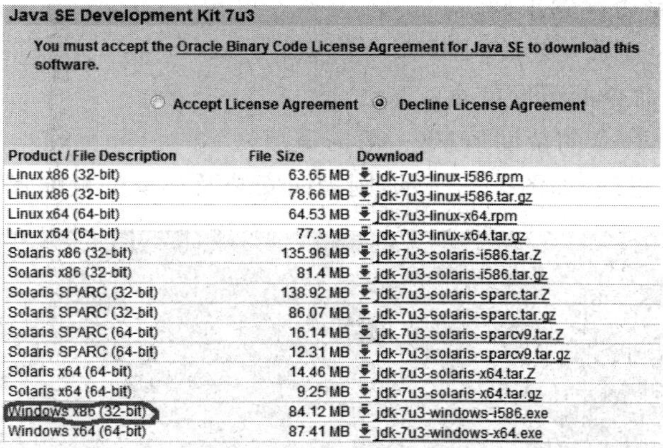

图 1.3　JDK7 下载界面

安装 JDK 后,若要在 Windows 控制台中使用 Java 命令和编译、运行程序,需要配置环境变量,配置方法如下。

（1）在 Windows 开始菜单中选择"控制面板"→"系统和安全"→"系统"→"高级系统设置"→"环境变量",如图 1.4 所示。

图 1.4　"环境变量"对话框

（2）通过"系统变量"下的"新建"按钮设置如下系统变量。变量名 JAVA_HOME,变量值为 C:\Program Files\Java\jdk1.7.0_15（JDK 安装路径）；变量名 PATH,变量值为 %JAVA_HOME%\bin；%JAVA_HOME%\jre\bin；变量名 CLASSPATH,变量值为 %JAVA_HOME%\lib；%JAVA_HOME%\lib\tools.jar。单击"确定"按钮,完成环境变量的配置。

Android 开发起步

8

（3）验证安装与配置是否成功。选择"开始"→"运行"，输入 cmd，在弹出的 DOS 窗口输入以下命令，查看是否配置正确。

① java-version：查看安装的 JDK 版本信息。

② java：得到此命令的帮助信息。

③ javac：得到此命令的帮助信息（一般需重启）。

如果以上命令均正确，如图 1.5 所示，则表明安装及环境变量配置无误。

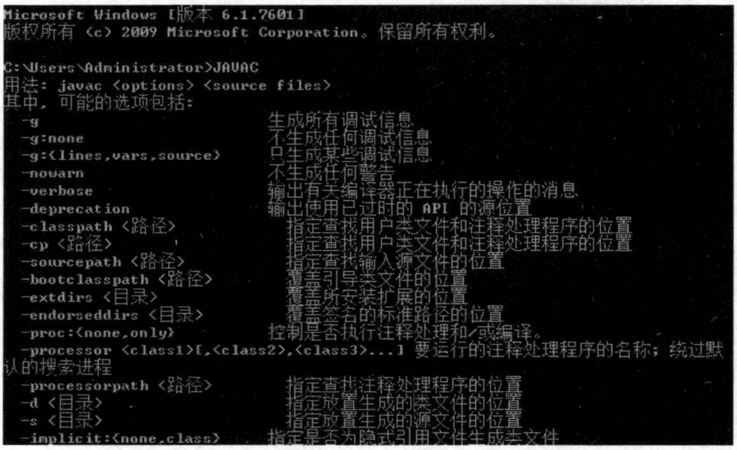

图 1.5 javac 命令运行结果

1.2.3 安装和启动 Android Studio

首先在以下网址下载安装文件。

① 国内下载链接：http//tools.android-studio.org/。

② 百度下载链接：http//rj.baidu.com/soft/detail/27390.html。

③ 官网下载链接：http://developer.android.com/sdk/index.html。

我们以最常用的国内下载链接为例讲解 Android Studio 的下载和安装过程。通过链接 http://tools.android-studio.org/，进入 Android Studio 中文社区的 Android Studio 下载页面，如图 1.6 及图 1.7 所示。

对于 Windows 平台，我们建议使用它的推荐下载，即 1608MB 大小的软件包。32 位系统和 64 位系统使用同一个安装文件。当然，如果计算机中有 Android SDK，可以选择"无 Android SDK"的安装版本；如果计算机中已经安装过 Android Studio，可以使用压缩文件版本。

这里采用包含 SDK 的安装包进行讲解，安装步骤如下：

（1）找到并下载安装文件。

（2）双击安装文件开始安装，安装文件解压后出现图 1.8 所示安装界面。

（3）选择安装项（Android SDK 和 Android 虚拟机），如图 1.9 所示。

（4）选择 Android Studio 安装路径和 Android SDK 安装路径，如图 1.10 所示。

（5）设置快捷方式，然后开始安装，如图 1.11 所示。

图 1.6　Android Studio 下载页面——推荐下载

<table>
<tr><td>平台</td><td>Android Studio 软件包</td><td>大小</td><td>SHA-1 校验和</td></tr>
<tr><td rowspan="3">Windows</td><td>android-studio-bundle-145.3276617-windows.exe
包含 Android SDK（推荐）</td><td>1608 MB
(1686392376 bytes)</td><td>04321c38b42d1aca901509d92174f8b42e37b1e9</td></tr>
<tr><td>android-studio-ide-145.3276617-windows.exe
无 Android SDK</td><td>407 MB
(426837480 bytes)</td><td>9d94f24be62e68c7fb004e4813155f5fc41b92f5</td></tr>
<tr><td>android-studio-ide-145.3276617-windows.zip
无 Android SDK，无安装程序</td><td>428 MB
(449589181 bytes)</td><td>fe47002865b292d5ed8e14acc64731dbc57251c0</td></tr>
<tr><td>Mac OS X</td><td>android-studio-ide-145.3276617-mac.dmg</td><td>423 MB
(444453948 bytes)</td><td>e8230bed054719836caa2710c1036c19a0693b5f</td></tr>
<tr><td>Linux</td><td>android-studio-ide-145.3276617-linux.zip</td><td>428 MB
(449256851 bytes)</td><td>4eec979ad4d216fd591ebe0112367c746cedb114</td></tr>
</table>

请参阅 Android Studio 发行说明。

图 1.7　Android Studio 下载页面——用于其他平台

图 1.8　安装初始界面

9

第 1 章

Android 开发起步

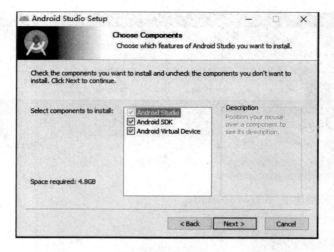

图 1.9　选择安装项

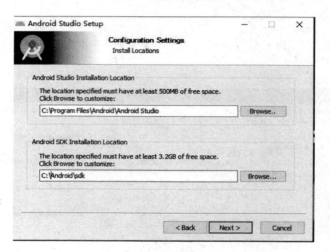

图 1.10　选择安装路径

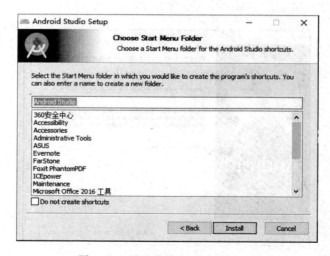

图 1.11　设置快捷方式，开始安装

（6）安装程序完成后会显示如图 1.12 所示的完成界面。

（7）Android Studio 启动界面如图 1.13 所示。

图 1.12　安装完成界面　　　　　　　　图 1.13　Android Studio 启动界面

（8）Android Studio 欢迎界面如图 1.14 所示。

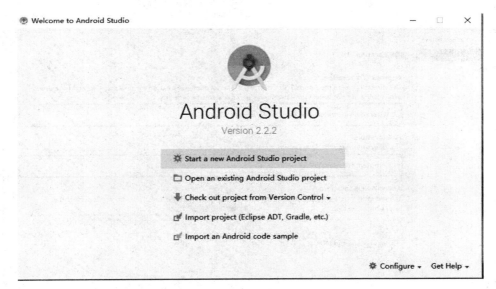

图 1.14　Android Studio 欢迎界面

　　Android Studio 安装完成后，在第一次启动前，为了避免重新下载新版本的 Android SDK，可以进行以下配置。

　　（1）先用记事本程序打开 Android Studio 安装目录下的 bin 文件夹中的 idea. properties 文件，在最后增加一行命令：disable. android. first. run＝true，如图 1.15 所示。

　　（2）配置 JDK 和 SDK。双击 Android Studio 启动图标打开图 1.14 所示对话框，单击对话框右下角的 Configure 选项，在弹出的下拉菜单中选择 Project Defaults→Project Structure 选项，出现图 1.16 所示对话框，其中列出了 SDK 和 JDK 的安装路径，单击 OK 按钮，完成配置。

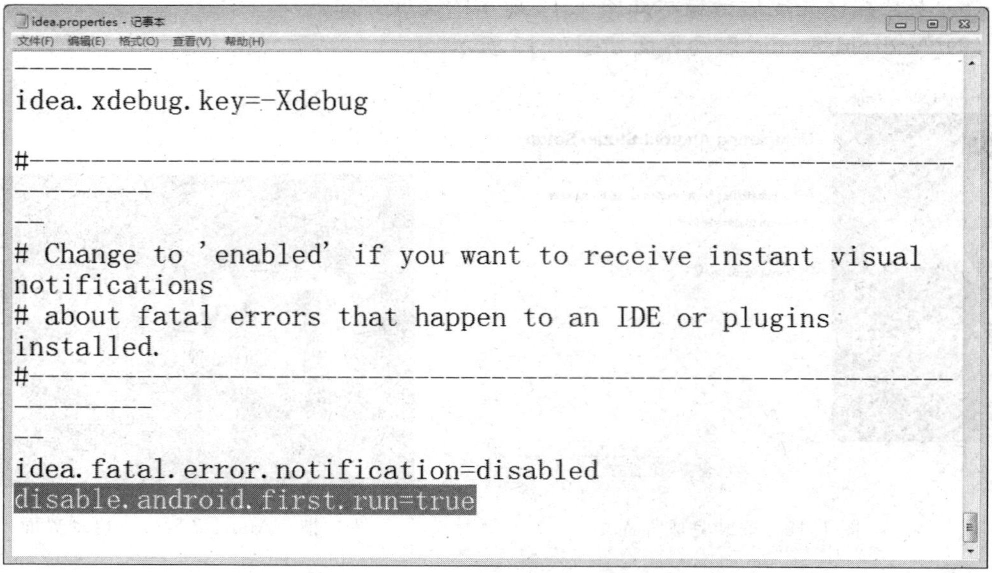

图 1.15　在 idea. properties 文件中增加一行命令

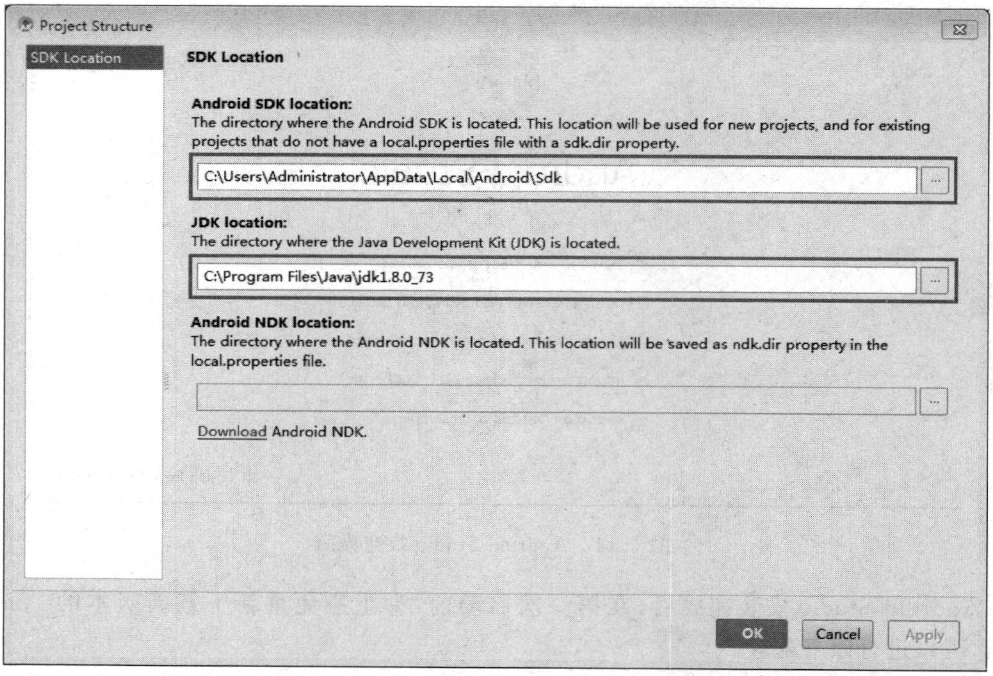

图 1.16　指定 Android SDK 和 JDK 的安装路径

1.2.4　Android SDK 的下载、配置与升级

Android SDK Tools 就是 Android SDK Manager,是管理各种版本的 SDK 工具。在 Android SDK 中,包含模拟器、教程、API 文档和示例代码等。如果要下载 Android SDK

Tools,可以进入 Android Studio 中文社区主页，选择 TOOLS→SDK 菜单，即进入网址为 http://tools.android-studio.org/index.php/sdk 的页面，如图 1.17 所示。

图 1.17　Android SDK Tools 下载链接

　　根据操作系统选择安装包进行下载，建议下载页面中推荐的版本，即方框框住的版本。下载完后双击程序即可进行安装。对于已包含 Android SDK 的 Android Studio 软件，无须重新下载 Android SDK，可以根据图 1.16 中找到相应的 Android SDK Tools 目录。

　　在 Android SDK 的根目录中双击 SDK Manager.exe 文件可以启动 Android SDK Manager。启动后会自动联网搜索可以下载的 API 等软件包，如图 1.18 所示。

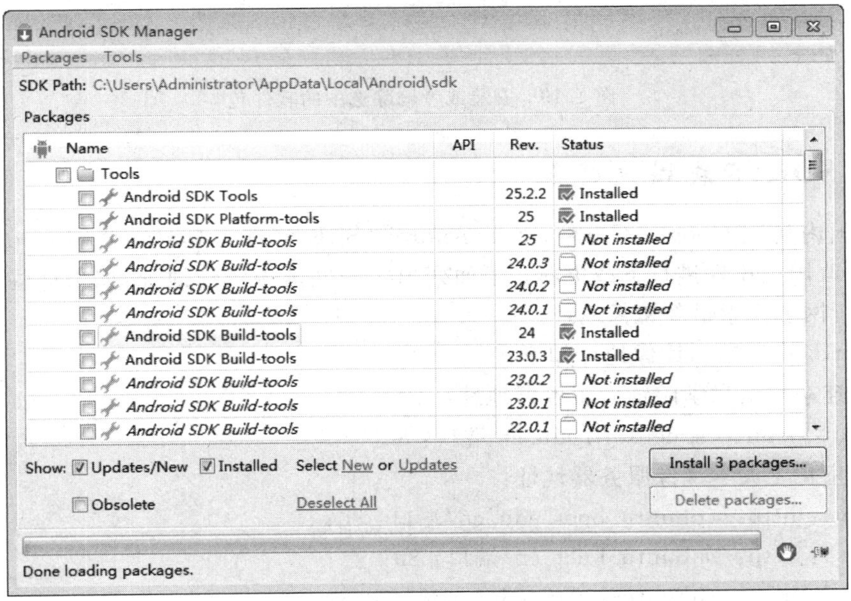

图 1.18　Android SDK Manager 界面

Android 开发起步

在 Android SDK Manager 中可以根据需要对 SDK 进行配置,包括安装多个版本的 SDK 软件包以适应不同平台,或者删除不再需要的软件包,如图 1.19 所示。由于 Android SDK Manager 每次启动时都会自动搜索最新的软件包并将其显示出来,通过该软件也可以对 SDK 进行升级。需要注意的是,在 Android SDK Manager 中没有安装的软件(Not installed),勾选它表示要将其安装;而对于已经安装的软件(Installed),如果勾选它则意味要将其删除。勾选完毕后,单击 Install package 或者 Delete package 按钮进行安装或删除操作。

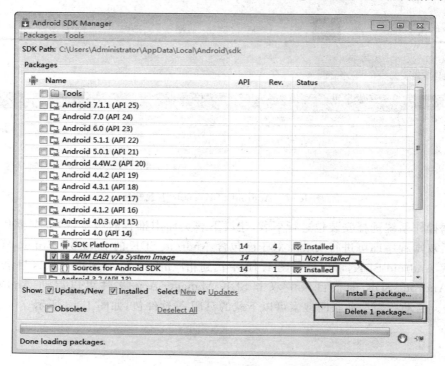

图 1.19　安装或者删除选中的软件包

1.2.5　SDK 下载国内镜像

由于国内访问 Google 不方便,如果 Android SDK 管理工具自动联网 Google 搜索失败,可以更改国内镜像进行下载更新。下面列出了一些国内镜像地址,如果这些地址失效,请读者自行网上搜索最新镜像地址。

Android SDK 国内镜像地址如下:

- 大连东软信息学院镜像服务器地址:
  http://mirrors.neusoft.edu.cn 端口:80。
- 北京化工大学镜像服务器地址:
  IPv4:http://ubuntu.buct.edu.cn/端口:80;
  IPv4:http://ubuntu.buct.cn/端口:80;
  IPv6:http://ubuntu.buct6.edu.cn/端口:80。
- 上海 GDG 镜像服务器地址:
  http://sdk.gdgshanghai.com 端口:8000。

- 中国科学院开源协会镜像站地址：

    IPv4/IPv6：http://mirrors.opencas.cn 端口：80；

    IPv4/IPv6：http://mirrors.opencas.org 端口：80；

    IPv4/IPv6：http://mirrors.opencas.ac.cn 端口：80。

- 腾讯镜像服务器地址：

    http://android-mirror.bugly.qq.com 端口：8080。

镜像地址设置方法如下：

（1）启动 Android SDK Manager，在主界面中选择 Tools→Options，弹出 Android SDK Manager - Settings 对话框，如图1.20所示。

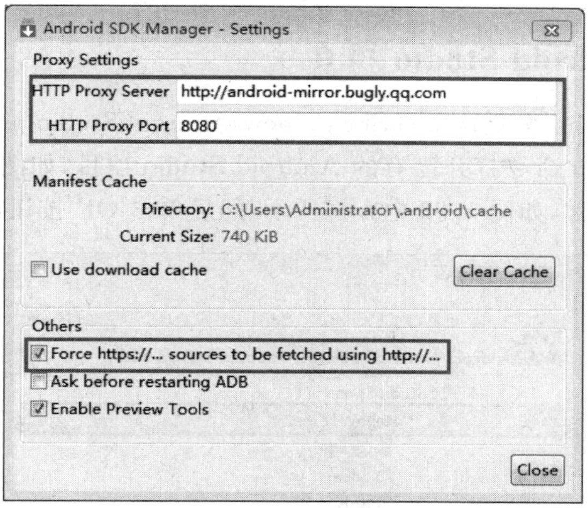

图 1.20　Android SDK Manager-Settings 对话框

（2）在 Android SDK Manager - Settings 对话框中，在 HTTP Proxy Server 和 HTTP Proxy Port 输入框内填入镜像服务器地址和端口，选中"Force http://...sources to be fetched using http://..."复选框。单击 Close 按钮，返回到 Android SDK Manager 主界面。

（3）选择 Packages→Reload，进行重载。

1.2.6　Android SDK 目录结构

Android SDK 解压到本地磁盘后，可以在资源管理器中查看 SDK 的目录结构，如图1.21所示。

其中，add-ons 目录保存着附加库，如 Google 的地图开发包，支持基于 Google Map 的地图开发。build-tools 目录存放编译工具，包含转化为 davlik 虚拟机的编译工具。docs 目录存放 Android SDK 的帮助文档，通过目录中的 offline.html 或者 index.html 启动。extras\google 目录下保存了 Android 手机的 USB 驱动程序。platforms 目录用来存放 SDK 和 AVD 管理器下载的各种版本的 SDK，图1.21中就存放4.4版本的 SDK

图 1.21　Android SDK 目录结构

Android 开发起步

(android-19)。platforms-tools 目录存放与平台调试相关的工具,如 adb、aapt 及 dx 等。samples 目录存放不同 SDK 版本的示例代码和程序。system-images 目录存放系统用到的各种图片。tools 目录存放了通用的 Android 开发调试工具和 Android 手机模拟器。

Android SDK 帮助文档内容非常丰富,详细地介绍了 Android 系统所有 API 函数的使用方法、参数含义。特别是帮助文档中的开发指南(Dev Guide)系统地介绍了 Android 应用程序的开发基础、用户界面、资源使用、数据存储、集成开发环境和开发工具等内容,对学习 Android 程序开发帮助非常大。

1.3 在 Android Studio 开发环境中使用 Android

1.3.1 打开 Android Studio 项目

通过 Android Studio 欢迎界面的 Start a new Android Studio project 选项,或者开发环境界面中的 File→Open 命令打开已有的 Android Studio 项目,如图 1.22 所示。找到需打开的项目,选中项目名称,如图 1.22 中方框所示,然后单击 OK 按钮,即可打开项目。

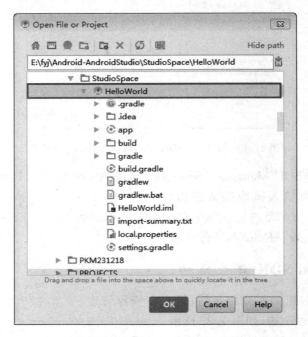

图 1.22 打开文件或项目对话框

1.3.2 Eclipse 项目的导入

可以使用项目导入功能将 Android Studio 的工程打开,也可以将其他开发环境,如 Eclipse、Gradle 编写的项目导入 Android Studio 环境,或者导入 Android 示例代码。

【例 1-1】 将 Eclipse 环境中开发的 HelloWorld 项目导入 Android Studio 环境中,其中 Eclipse 开发的 HelloWorld 项目存放在 EclipseSpace 文件夹中。

在 Android Studio 欢迎界面上选择 Import project(Eclipse ADT，Gradle，etc.)选项，如图 1.23 所示。

图 1.23　在欢迎界面上选择 Import project

在弹出的 Select Eclipse or Gradle Project to Import 对话框中选中用 Eclipse 开发的 HelloWorld 项目的位置，如图 1.24 所示，单击 OK 按钮。

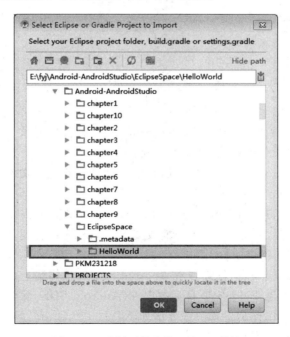

图 1.24　选择要导入的 Eclipse 项目

在弹出的图 1.25 所示的对话框中指定转换后的工程所在目录，这里选择 chapter1 文件夹。导入项目会复制原来的工程到指定目录，原来的 Eclipse 项目会被保留，不会改动。

Android 开发起步

需要注意的是，必须为导入后的项目指定一个名字，这里仍然用 HelloWorld，如箭头所示，如果没有指定名字，Android Studio 会把 chapter1 作为导入后的项目的名字。单击 Next 按钮，弹出图 1.26 所示的转换配置对话框。

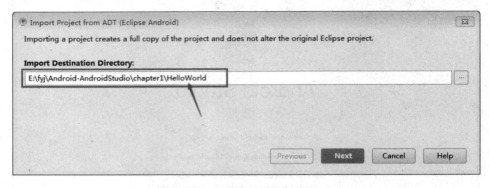

图 1.25　指定目标文件夹

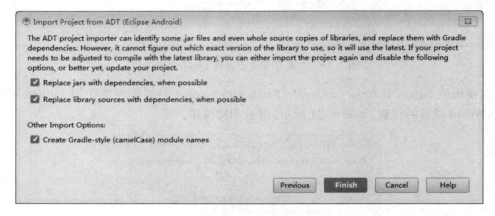

图 1.26　转换配置对话框

在导入 Eclipse 开发的项目时，Android Studio 能识别出 jar 文件和整个库的资源复制文件，并且可以把这些文件替换为 Gradle 依赖。

但是 Android Studio 无法识别出确切的版本，因此会将这些文件替换为最新的版本。

保持默认选项，单击 Finish 按钮完成转换。

项目导入成功后会自动打开 import-summary.txt 文件，如图 1.27 所示。该文件记录了项目导入的一些摘要，可以通过这份摘要看出 Eclipse 项目是如何被转换成 Android Studio 所需要的 Gradle 项目的。

如果项目导入遇到错误，请仔细查看 Android Studio 报错信息，一般都能够解决。最常见的错误是导入一个很老 Eclipse 项目后报某个 Android SDK 版本找不到，此时 Message 工具窗口中会有相关错误提示。其解决方法如下：

方法一：下载对应的 SDK 版本。

方法二：修改 build.gradle 中的 SDK 版本。

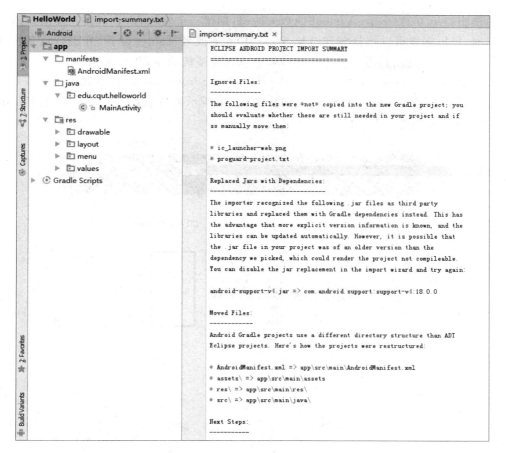

图 1.27　import-summary. txt 文件

1.3.3　运行 Android 项目

在运行 HelloWorld 项目之前需要建立一个 Android 平台模拟器,即 AVD(Android Virtual Device)。一个 AVD 对应一个 Android 版本的模拟器实例。在 Android Studio 中选择菜单栏 Tools→Android→AVD Manager,或者在工具栏中单击 图标,弹出 Android Virtual Device Manager 窗口,如图 1.28 所示。

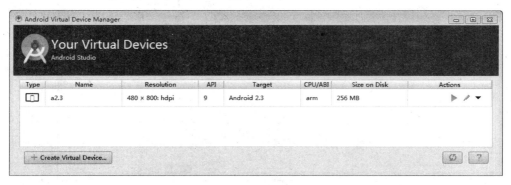

图 1.28　AVD Manager 窗口

Android 开发起步

单击窗口下方的 Create Virtual Device 按钮，创建一个新的 AVD 设备。弹出如图 1.29 所示界面，根据需要可以选择创建 TV、Wear、Phone 或者 Tablet 设备，并进行设备尺寸选择，然后单击 Next 按钮，进入到选择模拟器 Android 系统版本窗口，如图 1.30 所示。对于没有安装的版本，可以单击对应的 Download 链接，Android Studio 会下载并自动安装。选择好系统版本后单击 Next 按钮，进入到如图 1.31 所示的确认配置窗口。单击 Finish 按钮，完成 AVD 的创建。

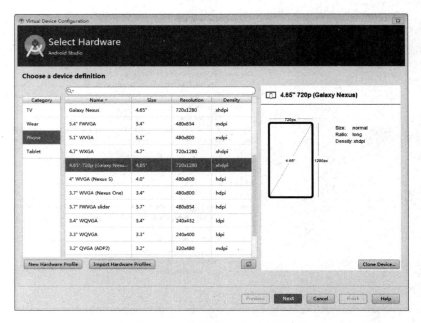

图 1.29　选择 AVD 设备尺寸

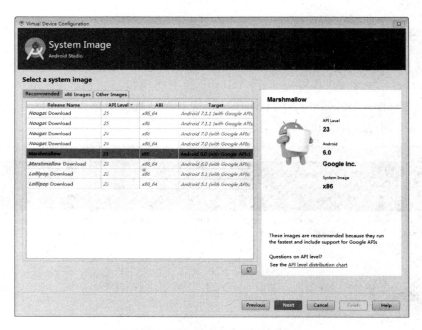

图 1.30　选择 Android 系统版本窗口

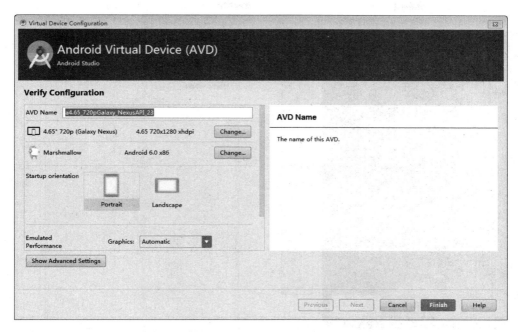

图 1.31 AVD 确认窗口

在 Android Studio 环境中选择菜单 Run→Run 菜单项,运行项目,在弹出的如图 1.32 所示的对话框中选择 app,则弹出如图 1.33 所示的 Select Deployment Target 窗口,选择一个模拟器后,单击 OK 按钮运行该项目。ADT 会自动启动模拟器,并在模拟器上运行 HelloWorld 项目。模拟器成功启动后界面如图 1.34 所示,项目运行结果如图 1.35 所示。

图 1.32 Run 对话框

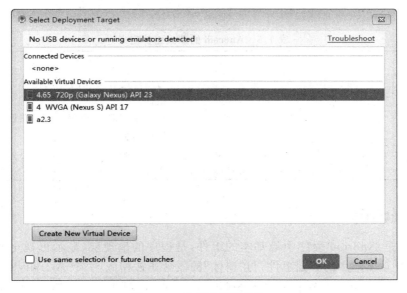

图 1.33 选择运行设备窗口

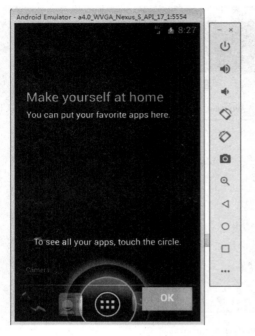

图 1.34　模拟器界面　　　　　　　　　图 1.35　HelloWorld 运行结果

1.4　Android 四大组件

Android 应用程序由组件构成,这些组件是可以相互调用、相互协调、相互独立的基本功能模块。一般情况下,一个 Android 程序由下面四大组件构成:活动(Activity),服务(Service),广播接收器(BroadcastReceiver),内容提供器(ContentProvider)。它们的定义如表 1.5 所示。

表 1.5　Android 的四大组件定义

组 件 名 称	组件类/接口	定　义
Activity	android. app. Activity	与用户进行交互的可视化界面,类似窗体的组件
Service	android. app. Service	长生命周期、无界面、运行在后台,关注后台事务的组件
BroadcastReceiver	android. content. BroadcastReceiver	接收并响应广播消息的组件
ContentProvider	android. content. ContentProvider	实现不同应用程序间数据共享组件

1.4.1　Activity

Activity 是 Android 程序中最基本的组件,是程序的呈现层,显示可视化的用户界面,接收与用户交互所产生的界面事件,与“窗体”的概念非常相似,一个 Activity 代表一个单独的屏幕,在其上可以添加多个用户界面(User Interface,UI)控件,如 Button、TextView、EditView 等,这些控件组成了和用户交互时的丰富用户界面。

Android 应用程序可以包含一个或多个 Activity，一般程序启动后会呈现一个 Activity，用于提示用户程序已启动。Activity 在界面上一般表现为全屏幕窗体，也可以是非全屏的悬浮窗体或对话框。

用户从一个屏幕切换到另一个屏幕的过程也是一个 Activity 切换到另一个 Activity 的过程。Android 会把每个应用程序从开始到当前的每一个 Activity 界面都压入到堆栈中，当打开一个新的屏幕时，原来的 Activity 会被置为暂停状态，并压入到历史的堆栈中。通过返回操作可以弹出栈顶的 Activity 及屏幕，也可以有选择地移除堆栈中不会用到的 Activity，即关掉不需要的界面。

1.4.2 Service

Android 中的 Service 类似 Windows 系统中 Windows Service，是没有用户界面，长时间在后台运行，生命周期长的组件。例如，媒体播放器程序，它可以在转到后台运行的时候仍能保持播放歌曲，又或者文件下载程序，可以在后台执行文件的下载等。

再举一个例子，手机邮箱应该有很多 Activity，如登录邮箱后会看到收件箱界面，单击某个邮件后切换到邮件阅读界面，然而，当想要浏览网页时，手机邮箱就通过启动一个 Service，从而使邮箱在后台运行，虽然没有界面，但它并没有退出程序，当有新的邮件发过来时，可以给用户消息提示，并回到邮箱界面，这就是用 Service 保证用户界面关闭后，仍然能收到消息。

1.4.3 BroadcastReceiver

BroadcastReceiver 是用来接收并响应广播消息的组件，与 Service 一样没有界面，它唯一的作用是接收并响应消息。它可以通过启动 Activity 或者 Notification 通知用户接收到消息（Notification 能够通过多种方式提示用户，包括闪动背景灯、振动设备、发出声音，或者在状态栏上放置一个持久的图标等）。

大多数时候，广播消息由系统发出，如电池的电量不足、未接电话、收到短信等。此外，应用程序也可以发送广播消息，如上面的手机邮箱中当有新邮件发过来时给用户以提示就是通过 BroadcastReceiver 来完成的。

一个应用程序可以有多个广播接收者，所有的广播接收者都要继承 android. content. BroadcastReceiver 类来实现。

1.4.4 ContentProvider

ContentProvider 是 Android 系统提供的一种标准的共享数据机制，应用程序通过它访问其他应用程序的私有数据。私有数据可以是存储在文件系统中的文件，也可以是 SQLite 中的数据库。Android 系统内部也提供一些内置的 ContentProvider，能够为应用程序提供重要的数据信息，如联系人信息和通话记录等。

ContentProvider 为存储和读取数据提供了统一的接口，使得其他程序能够保存和读取 ContentProvider 提供的各种数据，包括音频、视频、图片及私人通讯录等。由于 ContentProvider 已经实现了数据的封装和处理，外界无须知道数据存储细节，只需通过 ContentProvider 标准接口和它们打交道就可以了，包括数据的读取、删除、插入等操作，这样，使用 ContentProvider，应用程序间可以实现数据的共享。

第 2 章　Android 应用程序及生命周期

2.1　创建"移动点餐系统"Android 程序

2.1.1　创建"移动点餐系统"项目

本节将介绍如何使用 Android Studio 开发环境创建初始的"移动点餐系统"Android 程序。首先启动 Android Studio，进入集成开发环境。

有多种方法可以创建项目。

1. 方法一

(1) 在 Android Studio 欢迎对话框界面单击 Start a new Android Studio project 选项，弹出图 2.1 所示的 Android 工程向导对话框。

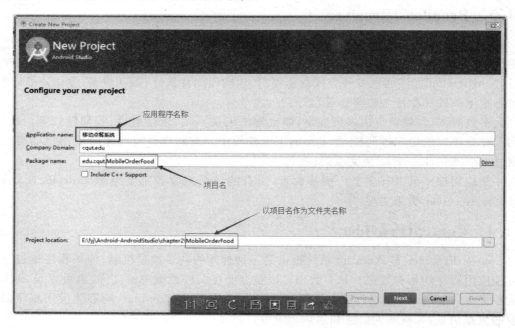

图 2.1　Android 工程向导对话框

其中，应用程序名称(Application name)是 Android 程序在手机或模拟器中显示的名称，程序运行时也会显示在屏幕顶部。Android Studio 会自动以应用程序名称创建项目名称，并将其作为包名称(Package name)和项目存放文件夹的名称，如图 2.1 所示。由于 Android Studio 不允许项目名出现中文，如果想将应用程序名用中文名表达，可以先以中文名作为应用程序名称,然后再用英文项目名修改包名称和项目文件夹名称,如图 2.1 所示。

包名称(Package name)是包的命名空间,需要遵循 Java 包的命名方法。它由两个或多个标识符组成,中间用点隔开。使用包主要为了避免命名冲突,可以使用反写电子邮件地址的方式保证命名的唯一性,例如这里的 edu. cqut. MobileOrderFood。

项目位置(Project locations)是项目存放的路径,必须唯一。

(2) 单击 Next 按钮后弹出图 2.2 所示对话框。

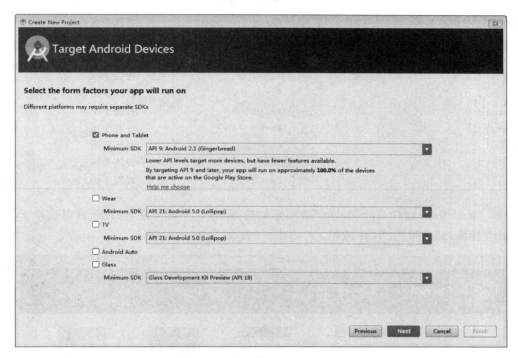

图 2.2　选择 APP 运行设备对话框

在该对话框中选择项目要运行的 Android 平台,这里我们选择 Phone and Tablet 平台,下面的 Minimum SDK 指项目运行所需的最低 SDK 版本。不同的 SDK 版本对应不同的 API 等级,API 等级是 Android 系统中用来标识 API 框架版本的一个整数,用来识别 Android 程序的可运行性,表 2.1 是 API 等级与 SDK 版本间的对照表。如果 Android 程序要求的最低 SDK 版本高于手机中 Android 系统所支持的 SDK 版本,则程序无法在该手机中运行。

表 2.1　API 等级对照表

系统版本	API 等级	版本代号	支持设备类型
Android 7.0	24	Nougat	智能手机,平板电脑
Android 6.0	23	Marshmallow	智能手机,平板电脑
Android 5.1	22	Lollipop	智能手机,平板电脑
Android 5.0	21	Lollipop	智能手机,平板电脑
Android 4.4W	20		智能手机,平板电脑
Android 4.4 KitKat	19	KitKat	智能手机,平板电脑

Android 应用程序及生命周期

系统版本	API 等级	版本代号	支持设备类型
Android 4.1/4.2/4.3	16/17/18	Jelly Bean	智能手机,平板电脑
Android 4.0.x	14/15	Cream Sandwich	智能手机,平板电脑
Android 3.2	13	Honeycomb_mr2	平板电脑
Android 3.1.x	12	Honeycomb_mr1	平板电脑
Android 3.0.x	11	Honeycomb	平板电脑
Android 2.3.4/2.3.3	10	Gingerbread_mr1	智能手机
Android 2.3.2/2.3.1/2.3	9	Gingerbread	智能手机
Android 2.2.x	8	Froyo	智能手机
Android 2.1.x	7	Eclair_mr1	智能手机
Android 2.0.1	6	Eclair_0_1	智能手机
Android 2.0	5	Eclair	智能手机
Android 1.6	4	Donut	智能手机
Android 1.5	3	Cupcake	智能手机
Android 1.1	2	Base_1_1	智能手机
Android 1.0	1	Base	智能手机

（3）单击 Next 按钮，弹出如图 2.3 所示的选择 APP 界面风格对话框，这里选择 Empty Activity 界面，然后单击 Next 按钮。

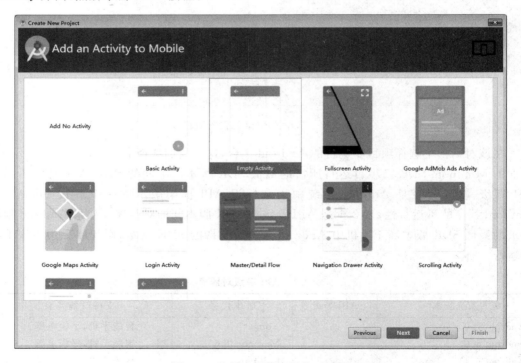

图 2.3　选择应用程序风格对话框

（4）最后一个对话框是定制应用程序的 Activity，如图 2.4 所示。该对话框中系统自动为该 Activity 产生布局文件（Generate Layout File），并给出了它与其布局文件 Layout 的默认的名字,分别为 MainActivity 和 activity_main。该 Activity 默认为程序运行时的起始界面。如果不想为该 Activity 设置布局文件,可以取消 Generate Layout File 前面的勾选框。最后,单击 Finish 按钮完成项目的创建。

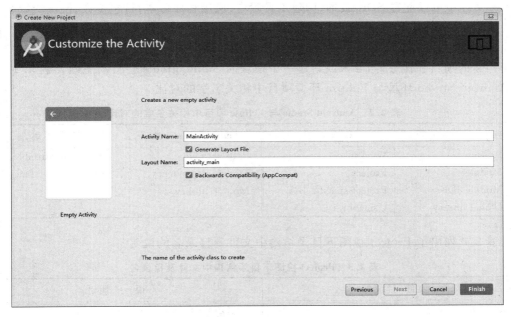

图 2.4　定制 Activity 对话框

2. 方法二

除了通过 Android Studio 欢迎对话框创建新项目外,在 Android Studio 编辑界面中选择菜单 File→New→New Project,同样可以弹出图 2.1 所示的"Android 工程向导"对话框,然后使用方法一创建新项目。

2.1.2　剖析"移动点餐系统"项目结构

在建立 MobileOrderFood 程序的过程中,Android Studio 会自动建立该项目下的一些目录和文件。图 2.5 展示的是 Project 视图下项目的全部目录和文件信息,也是项目在文件夹中的真实结构。这些目录和文件有着固定的作用,了解 Android 项目的结构对 Android 程序的开发有着非常重要的作用。

Android Studio 中有两个重要的概念,分别是项目(Project)和模块(Module),如图 2.5 方框中的部分。

图 2.5　"移动点餐系统"项目的目录和文件

Android 应用程序及生命周期

模块是一个可以单独运行和调试的 APP 或公共库,它相当于 Eclipse 中的 Project。通常把一些公共代码放到模块中,当编写的应用程序需要添加一些依赖的库或公共项目时可以导入模块。每个模块中都有自己的 build. gradle 文件用来配置模块的构建任务。在 build. gradle 文件中可以配置 SDK 版本、构建工具版本、应用程序版本、打包参数、模块的依赖等。

项目可以理解为完整的 APP 项目,由 APP 模块和一些依赖的模块组成,相当于 Eclipse 中的 Workspace。一个项目中有多个模块。项目中也有一个 build. gradle 文件用来指定构建的项目和任务,当导入或新建一个模块时,build. gradle 会自动更新。表 2.2 列出了 Android Studio 环境与 Eclipse 环境项目中相关名字的对比。

表 2.2　Android Studio 与 Eclipse 项目中相关名字的对比

Android Studio 版	Eclipse 版	Android Studio 版	Eclipse 版
Project	Workspace	Path variable	Classpath variable
Module	Project	Module dependency	Project dependency
Module JDK	Project-specific JRE	Module library	Library
Global library	User library		

表 2.3 列出了 Project 视图下目录结构中文件及目录名的说明。

表 2.3　Project 视图下目录结构中文件及目录名

文件/目录名	说　　明
MobleOrderFood	项目(Project)
MobleOrderFood/. idea	自动生成的用于存放 Android Studio 配置文件的目录,包括了版权
MobleOrderFood/app	项目中的模块(Module)
MobleOrderFood/app/libs	模块依赖的 jar 包存放目录
MobleOrderFood/app/build	模块编译后的文件存放目录
MobleOrderFood/app/src	模块源码文件存放目录
MobleOrderFood/app/app. iml	模块配置文件
MobleOrderFood/app/build. gradle	模块构建配置文件
MobleOrderFood/app/. gitignore	模块中 Git 忽略配置文件
MobleOrderFood/app/proguard-rules. pro	代码混淆配置文件
MobleOrderFood/build	项目编译目录
MobleOrderFood/gradle	gradle 目录
MobleOrderFood/. gitignore	项目中 Git 的忽略配置文件
MobleOrderFood/build. gradle	项目构建配置文件
MobleOrderFood/gradle. properties	gradle 配置文件
MobleOrderFood/gradlew	gradlew 配置文件
MobleOrderFood/gradlew. bat	Windows 上的 gradlew 配置文件
MobleOrderFood/local. properties	属性配置文件
MobleOrderFood/settings. gradle	全局配置文件
MobleOrderFood/MobleOrderFood. iml	项目配置文件
External Libraries	项目中使用到的依赖库存放目录
External Libraries/< Android API 25 Platform >	Android SDK 版本和存放路径
External Libraries/< 1. 8 >	JDK 版本和存放路径

Project 视图的 app 模块下的 src 文件夹中存放了与编程直接相关的文件,为了更清晰地展现这部分内容,如图 2.6 所示,切换到 Android 视图下,它更接近 Eclipse 环境中的项目结构。下面对这部分内容进行详细介绍。

1. AndroidManifest. xml 文件

该文件存放在 manifests 目录中,是 XML 格式的 Android 程序声明文件,位于项目根目录/app/src/main 下,在所有项目中该文件的名称不变。它是 Android 项目的全局配置文件,所有在 Android 中使用的组件,如 Activity、Service、ContentProvider、BroadcastReceiver 都要在该文件中进行声明,该文件还包含应用程序名称、图标、包名称、模块组成、授权和 SDK 最低版本的信息等。

2. java 目录

该目录中存放项目源代码,所有允许用户修改的 java 文件和用户自己添加的 java 文件都保存在这个目录中。其中,子目录 edu. cqut. MobileOrderFood 存放项目源程序,子目录 edu. cqut. MobileOrderFood(androidTest)存放用于 Android 设备上的项目测试源程序,子目录 edu. cqut. MobileOrderFood(test)存放用于开发设备上完成单元测试的源程序。MobileOrderFood 项目建立初期, Android Studio 根据用户在项目向导中的 Activity Name 编辑框中的输入,在 edu. cqut. MobileOrderFood 子目录中建立对应的 MainActivity. java 文件。

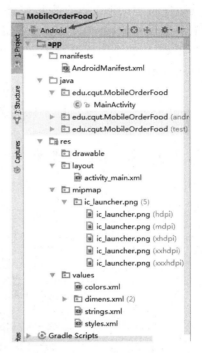

图 2.6　Android 视图下的"移动点餐系统"项目层级结构

3. res 目录

该目录是资源目录,Android 程序所有的图像、颜色、风格、主题、界面布局和字符串等资源都保存在其下的几个子目录中。各子目录含义如下:

1) drawable 文件夹

存放能转换为绘图资源的位图文件或定义了绘制资源的 XML 文件。

2) mipmap 文件夹

该文件夹用来保存同一个程序中针对不同屏幕尺寸需要的不同大小的启动图标文件。该项目中 Android Studio 自动引入一个不同尺寸的 ic_launcher. png 文件,Android 系统根据目标设备的屏幕分辨率,为其加载不同尺寸的图标文件。其中 hdpi 为高分辨率图标, mdpi 为中等分辨率图标,xhdpi 和 xxhdpi 为超高分辨率和极高分辨率图标。

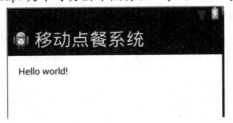

图 2.7　"移动点餐系统"程序初始界面

3) layout 文件夹

保存与用户界面相关的布局文件,如这里的 activity_main. xml 就是与 MainActivity. java 关联的描述程序初始界面的布局文件,其显示效果如图 2.7 所示。

4) menu 文件夹

保存与用户界面相关的菜单文件。

Android 应用程序及生命周期

5) values 文件夹

用于保存要创建资源的 XML 描述文件,里面有一些比较典型的文件,其中 string. xml 存放程序中各种字符串的值,应用程序名称"移动点餐系统"及显示字符串"Hello world!" 均以字符串的形式保存在该文件中。colors. xml 存放界面中各种颜色值。dimens. xml 存放屏幕尺寸值,styles. xml 存放定义的样式对象。为了使程序界面的显示适应不同尺寸的屏幕,可以建立不同分辨率下的 dimens 及 styles 文件,如这里的 dimens. xml、dimens. xml (w820dp)文件。

2.2 "移动点餐系统"项目关键文件

2.2.1 layout 目录中的 activity_main. xml 文件

activity_main. xml 是界面布局文件,它利用 XML 语言描述用户界面,代码如下。

```
< RelativeLayout xmlns:android = "http://schemas.android.com/apk/res/android"
    xmlns:tools = "http://schemas.android.com/tools"
    android:layout_width = "match_parent"
    android:layout_height = "match_parent"
    android:paddingBottom = "@dimen/activity_vertical_margin"
    android:paddingLeft = "@dimen/activity_horizontal_margin"
    android:paddingRight = "@dimen/activity_horizontal_margin"
    android:paddingTop = "@dimen/activity_vertical_margin"
    tools:context = ".MainActivity" >
    < TextView
        android:layout_width = "wrap_content"
        android:layout_height = "wrap_content"
        android:text = "@string/hello_world" />
</RelativeLayout >
```

该 activity_main. xml 布局是一个相对布局(RelativeLayout),代码的第3~8行描述了该布局的一些属性。其中第3和4行定义该布局宽度与高度为"匹配父窗口"(match_parent),意为程序的用户界面占据 Android 整个屏幕;第5~8行则定义了该布局的边距,以代码第5行为例,android:paddingBottom 为布局的底边距,@dimen/activity_vertical_margin 则是对资源的引用。它代表了名字为 activity_vertical_margin 的 dimen 元素的值,该元素存于 res/values/dimens. xml 文件中,通过查询该元素可知,布局的底边距为16dp。图2.7的"Hello world!"显示在一个 TextView 控件中,如代码的第11~14行。在 TextView 中定义了此控件的属性,第12和13行定义该控件宽度和高度与它所显示的文本内容相同(wrap_content),第14行定义该控件中显示的文本是名字为 hello_world 的 string 元素的值,该元素存于 res/values/strings. xml 文件中,通过查询该元素可知,TextView 中显示的内容为"Hello world!"。

2.2.2 AndroidManifest. xml 文件

AndroidManifest. xml 描述了应用程序中的组件及它们各自的实现类,各种能被处理的数据和启动位置。除了声明程序中的 Activity、ContentProvider、Service 和 Intent 等外，还能指定 premissions 和 instrumentation(安全控制与测试)。

"移动点餐系统"中的 AndroidManifest. xml 文件代码如下。

```xml
<?xml version = "1.0" encoding = "utf - 8"?>
< manifest xmlns:android = "http://schemas.android.com/apk/res/android"
    package = "edu.cqut.MobileOrderFood"
    android:versionCode = "1"
    android:versionName = "1.0" >
< uses - sdk
    android:minSdkVersion = "8"
    android:targetSdkVersion = "17" />
< application
    android:allowBackup = "true"
    android:icon = "@drawable/ic_launcher"
    android:label = "@string/app_name"
    android:theme = "@style/AppTheme" >
    < activity
        android:name = "edu.cqut.MobileOrderFood.MainActivity"
        android:label = "@string/app_name" >
        < intent - filter >
            < action android:name = "android.intent.action.MAIN" />
            < category android:name = "android.intent.category.LAUNCHER" />
        </ intent - filter >
    </ activity >
</ application >
</ manifest >
```

下面介绍文件中各个节点的含义。

1) mainfest

根节点，包含了 xmlns:android、package、android:versionCode 和 android:versionName 共 4 个属性。各属性含义如下：

(1) xmlns:android：定义 Android 命名空间，值为 http://schemas.android.com/apk/res/android，这样使得 Android 中各种标准属性能在文件中使用，提供了大部分元素中的数据。

(2) package：指定本应用内 Java 主程序包的包名。

(3) android:versionCode：应用程序版本号，为整数值，数值越大代表版本越高，仅在程序内部使用。

(4) android:versionName：应用程序版本名称，为一个字符串，是给用户看的。

2) uses-sdk

描述程序所需的 API 版本，这里所需的最小版本为 8，即 android 2.2；编译的目标版本为 17，即 android 4.2.2。

3) application

AndroidManifest. xml 中必须含有一个 application 节点，声明每一个应用程序的组件及其属性，其中属性有：

Android 应用程序及生命周期

（1）android：allowBackup：是否允许备份应用数据，默认是 true，如果设为 false，则不会备份应用数据。

（2）android：icon：声明整个应用程序的图标，@drawable/ic_launcher 表示引用位于 drawable 元素中的名字为 ic_launcher 的图标，它一般都放在 drawable 文件夹下。

（3）android：label：该属性用于给应用程序定义一个用户可读的标签。通过查阅 strings.xml 文件，可知该值为"移动点餐系统"，也就是位于图 2.7 中的 APP 程序标题栏的文字。

（4）android：theme：Android 系统的自带样式，这里引用位于 styles.xml 文件中的名字为 AppTheme 的 style 元素。通过查阅该文件，可知为什么图 2.7 中的 APP 背景为白色（parent＝"android：Theme. Light"）。

4）activity

activity 作为一个组件位于< application >元素中，这里列出了它的两个属性，分别是 android：name 和 android：label。从 android：name 的值可知，该 activity 就是本项目 edu. cqut. MobileOrderFood 包中的 MainActivity. java 文件。activity 的标签则与 application 的标签一样。

5）intent-filter

Intent 过滤器，该元素指定 Activity、Service 或 BroadcastReceiver 能够响应的 Intent 对象的类型。它声明了它所在组件的能力，如 Activity 或 Service 所能做的事情、BroadcastReceiver 所能处理的广播类型等。它会使组件接收所声明类型的 Intent 对象，过滤掉那些对组件没有意义的 Intent 对象请求。其内容通过< action >、< category >和< data >子元素描述。它们的用途将在第 4 章中详细讨论，这里< intent-filter >的作用是 MobileOrderFood 程序启动时将 MainActivity 作为默认的启动模块。

2.2.3 R.java 文件

在 Eclipse 中，ADT 会自动生成 R.java 文件，该文件包含对 drawable、layout 和 values 目录内资源的引用指针，使得 Android 程序能够直接通过 R 类引用目录中的资源。在 Android Studio 中，该文件在 Project 视图中位于项目的 app/build/generated/source/r/ debug/ edu. cqut. MobileOrderFood 目录下。该文件不能手动修改，所有代码自动生成。如果向资源目录中增加或删除资源文件，则需更新 R.java 文件，更新方法是在重新编译项目，即选择菜单中的 Build→Rebuild Project 选项。

MobileOrderFood 项目生成的 R.java 文件代码如下：

```
/* AUTO - GENERATED FILE. DO NOT MODIFY.
 *
 * This class was automatically generated by the
 * aapt tool from the resource data it found. It
 * should not be modified by hand.
 */
package edu.cqut.MobileOrderFood;
public final class R {
    public static final class attr {
```

```
    }
    public static final class dimen {
        public static final int activity_horizontal_margin = 0x7f040000;
        public static final int activity_vertical_margin = 0x7f040001;
    }
    public static final class drawable {
        public static final int ic_launcher = 0x7f020000;
    }
    public static final class id {
        public static final int action_settings = 0x7f080000;
    }
    public static final class layout {
        public static final int activity_main = 0x7f030000;
    }
    public static final class menu {
        public static final int main = 0x7f070000;
    }
    public static final class string {
        public static final int action_settings = 0x7f050001;
        public static final int app_name = 0x7f050000;
        public static final int hello_world = 0x7f050002;
    }
    public static final class style {
        public static final int AppBaseTheme = 0x7f060000;
        public static final int AppTheme = 0x7f060001;
    }
}
```

从上面的代码中可知,R 类包含的几个内部类,分别与资源类型相对应,资源 ID 便保存在这些内部类中。一般情况下,资源名称与资源文件名相同,但不包含扩展名。

在程序中使用资源时可以用 R. string 的形式来引用,如要使用布局文件 activity_main. xml 时,用 R. layout. activity_main 引用;而在 XML 文件中引用资源时使用@形式,如前面的布局文件中引用字符串时用"@string/字符串的名称"的方法,即 android:text＝"@string/hello_world"。

2.2.4　src 目录中的 MainActivity.java 文件

MainActivity. java 文件是 Android 工程向导根据 Activity 名称创建的 java 文件,该文件完全可以手工修改。其代码如下:

```
package edu. cqut. MobileOrderFood;
import android. os. Bundle;
import android. app. Activity;
import android. view. Menu;
public class MainActivity extends Activity {
    @Override
    protected void onCreate(Bundle savedInstanceState) {
        super. onCreate(savedInstanceState);
```

```
        setContentView(R.layout.activity_main);
    }
    @Override
    public boolean onCreateOptionsMenu(Menu menu) {
        // Inflate the menu; this adds items to the action bar if it is present.
        getMenuInflater().inflate(R.menu.main, menu);
        return true;

    }
}
```

程序通过 android.jar 从 Android SDK 中引入 Bundle、Activity 和 Menu 三个重要的包,用以信息传递、子类继承和菜单生成。

为了显示图形界面,MainActivity 需要继承 Activity 类。onCreate()函数为重载函数,用于 MainActivity 的初始化,在 Activity 首次启动时会被调用,可以看成是 MobileOrderFood 程序的主入口函数,参数 savedInstanceState 为保存该 Activity 上次退出前的状态信息。该函数内容的第 1 行为调用父类的 onCreate()函数,并将 savedInstanceState 传递给父类;第 2 行为通过 R.string 的方式声明需要显示的用户界面,这里即是文件 res/layout/activity_main.xml。

onCreateOptionsMenu()函数也为重载函数,用于创建选项菜单,同样通过 R.string 的方式声明使用位于 res/menu 下的 main.xml 菜单。

2.3 Android 生命周期

2.3.1 程序生命周期

Android 程序生命周期是指 Android 程序中进程从启动到终止的所有阶段,也即 Android 程序从启动到停止的全过程。

由于 Android 系统一般运行在资源受限的硬件平台,因此采用主动的资源管理方式。为了保证高优先级程序的正常运行,可在无任何警告的状态下终止低优先级程序,并回收其使用资源。因此,Android 程序并不能完全控制自身的生命周期,而是由 Android 系统进行调度和控制。但是,一般情况下,Android 系统都尽可能地不主动终止应用程序,即使其生命周期结束也能让其保存在内存中,以便再次快速启动。

Android 系统中的进程优先级从高到低分别为前台进程、可见进程、服务进程、后台进程和空进程。

1. 前台进程

前台进程指与用户正在交互的进程,是 Android 系统中最重要的进程,主要有以下情况:

(1) 进程中的 Activity 正在与用户进行交互。

(2) 进程服务被正在与用户交互的 Activity 调用。

(3) 进程服务正在执行生命周期中的回调函数,如 onCreate()、onStart()或 onDestory()。

(4) 进程的 BroadcastReceiver 正在执行 onReceive()函数。

2. 可见进程

可见进程指部分程序界面能够被用户看见,却不在前台与用户交互,不响应界面事件的进程。例如,新启动的 Android 程序将原有程序部分遮挡,则原有程序从前台进程变为可见进程。

3．服务进程

包含已启动服务的进程就是服务进程。服务没有用户界面,不与用户直接交互,但能够在后台长期运行,提供用户关心的重要功能,如播放 MP3 文件或从网络下载数据。

4．后台进程

如果一个进程不包含任何已启动的服务,且没有任何用户可见的 Activity,则它就是一个后台进程。一般情况下,Android 系统中存在较多的后台进程,在系统资源紧张时,系统将优先清除用户较长时间没有见到的后台进程。

5．空进程

不包含任何活跃组件的进程,例如一个仅有 Activity 组件的进程,当用户关闭这个 Activity 后,该进程就成为空进程。空进程在系统资源紧张时会首先清除。

2.3.2　Activity 生命周期

Activity 生命周期指 Activity 从启动到销毁的过程,在这个过程中,Activity 一般表现为 4 种状态,如图 2.8 所示,各状态说明如下。

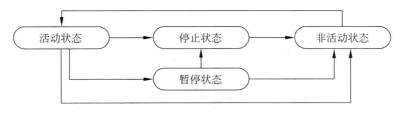

图 2.8　Activity 状态变换图

1．活动状态

Activity 启动后处于活动状态,此时 Activity 位于用户界面最上层,完全能被用户看到并能与之交互。

2．暂停状态

当 Activity 在界面上被部分遮挡,从而不再处于用户界面的最上层,且不能与用户交互时,如果用户启动了新的 Activity 而部分遮挡当前的 Activity,则当前 Activity 为暂停状态。

3．停止状态

当 Activity 在界面上完全不能被用户看到,如果新启动的 Activity 完全遮挡了当前的 Activity,则当前的 Activity 处于停止状态。处于停止状态的 Activity 将优先被终止。

4．非活动状态

活动状态、暂停状态、停止状态是 Activity 的主要状态,不在以上 3 种状态下的 Activity 处于非活动状态。

Activity 活动状态可以用 Activity 栈说明,如图 2.9 所示。Activity 栈保存了已经启动且没有终止的所有 Activity,并遵循"后进先出"的原则。Android 系统在资源不足时,通过 Activity 栈来选择哪些 Activity 是可以终止的。一般来说,Android 系统会优先选择处于停止状态,且位置靠近栈底的 Activity,因为这些 Activity 被用户再次调用的机会最小,且是用户在界面上看不到的。

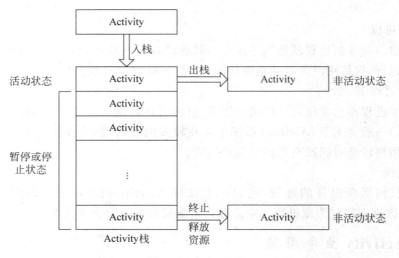

图 2.9　Activity 栈

Activity 从建立到调回的过程中需要在不同的阶段调用 7 个与生命周期相关的事件函数，如图 2.10 所示。

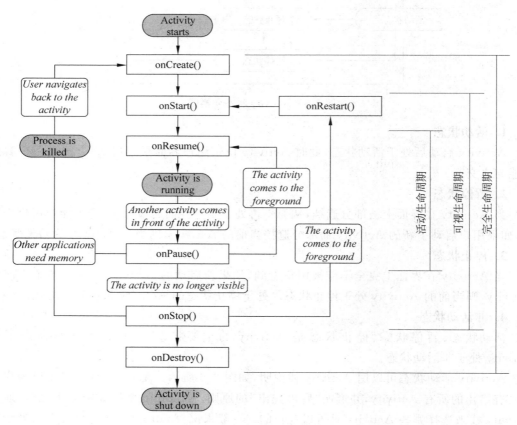

图 2.10　Activity 生命周期

从图 2.10 可知，Activity 的生命周期可分为完全生命周期、可视生命周期和活动生命周期。每种生命周期中包含不同的事件回调函数，这些事件函数均由系统调用，其含义如表 2.4 所示。

表 2.4　Activity 生命周期的事件回调函数

函　　数	可否终止	说　　明
onCreate()	否	Activity 启动后第一个被调用的函数，常用来进行 Activity 的初始化，如创建 View、绑定数据或恢复信息等
onStart()	否	当 Activity 显示在屏幕上时，函数被调用
onRestart()	否	当 Activity 从停止状态进入活动状态前，调用该函数
onResume()	否	当 Activity 可以接收用户输入时，该函数被调用，此时的 Activity 位于 Activity 栈的栈顶
onPause()	否	当 Activity 进入暂停状态时，该函数被调用。一般用来保存持久的数据或释放占用的资源
onStop()	是	当 Activity 变为不可见后，该函数被调用，Activity 进入停止状态
onDestory()	是	在 Activity 被终止前，即进入非活动状态前，该函数被调用

除了 Activity 生命周期的事件回调函数外，onRestoreInstanceState() 和 onSaveInstanceState()这两个函数也被经常调用，用于保存和恢复 Activity 的界面临时信息，其含义如表 2.5 所示。

表 2.5　Activity 状态保存/恢复的事件回调函数

函　　数	可否终止	说　　明
onSaveInstanceState()	否	暂停或停止 Activity 前调用该函数，用以保存 Activity 的状态信息
onRestoreInstanceState()	否	恢复 onSaveInstanceState() 保存的 Activity 状态信息

【例 2-1】　测试 Activity 生命周期中各回调函数的调用情况，从而体会 Activity 的生命周期。

创建一个名为 ActivityLifeCycleDemo 的 Android 工程，在程序的默认启动界面的 MainActivity.java 文件中添加回调函数，代码如下：

```
package edu.cqut.activitylifecycledemo;
import android.os.Bundle;
import android.app.Activity;
import android.util.Log;
public class MainActivity extends Activity {
    @Override
    protected void onCreate(Bundle savedInstanceState) {
        Log.i("TAG","(1) onCreate()");
        super.onCreate(savedInstanceState);
        setContentView(R.layout.activity_main);
    }
    @Override
```

```
protected void onStart() {
    Log.i("TAG","(2) onStart()");
    super.onStart();
}
@Override
protected void onRestoreInstanceState(Bundle savedInstanceState) {
    Log.i("TAG","(3) onRestoreInstanceState()");
    super.onRestoreInstanceState(savedInstanceState);
}
@Override
protected void onResume() {
    Log.i("TAG","(4) onResume()");
    super.onResume();
}
@Override
protected void onSaveInstanceState(Bundle outState) {
    Log.i("TAG","(5) onSaveInstanceState()");
    super.onSaveInstanceState(outState);
}
@Override
protected void onRestart() {
    Log.i("TAG","(6) onRestart()");
    super.onRestart();
}
@Override
protected void onPause() {
    Log.i("TAG","(7) onPause()");
    super.onPause();
}
@Override
protected void onStop() {
    Log.i("TAG","(8) onStop()");
    super.onStop();
}
@Override
protected void onDestroy() {
    Log.i("TAG","(9) onDestroy()");
    super.onDestroy();
}
}
```

这里,通过 LogCat 来观察,程序的运行结果将显示在 LogCat 中。在 Android Studio 默认开发模式中没有 LogCat 显示页,可以在菜单中选择 Tools→Android→Android Device Monitor 命令,打开 Android Device Monitor 窗口,在该窗口的下方可以看到 LogCat 页面,如图 2.11 所示。

为了便于观察,在 LogCat 中单击左边的 ➕ 图标,添加过滤器 ActivityLife,如图 2.12 所示。

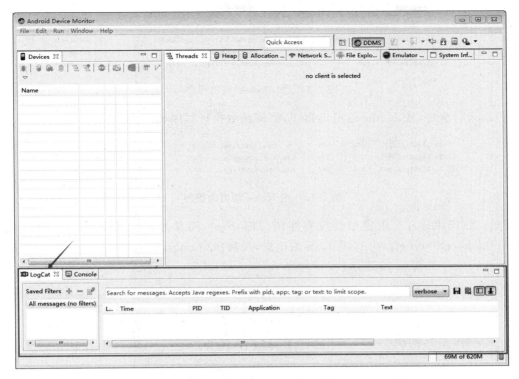

图 2.11　Android Device Monitor 窗口中的 LogCat 页面

Logcat Message Filter Settings

Filter logcat messages by the source's tag, pid or minimum log level.
Empty fields will match all messages.

Filter Name:	ActivityLife
by Log Tag:	TAG
by Log Message:	
by PID:	
by Application Name:	
by Log Level:	info ▼

OK　　Cancel

图 2.12　LogCat 过滤器设置

　　在模拟器中启动 ActivityLifeCycleDemo 程序,从 Log 打印信息中可以看到启动程序时回调函数执行顺序,如图 2.13 所示。

Level	Time	PID	TID	Application	Tag	Text
I	11-15 14:54:18.679	964	964	edu.cqut.activity...	TAG	(1) onCreate()
I	11-15 14:54:18.899	964	964	edu.cqut.activity...	TAG	(2) onStart()
I	11-15 14:54:18.899	964	964	edu.cqut.activity...	TAG	(4) onResume()

图 2.13　启动程序

Android 应用程序及生命周期

按 Back 键,结束程序运行,回调函数执行顺序如图 2.14 所示。

I	11-15 14:55:12.503	964	964	edu.cqut.activity...	TAG	(7) onPause()
I	11-15 14:55:14.452	964	964	edu.cqut.activity...	TAG	(8) onStop()
I	11-15 14:55:14.452	964	964	edu.cqut.activity...	TAG	(9) onDestroy()

图 2.14　按 Back 键退出程序

再次运行程序,按 Home 键退出程序,回调函数执行顺序如图 2.15 所示。

I	11-15 14:58:13.883	964	964	edu.cqut.activity...	TAG	(7) onPause()
I	11-15 14:58:16.073	964	964	edu.cqut.activity...	TAG	(5) onSaveInstanceState()
I	11-15 14:58:16.083	964	964	edu.cqut.activity...	TAG	(8) onStop()

图 2.15　按 Home 键退出程序

从图 2.15 可见,应用程序并没有注销(Destroy),而是先执行 onPause(),然后执行 onSaveInstanceState()保存 Activity 界面信息,最后执行 onStop()。再次启动应用程序,回调函数执行顺序如图 2.16 所示。

I	11-15 14:59:44.302	964	964	edu.cqut.activity...	TAG	(6) onRestart()
I	11-15 14:59:44.302	964	964	edu.cqut.activity...	TAG	(2) onStart()
I	11-15 14:59:44.312	964	964	edu.cqut.activity...	TAG	(4) onResume()

图 2.16　再次启动程序

2.4　程 序 调 试

2.4.1　LogCat

LogCat 是用来捕获系统日志信息的工具,它能捕获包括 Dalvik 虚拟机产生的信息、进程信息、ActivityManager 信息、Android 运行时信息和应用程序信息等。

如图 2.17 所示,LogCat 右上方 6 个单词分别表示 6 种不同类型的日志信息,分别是详细信息(verbose)、调试信息(debug)、通告信息(info)、警告信息(warn)、错误信息(error)和断言信息(assert)。不同类型日志信息级别不一样,从高到低依次为断言信息、错误信息、警告信息、通告信息、调试信息和详细信息。用户可以通过不同的日志级别选择显示的信息类型,级别比选择类型高的信息也可以在 LogCat 中显示,但级别低于选定的信息则被忽略。

图 2.17　Android Studio 中的 LogCat

此外,LogCat 还提供了"过滤"功能,位于图 2.17 左上角的＋号和－号,分别为添加和删除过滤器。如图 2.12 所示,用户可以根据日志信息的标签(Tag)、产生日志的进程编号(PID)或信息等级(Level),对显示的日志内容进行过滤。

使用 LogCat 调试程序,首先需要引入 android. util. Log 包,然后使用 Log. v()、Log. d()、Log. i()、Log. w()和 Log. e() 5 个函数在程序中设置"日志点"。其中,Log. v()为输出"详细信息"类型的日志,Log. d()为输出"调试信息"类型的日志,Log. i()为输出"通告信息"类型的日志,Log. w()为输出"警告信息"类型的日志,Log. e()为输出"错误信息"类型的日志。当程序运行到"日志点"时,日志信息便发送到 LogCat 中,根据"日志点"信息是否与预期内容一致,来判断程序是否出错。

【例 2-2】 演示 Log 类"日志点"函数的使用方法。

创建一个名为 LogCatDemo 的 Android 工程,在程序默认启动界面的 MainActivity. java 文件中添加代码如下:

```java
package edu. cqut. logcatdemo;
import android. os. Bundle;
import android. app. Activity;
import android. util. Log;
public class MainActivity extends Activity {
    final static String TAG = "LOGCAT";                    //定义标签
    @Override
    protected void onCreate(Bundle savedInstanceState) {
        super. onCreate(savedInstanceState);
        setContentView(R. layout. activity_main);
        Log. v(TAG, "Verbose");                            //输出 verbose 日志信息
        Log. d(TAG, "Debug");                              //输出 debug 日志信息
        Log. i(TAG, "Info");                               //输出 info 日志信息
        Log. w(TAG, "Warn");                               //输出 warn 日志信息
        Log. e(TAG, "Error");                              //输出 error 日志信息
    }
}
```

运行该工程,图 2.18 和图 2.19 分别显示了使用不同级别日志进行筛选情况下的"日志点"输出结果。可以看到不同类型的日志信息颜色不同,同时当选择某种类型的日志信息输出时,级别比所选日志类型高的日志信息也会输出,级别低的则不会输出。

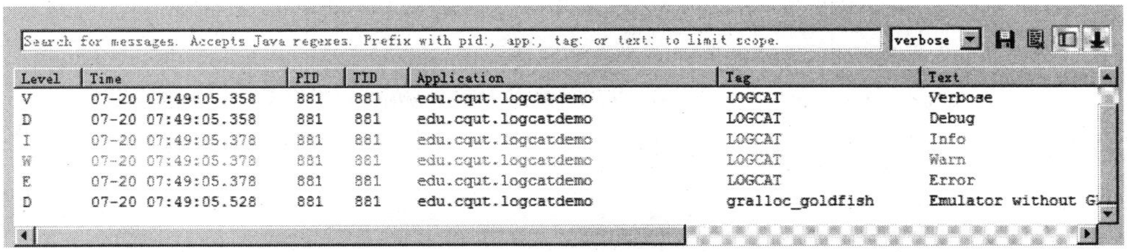

图 2.18 verbose 下的"日志点"输出结果

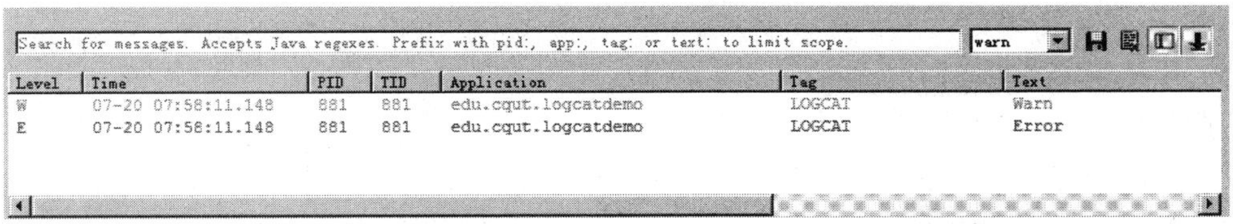

图 2.19 warn 下的"日志点"输出结果

Android 应用程序及生命周期

2.4.2 程序跟踪

在 Android Studio 中通过单击某行代码左边的灰色区域可以在该行设置一个断点，这样，当使用 Debug 方式运行程序时，程序遇到断点会暂停下来，通过跟踪程序运行进而了解程序中各变量和流程的执行情况。

【例 2-3】 演示断点调试方法。

在 LogCatDemo 项目的 MainActivity.java 文件中，通过双击代码左边的灰色区域在第 15 行设置断点，如图 2.20 所示。

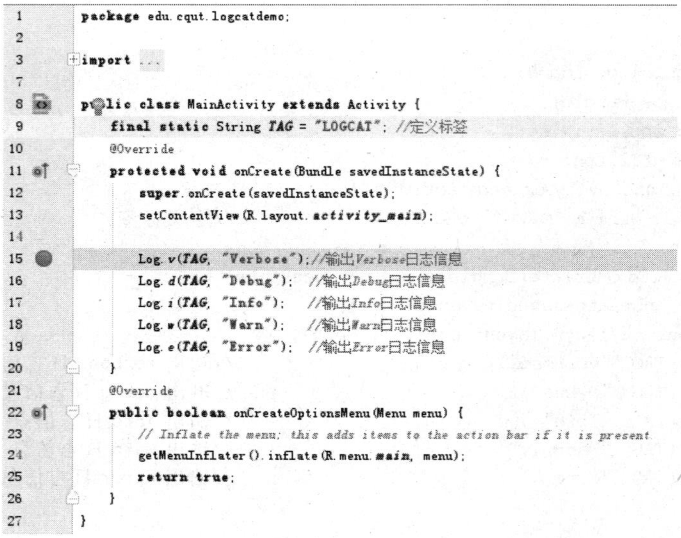

```
1      package edu.cqut.logcatdemo;
3   ⊞ import ...
7
8   ◉    public class MainActivity extends Activity {
9            final static String TAG = "LOGCAT"; //定义标签
10           @Override
11  ◉↑      protected void onCreate(Bundle savedInstanceState) {
12               super.onCreate(savedInstanceState);
13               setContentView(R.layout.activity_main);
14
15  ●          Log.v(TAG, "Verbose");//输出Verbose日志信息
16               Log.d(TAG, "Debug");   //输出Debug日志信息
17               Log.i(TAG, "Info");    //输出Info日志信息
18               Log.w(TAG, "Warn");    //输出Warn日志信息
19               Log.e(TAG, "Error");   //输出Error日志信息
20           }
21           @Override
22  ◉↑      public boolean onCreateOptionsMenu(Menu menu) {
23               // Inflate the menu; this adds items to the action bar if it is present.
24               getMenuInflater().inflate(R.menu.main, menu);
25               return true;
26           }
27       }
```

图 2.20 设置断点

在菜单栏中选择 Run→Debug 运行程序。程序运行到断点位置时暂停继续执行，出现如图 2.21 所示调试窗口，其中，粗框框起的部分为常用的调试按钮。

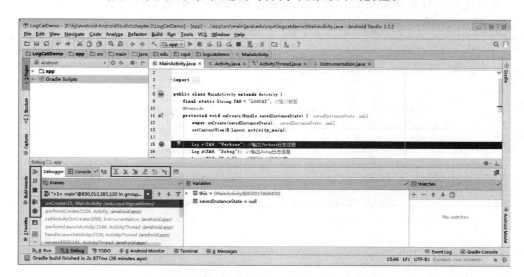

图 2.21 调试界面

表 2.6 显示了调试过程中几种最常用的调试操作。

表 2.6　几种最常用的调试操作

Debug 操作	按钮图标	功 能 说 明	快捷键
Mute Breakpoints		启用或者禁用所有断点。当断点为启用状态时(断点被打钩),单击该按钮所有断点被禁用;当断点被禁用时(断点为灰色且没有打钩),单击该按钮所有断点被启用	/
Resume Program		继续执行程序到源程序下一个断点	F9
View Breakpoints		单击该按钮进入断点管理界面,可以查看所有断点,管理或配置断点的行为,如删除、修改属性信息等	Ctrl+Shift+F8
Stop 'app'		断开调试器,并终止程序的运行	Ctrl+F2
Step Over		逐行单步执行源程序,当所跟踪的语句包含一个函数调用时,该操作不进入该函数的程序中,而是直接跳过	F8
Step Into		逐行单步执行源程序,当所跟踪的语句包含一个自定义的函数调用时,该操作进入该函数的程序中	F7
Force Step Into		强制单步执行源程序,当所跟踪的语句包含一个自定义或者库函数调用时,该操作都进入该函数的程序中	Alt+Shift+F7
Step Out		结束所调用函数的调试,跳出该函数,与 Step Into 对应	Shift+F8
Run to Cursor		忽视已经存在的断点,跳转到光标所在处	Alt+F9

在调试状态下,当光标停留在变量上时,会弹出该变量此时的状态值,如图 2.22 所示。

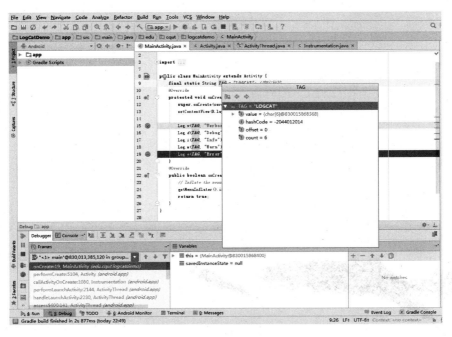

图 2.22　调试状态下的变量值显示

此外,也可以在调试窗口右边的 Watches 子窗口中单击"＋"按钮添加需要观察的变量,以便于跟踪该变量值的变化,或者单击"－"按钮取消对某个变量的观察,如图 2.23 所示。

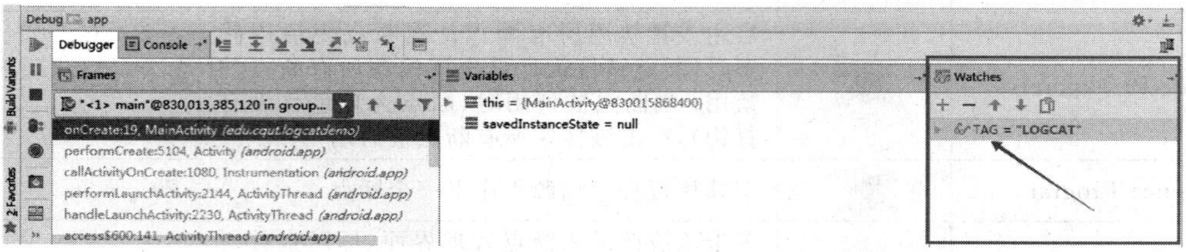

图 2.23　变量观察子窗口

第3章 Android 用户界面程序设计

3.1 用户界面基础

  用户界面(User Interface)是系统和用户间进行信息交换的媒介。Android 实行界面设计者和程序开发者独立并行工作的方式,实现了界面设计和程序逻辑完全分离,不仅有利于后期界面修改中避免修改程序的逻辑代码,也有利于针对不同型号手机的屏幕分辨率调整界面尺寸时不影响程序的运行。

  为了使界面设计和程序逻辑分离,Android 程序将用户界面和资源从逻辑代码中分离出来,使用 XML 文件描述用户界面,资源文件独立保存在资源文件夹中。Android 用户界面框架(Android UI Framework)采用 MVC(Model-View-Controller)模型,为用户界面提供处理用户输入的控制器(Controller)、显示图像的视图(View)和模型(Model)。其中,模型是应用程序的核心,保存有数据和代码。控制器、视图和模型的关系如图 3.1 所示。

  Android 系统的界面元素以一种树形结构组织在一起,称为视图树,如图 3.2 所示。绘制依据视图树从上至下绘制每个界面元素,且每个元素负责完成自身的绘制,如果元素包含子元素,则该元素通知其下所有子元素进行绘制。

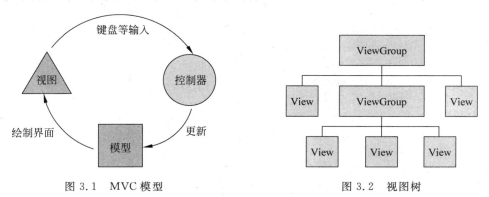

图 3.1 MVC 模型   图 3.2 视图树

  视图树由 View 和 ViewGroup 构成。View 是一个重要的基类,所有界面上的可见元素都是 View 的子类,ViewGroup 是能够承载多个 View 的显示单元,用于承载界面布局和具有原子特性的重构模块。

  MVC 中的控制器能够接收并响应用户的动作(如按键和触摸屏幕等),并将这些动作作为一系列独立事件加入到队列中,按照"先进先出"的规则将每个事件分配给对应的事件处理函数进行处理。

  Android 用户界面是单线程用户界面,事件的获取和界面的屏幕绘制使用同一个线程,这样的好处是用户不需要在控制器和视图间进行同步,事件的处理完全按照队列顺序进行;但单线程用户界面的缺点是如果事件函数过于复杂,可能导致用户界面失去响应,因此界面的事件响应函数尽可能使用简短代码,或者将复杂工作交给后台线程处理。

3.2 界面布局

Android 系统定义了 6 种基本摆放控件的规则,它们都间接或者直接继承 ViewGroup 类,下面介绍这几种布局规则。

3.2.1 框架布局

框架布局(FrameLayout)也叫帧布局,该布局上的控件放置在左上角位置,按放置的前后顺序逐一层叠摆放,后面的控件会遮盖之前的控件。

【例 3-1】 演示框架布局编程方法。

(1) 创建名为 LayoutDemo 的新项目,包名为 edu. cqut. layoutdemo。切换到 Android 视图,右击 res/layout 文件夹,选择 New→XML→Layout XML File,在弹出的对话框的 Layout File Name 栏填入 layout_framelayout,在下方的 Root Tag 栏填入 FrameLayout,创建一个框架布局文件。

(2) 在新创建的布局文件中放置一个 ImageView 和一个 TextView 控件,代码如下:

```xml
<?xml version = "1.0" encoding = "utf - 8"?>
< FrameLayout xmlns:android = "http://schemas.android.com/apk/res/android"
    android:layout_width = "match_parent"
    android:layout_height = "match_parent" >
    < ImageView
        android:id = "@ + id/mImageView"
        android:layout_width = "wrap_content"
        android:layout_height = "wrap_content"
        android:src = "@drawable/ic_launcher"
    />
    < TextView
        android:layout_width = "wrap_content"
        android:layout_height = "wrap_content"
        android:text = "框架布局"
        android:textSize = "18sp"
    />
</FrameLayout >
```

(3) 在 java/edu. cqut. layoutdemo 文件夹的 MainActivity. java 文件中修改与主 Activity 绑定的布局文件,修改后的代码如下:

```
setContentView(R. layout. layout_framelayout);
```

程序运行结果如图 3.3 所示,界面布局文件中后添加的文本框控件遮挡了之前的图像控件。

图 3.3　框架布局示例

3.2.2　线性布局

线性布局(LinearLayout)是将控件按照水平(horizontal)或垂直(vertical)两种方式排列,在布局文件中由 android:orientation 属性来控制排列方向。水平方向设置为 android：orientation＝"horizontal",垂直方向设置为 android：orientation＝"vertical"。

【例 3-2】　演示线性布局编程方法。

(1) 打开 LayoutDemo 项目,右击 res/layout 文件夹,选择 New→XML→Layout XML File,在弹出的对话框的 Layout File Name 栏填入 layout_linearlayout,在下方的 Root Tag 栏填入 LinearLayout,创建一个线性布局文件。

(2) 将新创建的布局文件的 android：orientation 属性设置为 vertical,然后放置三个 TextView 控件,分别显示第一行、第二行和第三行,代码如下:

```xml
<?xml version = "1.0" encoding = "utf - 8"?>
< LinearLayout xmlns:android = "http://schemas.android.com/apk/res/android"
    android:layout_width = "match_parent"
    android:layout_height = "match_parent"
    android:orientation = "vertical" >
    < TextView
        android:layout_width = "wrap_content"
        android:layout_height = "wrap_content"
        android:text = "第一行">
    </TextView >
    < TextView
        android:layout_width = "wrap_content"
        android:layout_height = "wrap_content"
        android:text = "第二行">
    </TextView >
    < TextView
        android:layout_width = "wrap_content"
        android:layout_height = "wrap_content"
        android:text = "第三行">
    </TextView >
</LinearLayout >
```

(3) 在 MainActivity.java 代码中修改与主 Activity 绑定的布局文件,修改后的代码如下:

```
setContentView(R.layout.layout_linearlayout);
```

Android 用户界面程序设计

程序运行结果如图 3.4 所示,控件按垂直方向逐
个排列。

3.2.3 相对布局

相对布局(RelativeLayout)是采用相对于其他控
件位置的布局方式,该布局内的控件和其他控件存在
相对关系,通常通过指定 id 关联其他控件,以右对齐、上对齐、下对齐或居中对齐等方式来
排列控件。

图 3.4 线性布局效果图

相对布局是现在用的比较多的一种布局方式,属性较多。表 3.1 介绍了几种常用属性。

表 3.1 相对布局常用属性

属 性	描 述
android:layout_alignParentTop="true|false"	是否与父控件的顶部平齐
android:layout_alignParentBottom="true|false"	是否与父控件的底部平齐
android:layout_alignParentLeft="true|false"	是否与父控件的左边平齐
android:layout_alignParentRight="true|false"	是否与父控件的右边平齐
android:layout_centerInParent="true|false"	是否在父控件的中间位置
android:layout_centerInHorizontal="true|false"	是否水平方向在父控件的中间
android:layout_centerInVertical="true|false"	是否垂直方向在父控件的中间
android:layout_alignTop="@id/ *** "	与相应 id 为 *** 控件的顶部平齐
android:layout_alignBottom="@id/ *** "	与相应 id 为 *** 控件的底部平齐
android:layout_alignLeft="@id/ *** "	与相应 id 为 *** 控件的左边平齐
android:layout_alignRight="@id/ *** "	与相应 id 为 *** 控件的右边平齐
android:layout_above="@id/ *** "	在 id 为 *** 控件的上面,该控件的底部与 *** 顶部平齐
android:layout_blow="@id/ *** "	在 id 为 *** 控件的下面,该控件的顶部与 *** 底部平齐
android:layout_toRightOf="@id/ *** "	在 id 为 *** 控件的右边,该控件的左边与 *** 右边平齐
android:layout_toLeftOf="@id/ *** "	在 id 为 *** 控件的左边,该控件的右边与 *** 左边平齐

【例 3-3】 演示相对布局编程方法。

(1) 打开 LayoutDemo 项目,右击 res/layout 文件夹,选择 New→XML→Layout XML
File,在弹出的对话框的 Layout File Name 栏填入 layout_relativelayout,在下方的 Root
Tag 栏填入 RelativeLayout,创建一个相对布局文件。

(2) 在该布局中放入三个 TextView 控件,并设置它们之间的相对位置关系,代码
如下:

```xml
<?xml version = "1.0" encoding = "utf - 8"?>
<RelativeLayout xmlns:android = "http://schemas.android.com/apk/res/android"
    android:layout_width = "match_parent"
    android:layout_height = "match_parent" >
```

```
< TextView
    android:layout_width = "wrap_content"
    android:layout_height = "wrap_content"
    android:layout_centerHorizontal = "true"
    android:id = "@ + id/textview1"
    android:text = "TextView1(水平方向位于中间)"/>
< TextView
    android:layout_width = "wrap_content"
    android:layout_height = "wrap_content"
    android:id = "@ + id/textview2"
    android:layout_below = "@id/textview1"
    android:text = "TextView2(在 TextView1 下方)"/>
< TextView
    android:layout_width = "wrap_content"
    android:layout_height = "wrap_content"
    android:id = "@ + id/textview3"
    android:layout_below = "@id/textview2"
    android:layout_alignParentRight = "true"
    android:text = "TextView3(在 TextView2 下方且右对齐)"/>
</RelativeLayout >
```

（3）在 MainActivity.java 代码中修改与主 Activity 绑定的布局文件，修改后的代码如下：

```
setContentView(R. layout. layout_relativelayout);
```

由运行结果可以很明显地看出相对布局的特点，TextView1 位于水平方向居中，TextView2 位于 TextView1 下方，TextView3 位于 TextView2 下方且右对齐。程序运行结果如图 3.5 所示。

图 3.5　相对布局效果图

3.2.4　绝对布局

绝对布局（AbsoluteLayout）是以屏幕左上角为坐标原点（0,0），直接以具体坐标指定控件位置，该布局可以随意指定控件位置，但开发者很少用，因为不同手机屏幕分辨率不同，存在兼容性问题。其中控件位置通过 android:layout_x 和 android:layout_y 这两个属性进行设置。

【例 3-4】　演示绝对布局编程方法。

（1）打开 LayoutDemo 项目，右击 res/layout 文件夹，选择 New→XML→Layout XML File，在弹出的对话框的 Layout File Name 栏填入 layout_absolutelayout，在下方的 Root Tag 栏填入 Absolutelayout，创建一个绝对布局文件。

（2）创建四个 TextView 控件，分别设置其坐标，代码如下：

```
<?xml version = "1.0" encoding = "utf - 8"?>
< AbsoluteLayout xmlns:android = "http://schemas.android.com/apk/res/android"
```

Android 用户界面程序设计

```
        android:layout_width = "match_parent"
        android:layout_height = "match_parent" >
    < TextView
        android:layout_width = "wrap_content"
        android:layout_height = "wrap_content"
        android:layout_x = "0dp"
        android:layout_y = "0dp"
        android:text = "坐标(0,0)"/>
    < TextView
        android:layout_width = "wrap_content"
        android:layout_height = "wrap_content"
        android:layout_x = "0dp"
        android:layout_y = "100dp"
        android:text = "坐标(0,100)"/>
    < TextView
        android:layout_width = "wrap_content"
        android:layout_height = "wrap_content"
        android:layout_x = "20dp"
        android:layout_y = "50dp"
        android:text = "坐标(20,50)"/>
    < TextView
        android:layout_width = "wrap_content"
        android:layout_height = "wrap_content"
        android:layout_x = "150dp"
        android:layout_y = "0dp"
        android:text = "坐标(150,0)" />
</AbsoluteLayout >
```

（3）在 MainActivity.java 代码中修改与主 Activity 绑定的布局文件,修改后的代码如下:

```
setContentView(R.layout.layout_absolutelayout);
```

程序运行结果如图 3.6 所示。由运行结果可以看出绝对布局的特点,其内控件位置由代码设定的位置决定。

3.2.5　表格布局

表格布局(TableLayout)是将布局页面划分为行、列构成的单元格。用< TableRow ></TableRow >标记表示单元格的一行,单元格的列数等于包含最多控件的 TableRow 的列数。直接在 TableLayout 中加的控件会占据一行。

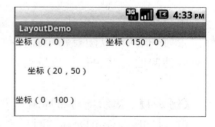

图 3.6　绝对布局效果图

TableLayout 可设置的属性包括全局属性及单元格属性。

（1）全局属性也即列属性,有以下 3 个参数:

① android:stretchColumns:设置可伸展的列。该列可以沿行方向伸展,最多可占据一整行。

② android:shrinkColumns：设置可收缩的列。当该列包含的控件的内容太多，已经挤满所在行，那么该子控件的内容将沿列方向显示。

③ android:collapseColumns：设置要隐藏的列。

示例：

```
android:stretchColumns = "0"          //第 0 列可伸展
android:shrinkColumns = "1,2"         //第 1,2 列皆可收缩
android:collapseColumns = " * "       // 隐藏所有列
```

说明：列可以同时具备 stretchColumns 及 shrinkColumns 属性，若此，那么当该列的内容很多时，将"多行"显示其内容（这里不是真正的多行，而是系统根据需要自动调节该行的 layout_height）。

（2）单元格属性，有以下 2 个参数：

① android:layout_column：指定该单元格在第几列显示。

② android:layout_span：指定该单元格占据的列数（未指定时为 1）。

示例：

```
android:layout_column = "1"          //该控件显示在第 1 列
android:layout_span = "2"            //该控件占据 2 列
```

说明：一个控件也可以同时具备这两个特性。

【例 3-5】 演示表格布局编程方法。

（1）打开 LayoutDemo 项目，右击 res/layout 文件夹，选择 New→XML→Layout XML File，在弹出的对话框的 Layout File Name 栏填入 layout_tablelayout，在下方的 Root Tag 栏填入 TableLayout，创建一个表格布局文件。

（2）创建 6 个 TextView 控件，分别显示其坐标，代码如下：

```xml
<?xml version = "1.0" encoding = "utf - 8"?>
< TableLayout xmlns:android = "http://schemas. android. com/apk/res/android"
    android:layout_width = "match_parent"
    android:layout_height = "match_parent" >
    < TextView
        android:layout_width = "wrap_content"
        android:layout_height = "wrap_content"
        android:text = "直接占据一行"/>
    < TableRow >
        < TextView
            android:layout_width = "wrap_content"
            android:layout_height = "wrap_content"
            android:text = "第二行第一列"/>
        < TextView
            android:layout_width = "wrap_content"
            android:layout_height = "wrap_content"
            android:text = "第二行第二列"/>
        < TextView
            android:layout_width = "wrap_content"
```

```
                android:layout_height = "wrap_content"
                android:text = "第二行第三列"/>
        </TableRow >
        <TableRow >
            <TextView
                android:layout_width = "wrap_content"
                android:layout_height = "wrap_content"
                android:text = "第三行第一列"/>
            <TextView
                android:layout_width = "wrap_content"
                android:layout_height = "wrap_content"
                android:text = "第三行第二列"/>
        </TableRow >
    </TableLayout >
```

（3）在 MainActivity.java 代码中修改与主 Activity 绑定的布局文件,修改后的代码如下：

```
setContentView(R.layout.layout_tablelayout);
```

运行结果如图 3.7 所示。由运行结果很容易看出表格布局的特点,各控件分布于一个表格内。

图 3.7　表格布局效果图

3.2.6　网格布局

网格布局(GridLayout)是 Android 4.0 以上版本出现的,网格布局使用虚细线将布局划分为行、列和单元格,也支持控件在行、列上交错排列。

首先它与 LinearLayout 布局一样,也分为水平和垂直两种方式,默认是水平布局,一个控件挨着一个控件从左到右依次排列,但是通过指定 android:columnCount 属性设置列数后,控件会自动换行进行排列。另一方面,对于 GridLayout 布局中的控件,默认按照 wrap_content 的方式设置其显示。

其次,若要指定某控件显示在固定的行或列,只需设置该控件的 android:layout_row 和 android:layout_column 属性即可。但是需要注意：android:layout_row＝"0"表示从第一行开始,android:layout_column＝"0"表示从第一列开始,这与编程语言中一维数组的赋值情况类似。

最后,如果需要设置某控件跨越多行或多列,只需将该控件的 android:layout_rowSpan 或者 layout_columnSpan 属性设置为数值,再设置其 layout_gravity 属性为 fill 即可,前一个设置表明该控件跨越的行数或列数,后一个设置表明该控件填满所跨越的整行或整列。

3.2.7　布局的混合使用

单独使用某一种布局很难做出复杂美观的界面,所以布局往往不是单独使用的,而是恰当的布局嵌套使用,相同的布局可以嵌套,不同的布局也可以嵌套,如 3.4.2 节的主界面设计。

3.3 界面常用控件

3.3.1 TextView 和 EditView

TextView 是用于显示字符的控件,类似于 C♯ 和 Java 语言中的 Label 控件,但它支持显示多行文本及自动换行。EditView 则是用来输入和编辑字符的控件,具有编辑功能。这两个控件经常一起使用。

【例 3-6】 演示 TextView 和 EditView 控件编写方法。

CommonControlDemo 项目的 activity_main.xml 文件设置了 TextView 和 EditView 这两个控件的布局。该项目的 /res/layout/activity_main.xml 文件中的代码如下:

```
< RelativeLayout xmlns:android = "http://schemas.android.com/apk/res/android"
    xmlns:tools = "http://schemas.android.com/tools"
    android:layout_width = "match_parent"
    android:layout_height = "match_parent"
    android:paddingBottom = "@dimen/activity_vertical_margin"
    android:paddingLeft = "@dimen/activity_horizontal_margin"
    android:paddingRight = "@dimen/activity_horizontal_margin"
    android:paddingTop = "@dimen/activity_vertical_margin"
    tools:context = ".MainActivity" >
    < TextView
        android:layout_width = "wrap_content"
        android:layout_height = "wrap_content"
        android:id = "@ + id/textView1"
        android:text = "@string/text_view" />
    < EditText
        android:layout_width = "fill_parent"
        android:layout_height = "wrap_content"
        android:layout_below = "@id/textView1"
        android:textSize = "20dp"
        android:id = "@ + id/editTextDemo"/>
</RelativeLayout >
```

该布局创建了 TextView 和 EditText 控件,分别声明了 TextView 和 EditText 的 ID,以便于在代码中引用相应的控件对象。"@＋id/TextView1"表示所设置的 ID 值,@表示后面的字符串是 ID 资源,加号(＋)表示需要建立新资源名称,并添加到 R.java 文件中,但当 R.java 中已经存在同名变量 TextView1 时,该控件会使用这个已存在的值。

为了在代码中引用 activity_main.xml 中设置的控件,首先需要在 MainActivity.java 代码中引入 android.widget 开发包,然后使用 findViewById() 函数通过 ID 引用该控件,并把该控件赋值给创建的控件对象。该函数可以引用任何在 XML 文件中定义过 ID 的控件。setText() 函数用来设置控件显示的内容。

```
package edu.cqut.commoncontroldemo;
import android.os.Bundle;
```

Android 用户界面程序设计

```
import android.app.Activity;
import android.view.Menu;
import android.view.View;
import android.widget.*;
public class MainActivity extends Activity {
    EditText editText = null;
    @Override
    protected void onCreate(Bundle savedInstanceState) {
        super.onCreate(savedInstanceState);
        setContentView(R.layout.activity_main);
        TextView textView = (TextView)findViewById(R.id.textView1);
        editText = (EditText)findViewById(R.id.editTextDemo);
        textView.setText("用户名");
        editText.setText("请输入");
    }
}
```

程序运行结果如图 3.8 所示。

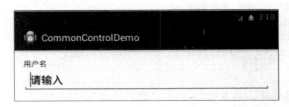

图 3.8　TextView 和 EditView 控件运行效果

3.3.2　Button 和 ImageButton

Button 是常用的普通按钮控件，用户能够在该控件上单击，引发相应的响应事件。如果需要在按钮上显示图像，则可以使用 ImageButton 控件。

【例 3-7】　演示 Button 和 ImageButton 控件编写方法。

（1）在 CommonControlDemo 项目的 activity_main.xml 中分别添加 Button 和 ImageButton 控件，代码如下：

```
<Button
    android:id = "@+id/button_OK"
    android:layout_width = "wrap_content"
    android:layout_height = "wrap_content"
    android:layout_alignLeft = "@id/editTextDemo"
    android:layout_below = "@id/editTextDemo"
    android:layout_marginTop = "14dp"
    android:text = "确定" />
<ImageButton
    android:id = "@+id/imageButton1"
    android:layout_width = "wrap_content"
    android:layout_height = "wrap_content"
```

```
android:layout_alignTop = "@id/button_OK"
android:layout_marginLeft = "32dp"
android:layout_toRightOf = "@id/button_OK" />
```

（2）Android 支持多种图形格式，如 png、ico、jpg 等，本例使用 jpg 格式。在 Android Studio 的 Project 视图中将 green_bk.jpg 文件复制到 app/src/res/drawable-hdpi 文件夹中，更新 R.java 文件，选择菜单中的 Build→Rebuild Project 选项进行 R.java 更新。如果 R.java 文件不更新，则无法在代码中使用该资源。

（3）在 MainActivity.java 代码中引用两个按钮，并让 ImageButton 显示图像 green_bk.jpg 内容。

```
ImageButton imageButton = (ImageButton)findViewById(R.id.imageButton1);
imageButton.setImageResource(R.drawable.green_bk);
Button button = (Button)findViewById(R.id.button_OK);
```

（4）为了使两个按钮能够响应单击事件，需要在 onCreate()函数中为它们分别添加单击事件监听器，其代码如下：

```
//添加单击 button 事件的监听器
button.setOnClickListener(new View.OnClickListener() {
    @Override
    public void onClick(View v) {
        editText.setText("你单击了 button 按钮");
    }
});
//添加单击 imageButton 事件的监听器
imageButton.setOnClickListener(new View.OnClickListener() {
    @Override
    public void onClick(View v) {
        editText.setText("你单击了 imageButton 按钮");
    }
});
```

按钮对象通过调用 setOnClickeListener() 函数，注册单击（Click）事件的监听器 View. OnClickListener()，该监听器接口中仅定义了 onClick()函数。当按钮控件从 Android 界面框架中接收到事件后，首先检查这个事件是否是单击事件，如果是，同时 Button 又注册了监听器，则会调用该监听器中的 onClick() 函数。程序运行结果如图 3.9 所示。

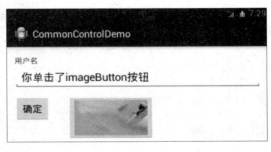

图 3.9　Button 和 ImageButton 运行效果

3.3.3　CheckBox 和 RadioButton

CheckBox 可以同时选择多个选项的控件，而 RadioButton 则仅可以选择一个选项的控件。RadioGroup 是 RadioButton 的承载体，程序运行时不可见。在一个 RadioGroup 中，用

Android 用户界面程序设计

户仅能选择其中一个 RadioButton。

【例 3-8】 演示 CheckBox 和 RadioButton 控件编写方法。

（1）在 CommonControlDemo 项目的 activity_main.xml 中分别添加 CheckBox 和 RadioButton 控件的代码如下：

```xml
<CheckBox
    android:id = "@+id/checkBox1"
    android:layout_width = "wrap_content"
    android:layout_height = "wrap_content"
    android:layout_alignLeft = "@id/button_OK"
    android:layout_below = "@id/imageButton1"
    android:layout_marginTop = "18dp"
    android:text = "多选框 1" />
<CheckBox
    android:id = "@+id/checkBox2"
    android:layout_width = "wrap_content"
    android:layout_height = "wrap_content"
    android:layout_alignBaseline = "@id/checkBox1"
    android:layout_toRightOf = "@id/checkBox1"
    android:layout_marginLeft = "16dp"
    android:text = "多选框 2" />
<TextView
    android:id = "@+id/textView2"
    android:layout_width = "wrap_content"
    android:layout_height = "wrap_content"
    android:layout_alignLeft = "@id/RadioGroup01"
    android:layout_below = "@id/checkBox1"
    android:layout_marginTop = "14dp"
    android:text = "请选择单选按钮" />
<RadioGroup
    android:id = "@+id/RadioGroup01"
    android:layout_width = "wrap_content"
    android:layout_height = "wrap_content"
    android:orientation = "horizontal"
    android:layout_below = "@id/textView2">
    <RadioButton
        android:id = "@+id/radioButton1"
        android:layout_width = "wrap_content"
        android:layout_height = "wrap_content"
        android:layout_marginTop = "0dp"
        android:text = "选择项 1" />
    <RadioButton
        android:id = "@+id/radioButton2"
        android:layout_width = "wrap_content"
        android:layout_height = "wrap_content"
        android:text = "选择项 2" />
</RadioGroup>
```

（2）在 MainActivity. java 代码中引用创建的 CheckBox 和 RadioButton 控件，并在 onCreate()函数中为它们添加单击事件监听器，代码如下：

```java
public class MainActivity extends Activity
{
    …
    CheckBox checkBox1 = null;
    CheckBox checkBox2 = null;
    RadioButton radioButton1 = null;
    RadioButton radioButton2 = null;
@Override
    protected void onCreate(Bundle savedInstanceState) {
        …
        checkBox1 = (CheckBox)findViewById(R.id.checkBox1);
        checkBox2 = (CheckBox)findViewById(R.id.checkBox2);
        radioButton1 = (RadioButton)findViewById(R.id.radioButton1);
        radioButton2 = (RadioButton)findViewById(R.id.radioButton2);

        //将多个 CheckBox 控件注册到一个选择单击事件的监听器上
        CheckBox.OnClickListener checkboxListener = new CheckBox.OnClickListener() {
            @Override
            public void onClick(View v) {
                if (checkBox1.isChecked() && checkBox2.isChecked())
                    editText.setText("你选择了多选框 1 和多选框 2");
                else if (checkBox1.isChecked())
                    editText.setText("你选择了多选框 1");
                else if (checkBox2.isChecked())
                    editText.setText("你选择了多选框 2");
                else
                    editText.setText("");
            }
        };
        checkBox1.setOnClickListener(checkboxListener);
        checkBox2.setOnClickListener(checkboxListener);

        //将多个 RadioButton 控件注册到一个单击事件的监听器上
        RadioButton.OnClickListener radioButtonListener = new RadioButton.OnClickListener()
        {
            @Override
            public void onClick(View v){
                if (radioButton1.isChecked() && radioButton2.isChecked())
                    editText.setText("你选择了单选框 1 和单选框 2");
                else if (radioButton1.isChecked())
                    editText.setText("你选择了单选框 1");
                else if (radioButton2.isChecked())
                    editText.setText("你选择了单选框 2");
                else
                    editText.setText("");
            }
```

Android 用户界面程序设计

```
        };
        radioButton1.setOnClickListener(radioButtonListener);
        radioButton2.setOnClickListener(radioButtonListener);
    }
}
```

3.3.4 Spinner 和 ListView

Spinner 是从多个选项中选择一个选项的控件,类似于桌面程序的组合框 (ComboBox),但没有组合框的下拉菜单,而是使用浮动菜单为用户提供选择。ListView 是用于垂直显示的列表控件,如果显示内容过多,则会出现垂直滚动条。这两个控件在界面设计中经常使用,其原因是它们能够通过适配器将数据和显示控件绑定,且支持单击事件,用少量代码实现复杂的选项功能。Spinner 和 ListView 控件效果如图 3.10 所示。

图 3.10　Spinner 和 ListView 控件

Spinner 和 ListView 的直接父类是 ViewGroup,其中定义了排列子 View 的排列规则。Spinner 及 ListView 和所要展示的内容(即数据源)之间需要 Adapter(适配器)来实现。Adapter 是一个桥梁,如图 3.11 所示,对 ListView 和 Spinner 的数据进行管理。

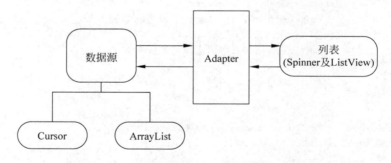

图 3.11　数据源、Adapter 和列表间的关系图

Adapter 是一个接口,图 3.12 列出了 Android 中与 Adapter 有关的所有接口、类的完整层级图,比较常用的有 BaseAdapter、SimpleAdapter、ArrayAdapter、SimpleCursorAdapter 等。其中 BaseAdapter 是一个抽象类,继承它需要实现较多的方法,所以具有较高的灵活性。ArrayAdapter 支持泛型操作,最为简单,只能展示一行文本。SimpleAdapter 有最好的扩充性,可以自定义各种效果。

Spinner 和 ListView 显示前要使用 setAdapter()方法,ListView 本身继承自 ViewGroup,只设定它里面的 View 的排列规则,不设定其是什么样的,而 View 是什么样的需要靠 ListAdapter 里面的 getView 方法来确定,只要设置不同的 ListAdapter 实例对象,就会生成不一样的 ListView。

【例 3-9】　使用 ArrayAdapter 演示 Spinner 和 ListView 控件编程方法。

(1) 在 CommonControlDemo 项目的 activity_main.xml 中分别添加 Spinner 和

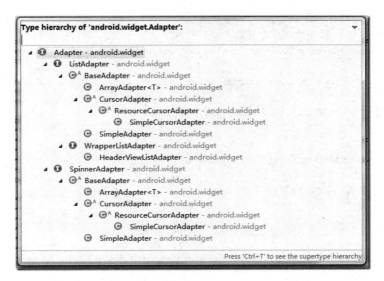

图 3.12　Android 中所有的 Adapter 一览

ListView 控件的代码如下：

```
< Spinner
    android:id = "@ + id/spinner1"
    android:layout_width = "wrap_content"
    android:layout_height = "wrap_content"
    android:layout_alignLeft = "@id/editTextDemo"
    android:layout_below = "@id/RadioGroup01"
    android:layout_marginTop = "15dp" />
< ListView
    android:id = "@ + id/listView1"
    android:layout_width = "match_parent"
    android:layout_height = "wrap_content"
    android:layout_alignLeft = "@id/spinner1"
    android:layout_below = "@id/spinner1"
    android:layout_marginTop = "23dp" >
</ListView >
```

（2）在 MainActivity. java 代码中引用创建的 Spinner 控件，并在 onCreate（）函数中添加单击子项选中事件监听器，代码如下：

```
spinner = (Spinner)findViewById(R. id. spinner1);
List < String > listspinner = new ArrayList < String >();
listspinner. add("Spinner 子项 1");
listspinner. add("Spinner 子项 2");
//使用 ArrayAdapter 数组适配器将界面控件和底层数据绑定在一起，即 Spinner 和 ArrayList 绑定
ArrayAdapter < String > adapter1 = new ArrayAdapter < String >(this,
        android. R. layout. simple_spinner_item, listspinner);
//设置 Spinner 浮动菜单显示方式
adapter1. setDropDownViewResource(android. R. layout. simple_spinner_dropdown_item);
```

```
spinner.setAdapter(adapter1);        //完成绑定
//添加单击 spinner 选项的事件监听器
spinner.setOnItemSelectedListener(new AdapterView.OnItemSelectedListener() {
    @Override
    public void onItemSelected(AdapterView<?> parent, View view, int position, long id)
    {
        editText.setText(((TextView)view).getText());
    }
    @Override
    public void onNothingSelected(AdapterView<?> arg0)
    {
        editText.setText("");
    }
});
```

上面代码中 android. R. layout. simple_spinner_dropdown_item 为 Spinner 浮动菜单显示的方式之一,效果如图 3.13 所示。另一种浮动菜单是 android. R. layout. simple_ spinner_item,显示效果如图 3.14 所示。

图 3.13　Spinner 的 dropdown 菜单　　　　图 3.14　Spinner 的 item 菜单

AdapterView. OnItemSelectedListener()是 Spinner 子项选中事件监听器,需要实现onItemSelected()和 onNothingSelected()两个函数。其中,onItemSelected()有 4 个参数,参数 parent 表示控件适配器,这里就是 Spinner;参数 view 表示适配器内部被选中的控件,即 Spinner 中的子项;参数 position 表示选中的子项的位置;参数 id 表示选中的子项的行号。

(3) 在 MainActivity. java 代码中引用创建的 ListView 控件,并在 onCreate()函数中添加单击子项选中事件监听器,代码如下:

```
listview = (ListView)findViewById(R.id.listView1);
List<String> list = new ArrayList<String>();
for (int i=1; i<10; i++)
    list.add("ListView 子项" + i);
//使用 ArrayAdapter 数组适配器将界面控件和底层数据绑定在一起,即 ListView 和 ArrayList 绑定
ArrayAdapter<String> adapter2 = new ArrayAdapter<String>(this,
        android.R.layout.simple_list_item_1, list);
listview.setAdapter(adapter2);            //完成绑定
//添加单击 ListView 选项的事件监听器
listview.setOnItemClickListener(new AdapterView.OnItemClickListener() {
    @Override
    public void onItemClick(AdapterView<?> parent, View view, int position, long id)
```

```
        {
            editText.setText(((TextView)view).getText());
        }
});
```

为 ListView 添加了 10 个子项,这样当屏幕显示不下 ListView 控件列表时,会出现垂直滑块,通过上下滑动,可以显示其余子项。代码中 onItemClick() 函数的参数含义与之前 onItemSelected() 函数参数含义相同。图 3.15 是 CommonControlDemo 项目的效果图。

3.3.5 自定义列表

对于不同的适配器类型,ArrayAdapter 是最简单的一种,就如例 3-9 演示的一样,只能显示一行文字,而 SimpleAdapter 的扩展性最好,可以定义各种各样的布局,可以放上 ImageView,还可以放上 Button 和 CheckBox 等,因此可以用它来生成自定义列表。下面的例子演示了如何生成一个带图片的菜单列表。

【例 3-10】 使用 SimpleAdapter 演示自定义列表编程方法。

图 3.16 是例 3-10 的运行效果,下面来实现该列表。

图 3.15　CommonControlDemo 效果图　　　　图 3.16　自定义列表运行效果

创建名为 CustomListViewDemo 的新项目,包名为 edu. cqut. customlistviewdemo。切换到 Project 视图。

(1)进入项目的 app＼src＼res 目录,右击 res 文件夹,在弹出菜单中选择 New→ Directory,创建 raw 文件夹,在其中存放 4 张菜品图片。

(2)在 res＼layout 文件夹中创建名为 listitem. xml 的布局文件。该布局文件采用混合

Android 用户界面程序设计

线性布局,用于定义 ListView 中每行显示的控件,依次为菜品图片、菜品名称和菜品简介。
代码如下:

```xml
<?xml version = "1.0" encoding = "utf - 8"?>
< LinearLayout xmlns:android = "http://schemas.android.com/apk/res/android"
    android:orientation = "horizontal"
    android:layout_width = "fill_parent"
    android:layout_height = "fill_parent"
    android:id = "@ + id/listitem">
    < ImageView
        android:id = "@ + id/img"
        android:layout_width = "wrap_content"
        android:layout_height = "wrap_content"
        android:layout_margin = "5dp"/>
    < LinearLayout
        android:orientation = "vertical"
        android:layout_width = "wrap_content"
        android:layout_height = "wrap_content">
        < TextView android:id = "@ + id/title"
            android:layout_width = "wrap_content"
            android:layout_height = "wrap_content"
            android:textColor = "#00000000"
            android:textIsSelectable = "false"
            android:textSize = "20sp" />
        < TextView
            android:id = "@ + id/info"
            android:layout_width = "wrap_content"
            android:layout_height = "wrap_content"
            android:textIsSelectable = "false"
            android:textSize = "15sp"/>
    </LinearLayout >
</LinearLayout >
```

(3) 修改 layout 文件夹中的 activity_main. xml 的布局文件,代码如下:

```xml
<?xml version = "1.0" encoding = "utf - 8"?>
< LinearLayout xmlns:android = "http://schemas.android.com/apk/res/android"
    android:layout_width = "fill_parent"
    android:layout_height = "fill_parent"
    android:id = "@ + id/caipinlistlayout"
    android:orientation = "vertical" >
    < TableRow
        android:id = "@ + id/DishHead"
        android:layout_width = "match_parent"
        android:layout_height = "wrap_content">
        < TextView
            android:layout_width = "fill_parent"
            android:layout_height = "wrap_content"
            android:textColor = "#000000"
```

```
                android:textSize = "20sp"
                android:text = " **** 菜    单 ****"/>
        </TableRow>
        <ListView
            android:layout_width = "fill_parent"
            android:layout_height = "wrap_content"
            android:id = "@ + id/ListViewDemo" />
</LinearLayout >
```

该布局文件显示菜单页面,第一行为 TableRow 布局,显示标题,TableRow 布局的下一行为 ListView 控件,该控件显示各个具体的菜品,而这个 ListView 控件的布局将使用 listitem. xml 文件。

(4) 在项目 app\src\java\edu. cqut. customlistviewdemo 文件夹中添加名为 Dish. java 的 Java 文件,定义用于菜品 Dish 类。

```
public class Dish
{
    public String mName;         //菜名
    public int mImage;           //菜品图像
    public String mInfo;         //介绍
}
```

(5) 在 MainActivity. java 文件的 MainActivity 类中创建适配器和数据源。

```
static List < Map < String, Object >> mfoodinfo;      //菜品数据源列表,由 HashMap 表构成
public ListView mlistview;
static SimpleAdapter mlistItemAdapter;
public ArrayList < Dish > mDishes = new ArrayList < Dish>();      //菜品列表
```

编写一个函数用于将具体的菜单数据填入到 mDishes。

```
private void FillDishesList()
{
        Dish theDish = new Dish();
        //添加菜品
        theDish.mName = "宫保鸡丁";
        theDish.mInfo = "北京宫廷菜,入口鲜辣香脆";
        theDish.mImage = (R.raw.food01gongbaojiding);
        mDishes.add(theDish);

        theDish = new Dish();
        theDish.mName = "椒盐玉米";
        theDish.mInfo = "色香味俱全,浙江菜";
        theDish.mImage = (R.raw.food02jiaoyanyumi);
        mDishes.add(theDish);

        theDish = new Dish();
```

Android 用户界面程序设计

```
        theDish.mName = "清蒸武昌鱼";
        theDish.mInfo = "湖北鄂州传统名菜";
        theDish.mImage = (R.raw.food03qingzhengwuchangyu);
        mDishes.add(theDish);

        theDish = new Dish();
        theDish.mName = "鱼香肉丝";
        theDish.mInfo = "经典汉族传统川菜";
        theDish.mImage = (R.raw.food04yuxiangrousi);
        mDishes.add(theDish);
    }
```

SimpleAdapter 适配器的数据源是 HashMap 列表的数据结构，函数 getFoodData()负责将 ArrayList < Dish >的数据结构转换成适用于 SimpleAdapter 的 List < Map < String，Object >>数据结构。

```
Private ArrayList < Map < String, Object >> getFoodData()
{
    ArrayList < Map < String, Object >> fooddata = new ArrayList < Map < String, Object >>();
    //将菜品信息填充进 foodinfo 列表
    int s = mDishes.size();                    //得到菜品数量
    for (int i = 0; i < s; i++) {
        Dish theDish = mDishes.get(i);      //得到当前菜品
        Map < String, Object > map = new HashMap < String, Object >();
        map.put("image", theDish.mImage);
        map.put("title", theDish.mName);
        map.put("info", theDish.mInfo);
        fooddata.add(map);
    }
    return fooddata;
}
```

（6）修改 onCreate()函数如下：

```
@Override
protected void onCreate(Bundle savedInstanceState) {
    super.onCreate(savedInstanceState);
    setContentView(R.layout.activity_main);
    //生成菜单信息列表
    FillDishesList();
    mlistview = (ListView) findViewById(R.id.ListViewDemo);
    mfoodinfo = getFoodData();
    //构造 SimpleAdapter 适配器,将它和 ListView 自定义的布局文件、List 数据源关联
    mlistItemAdapter = new SimpleAdapter(this,mfoodinfo,    //数据源,列表的每一节对应
                                                           //ListView 的一行
            R.layout.listitem,       //ListItem 的 XML 实现动态数组与 listitem 对应的子项,必
                                     //须与 mfoodinfo 中的各资源名字一致
            new String[] {"image", "title", "info"},
```

```
                    //listitem 的 XML 文件里面的 1 个 ImageView,3 个 TextView
                    new int[]{ R.id.img, R.id.title, R.id.info});
        mlistItemAdapter.notifyDataSetChanged();
        mlistview.setAdapter(mlistItemAdapter);
        //设置 ListView 选项单击监听器
        this.mlistview.setOnItemClickListener(new OnItemClickListener(){
            @Override
            public void onItemClick(AdapterView<?> arg0,    //选项所属的 ListView
                            View arg1,                       //被选中的控件,即 ListView 中被选中
                                                             //的子项
                            int arg2,                        //被选中子项在 ListView 中的位置
                            long arg3)                       //被选中子项的行号
            {
                ListView templist = (ListView)arg0;
                View mView = templist.getChildAt(arg2);
                final TextView tvTitle = (TextView)mView.findViewById(R.id.title);
                Toast.makeText(MainActivity.this, tvTitle.getText().toString(), Toast.LENGTH_
LONG).show();
            }
        });
}
```

3.4 "移动点餐系统"用户界面

3.4.1 实体模型类设计

在设计用户界面之前,先进行移动点餐系统的实体模型类设计。该项目实体主要有菜品、菜单、订单、订单细目、用户及购物车。

(1)设计菜品实体模型类,其代码如下:

```
public class Dish
{
    public int mId = -1;             //菜品 ID
    public String mName;             //菜名
    public int mImage;               //菜品图像
    public float mPrice;             //价格
}
```

(2)设计菜单实体模型类,其代码如下:

```
import java.util.ArrayList;
public class Dishes
{
    public ArrayList<Dish> mDishes;          //菜品列表
    public int GetDishQuantity(){
        return mDishes.size();
    }
```

Android 用户界面程序设计

```
    public Dish GetDishbyIndex(int i){
        return mDishes.get(i);
    }
    public Dish GetDishbyName(String dishName){
        int s = mDishes.size();
        for (int i = 0; i < s; i++) {
            Dish theDish = mDishes.get(i);
            if (dishName.equals(theDish.mName)) {
                return theDish;
            }
        }
        return null;
    }
}
```

（3）设计订单细目实体模型类，该类用于购物车类中，其代码如下：

```
public class OrderItem
{
    public Dish mOneDish;                //该订购细目中的一个菜品
    public int mQuantity = 0;            //该菜品的数量
    OrderItem(Dish theDish, int quantity)
    {
        mOneDish = theDish;
        mQuantity = quantity;
    }
    public float GetItemTotalPrice()
    {
        return mOneDish.mPrice * mQuantity;
    }
}
```

（4）设计购物车实体模型类，其代码如下：

```
import java.util.ArrayList;
public class ShoppingCart
{
    public String mUserName;                        //购物车所属用户的用户名
    private ArrayList<OrderItem> mOrderItems;        //存放已点菜品的链表
    ShoppingCart(String userName){
        mUserName = userName;
        mOrderItems = new ArrayList<OrderItem>();
    }
    ShoppingCart(String userName, ArrayList<OrderItem> orderitems){
        mUserName = userName;
        mOrderItems = orderitems;
    }
    public int GetOrderItemsQuantity() {
        int s = mOrderItems.size();
```

```java
        return s;
    }
    public OrderItem GetItembyIndex(int i){
        return mOrderItems.get(i);
    }
    public boolean DeleteItemByIndex(int i) {
        int s = mOrderItems.size();
        if (i >= 0 && i < s) {
            mOrderItems.remove(i);
            return true;
        }
        return false;
    }
    //计算购物车中菜品总价
    public float GetCartTotalPrice() {
        float totalPrice = 0;
        if (!mOrderItems.isEmpty()){
            int s = mOrderItems.size();
            for (int i = 0; i < s; i++)
                totalPrice += ((OrderItem)mOrderItems.get(i)).GetItemTotalPrice();
        }
        return totalPrice;
    }
    //根据菜品信息将菜品插入已点菜品链表中,返回插入菜品在链表中的索引
    public int AddOneOrderItem(Dish dish, int num){
        int index = GetDishIndex(dish.mName);       //查询该菜是否已点
        if (index == -1) {                          //该菜没点
            if (num > 0) {                          //将其插入到链表末尾
                OrderItem theItem = new OrderItem(dish, num);
                mOrderItems.add(theItem);
                return mOrderItems.size() - 1;
            }
            else
                return -1;
        }
        else {                                      //该菜已点
            if (num <= 0 ) {                        //如果点餐数量小于等于 0 表示用户要删
                                                    //除该菜品
                DeleteOneOrderItem(dish.mName);
                return -1;
            }
            else {                                  // 只需修改链表中相应菜的数量
                OrderItem theItem = new OrderItem(dish, num);
                mOrderItems.set(index, theItem);
                return index;
            }
        }
    }
    //根据菜名从已点菜品链表中将该菜品删除
    public void DeleteOneOrderItem(String dishName) {
```

```
        if (!mOrderItems.isEmpty()) {
            int s = mOrderItems.size();
            for (int i = 0; i < s; i++) {
                String theName = ((OrderItem)mOrderItems.get(i)).mOneDish.mName;
                if (dishName.equals(theName)) {
                    mOrderItems.remove(i);
                    break;
                }
            }
        }
    }
    //根据菜名在已点菜品链表中修改该菜数量,返回修改菜品在购物车中的位置,当菜品在购物
    //车中不存在时返回-1
    public int ModifyOneOrderItem(String dishName, int num) {
        if (!mOrderItems.isEmpty()) {
            int s = mOrderItems.size();
            for (int i = 0; i < s; i++) {
                OrderItem theItem = (OrderItem)mOrderItems.get(i);
                if (dishName.equals(theItem.mOneDish.mName)) {
                    theItem.mQuantity = num;
                    mOrderItems.set(i, theItem);
                    return i;
                }
            }
        }
        return -1;
    }
    //根据菜品名在已点菜品链表中查询该菜是否已点,返回已点菜品在链表中的位置,若没有返
    //回-1
    private int GetDishIndex(String dishName)
    {
        if (!mOrderItems.isEmpty()) {
            int s = mOrderItems.size();
            for (int i = 0; i < s; i++) {
                OrderItem theItem = (OrderItem)mOrderItems.get(i);
                if (dishName.equals(theItem.mOneDish.mName)) {
                    return i;
                }
            }
        }
        return -1;
    }
}
```

（5）设计订单实体模型类，其代码如下：

```
public class Order
{
    public int mId = -1;                    //订单号
    public ShoppingCart mOrderItems;        //存放已点菜品的链表(已点菜品由购物车生成)
    public String mOrderTime;               //订单生效时间
```

```
    public Order(String userid)
    {
        mOrderItems = new ShoppingCart(userid);
    }
    public Order(int orderId, ShoppingCart cart, String time)
    {
        mId = orderId;
        this.mOrderItems = cart;
        mOrderTime = time;
    }
}
```

（6）设计用户实体模型类，其代码如下：

```
public class MyUser
{
    public String mUserid = "x";               //用户名
    public String mSeatname = "";              //桌名或房间号
    public String mPassword = "0";             //用户密码
    public String mUserphone = "";             //用户手机号
    public String mUseraddress = "";           //用户地址
    public Boolean mIslogined = false;         //用户登录状态
}
```

  Android 的 Application 同 Activity 和 Service 一样，都是 Android 框架的组成部分。它通常在 APP 启动时就自动创建，在 APP 中是一个单实例模式，且是整个程序生命周期最长的对象。所有的 Activity 和 Service 都共用一个 Application，所以常用来进行共享数据、数据缓存和数据传递。

  为了使用户、购物车等对象在整个程序生命周期中都被访问到，设计一个派生自 Application 的 MyApplication 类，存放这些全局变量。

```
Public class MyApplication extends Application        //该类用于保存全局变量
{
    MyUser g_user;                                    //用户
    ShoppingCart g_cart;                              //与登录用户相关联的购物车
    ArrayList < Order > g_orders;                     //与登录用户相关联的订单
    Dishes g_dishes;                                  //菜品列表
    public String g_ip = "";                          //用 TCP 通信时店面服务器 IP 地址
    public String g_http_ip = "";                     //用 HTTP 通信时的店面 IP 地址
    public int g_communiMode = 1;                     //通信模式,1 为 TCP 通信,2 为 HTTP 通信
    public int g_objPort = 35885;                     //店面服务器监听端口号
    Context g_context;
}
```

3.4.2　主界面设计

  该系统用户主界面如图 3.17 所示，分为 5 个部分，图 3.17(a)为初始界面。其操作流

程如下：

（1）用户登录及注册：用户单击"登录"按钮后弹出"登录及注册"对话框，进行登录或注册操作。只有登录用户才可以进行"个人中心""点餐""外卖""我的订单"的操作，非登录用户系统会提示需进行登录才能进行下一步操作。用户登录后"登录"按钮会切换成"注销"按钮，如图 3.17(b)所示。

(a) 非登录用户界面　　　　　　　　(b) 登录用户界面

图 3.17　移动点餐系统主界面

（2）个人信息查询和修改：登录用户单击"个人中心"按钮切换到"用户信息"页面，进行信息查询和修改操作。

（3）点餐：用户单击"点餐"按钮后，首先弹出一个对话框让其输入餐桌号或包间号，输入完毕后切换到"菜品"页面供用户点餐。

（4）外卖：外卖用户单击"外卖"按钮后会直接进入"菜品"页面进行点餐操作。

（5）订单查询：登录用户单击"我的订单"按钮后进入"我的订单"页面，进行订单查询操作。

下面来设计主界面。

（1）将主界面所用图片根据图像分辨率大小复制到 MobileOrderFood 项目的 res\drawable-*** 文件夹中。

（2）修改 layout 目录中的 activity_main.xml 布局文件如下：

```
<RelativeLayout xmlns:android = "http://schemas.android.com/apk/res/android"
    xmlns:tools = "http://schemas.android.com/tools"
    android:layout_width = "match_parent"
    android:layout_height = "match_parent"
    android:paddingBottom = "@dimen/activity_vertical_margin"
    android:paddingLeft = "@dimen/activity_horizontal_margin"
    android:paddingRight = "@dimen/activity_horizontal_margin"
    android:paddingTop = "@dimen/activity_vertical_margin"
    tools:context = ".MainActivity" >
    <LinearLayout
        android:id = "@ + id/linearLayout1"
        android:layout_width = "match_parent"
```

```xml
        android:layout_height = "wrap_content" >
    < ImageView
        android:id = "@ + id/homeImageView"
        android:layout_width = "match_parent"
        android:layout_height = "wrap_content"
        android:cropToPadding = "true"
        android:scaleType = "centerCrop"
        android:src = "@drawable/diancanlogo" />
</LinearLayout>
< TableLayout
        android:layout_width = "match_parent"
        android:layout_height = "wrap_content"
        android:layout_alignLeft = "@id/linearLayout1"
        android:layout_below = "@id/linearLayout1" >
    < TableRow
        android:id = "@ + id/tableRow1"
        android:layout_width = "wrap_content"
        android:layout_height = "wrap_content" >
        < ImageButton
            android:id = "@ + id/imgBtnRest"
            android:layout_height = "wrap_content"
            android:layout_weight = "1"
            android:layout_marginTop = "15dp"
            android:background = "@drawable/diancan"/>
        < ImageButton
            android:id = "@ + id/imgBtnTakeout"
            android:layout_height = "wrap_content"
            android:layout_weight = "1"
            android:layout_marginTop = "15dp"
            android:layout_marginLeft = "5dp"
            android:background = "@drawable/waimai"/>
    </TableRow >
    < TableRow
        android:id = "@ + id/tableRow2"
        android:layout_width = "wrap_content"
        android:layout_height = "wrap_content" >
        < ImageButton
            android:id = "@ + id/imgBtnUserInfo"
            android:layout_height = "wrap_content"
            android:layout_weight = "1"
            android:layout_marginTop = "5dp"
            android:background = "@drawable/gerenzhongxin"/>
        < ImageButton
            android:id = "@ + id/imgBtnLogin"
            android:layout_height = "wrap_content"
            android:layout_weight = "1"
            android:layout_marginTop = "5dp"
            android:layout_marginLeft = "5dp"
            android:visibility = "visible"
            android:background = "@drawable/denglu"/>
```

```
            < ImageButton
                android:id = "@ + id/imgBtnLogout"
                android:layout_height = "wrap_content"
                android:layout_weight = "1"
                android:layout_marginTop = "5dp"
                android:layout_marginLeft = "5dp"
                android:visibility = "gone"
                android:background = "@drawable/zhuxiao"/>
        </TableRow >
        < ImageButton
            android:id = "@ + id/imgBtnMyOrderes"
            android:layout_height = "wrap_content"
            android:layout_marginTop = "5dp"
            android:background = "@drawable/wodedingdan"/>
    </TableLayout >
</RelativeLayout >
```

从上面布局文件中可以看到,主界面采用的是在相对布局中嵌套线性布局和表格布局的混合布局形式。其中线性布局含一个 ImageView 控件作为软件的 LOGO,该控件加载 diancanlogo.jpg 图像资源;表格布局分为三行(TableRow),第 1、2 行各含两个 ImageButton 控件,第 3 行含 1 个 ImageButton 控件,将这些控件的背景设置为相应图片。

(3)在项目的 res 目录下创建 raw 文件夹,在其中存放 4 张菜品图片。

(4)在项目的 MainActivity.java 文件中创建相应按钮的对象,添加按钮监听事件。

```
import edu.cqut.MobileOrderFood.MyApplication;
import android.os.Bundle;
import android.app.Activity;
import android.content.Intent;
import android.view.View;
import android.view.View.OnClickListener;
import android.widget. * ;
public class MainActivity extends Activity
{
    static MyApplication mAppInstance;                       //用来访问程序全局变量
    public ImageButton mImgBtnLogin, mImgBtnLogout;
    @Override
    protected void onCreate(Bundle savedInstanceState)
    {
        super.onCreate(savedInstanceState);
        setContentView(R.layout.activity_main);
        mAppInstance = (MyApplication)getApplication();      //获得全局变量对象
            mAppInstance.g_context = getApplicationContext();
            mAppInstance.g_user = new MyUser();              //创建用户
            mAppInstance.g_orders = new ArrayList < Order >();  //创建订单列表
            mAppInstance.g_dishes = new Dishes();
            mAppInstance.g_dishes.mDishes = FillDishesList();  //向菜品列表中填入数据

            ImageButton imgBtnRest = (ImageButton)findViewById(R.id.imgBtnRest);
            ImageButton imgBtnTakeout = (ImageButton)findViewById(R.id.imgBtnTakeout);
```

```
                    ImageButton imgBtnUserInfo = (ImageButton)findViewById(R.id.imgBtnUserInfo);
                    ImageButton imgBtnSetting = (ImageButton)findViewById(R.id.imgBtnMyOrderes);
                    mImgBtnLogin = (ImageButton)findViewById(R.id.imgBtnLogin);
                    mImgBtnLogout = (ImageButton)findViewById(R.id.imgBtnLogout);
                    //将各图像按钮注册到 myImageButton 单击事件监听器
                    imgBtnRest.setOnClickListener(new myImageButtonListener());
                    imgBtnTakeout.setOnClickListener(new myImageButtonListener());
                    imgBtnUserInfo.setOnClickListener(new myImageButtonListener());
                    imgBtnRest.setOnClickListener(new myImageButtonListener());
                    mImgBtnLogin.setOnClickListener(new myImageButtonListener());
                    mImgBtnLogout.setOnClickListener(new myImageButtonListener());
        }
        private ArrayList<Dish> FillDishesList()
        {
                    ArrayList<Dish> theDishesList = new ArrayList<Dish>();
                    Dish theDish = new Dish();
                    //添加菜品
                    theDish.mId = 1001;
                    theDish.mName = "宫保鸡丁";
                    theDish.mPrice = (float) 20.0;
                    theDish.mImage = (R.raw.food01gongbaojiding);
                    theDishesList.add(theDish);
                    theDish = new Dish();

                    theDish.mId = 1002;
                    theDish.mName = "椒盐玉米";
                    theDish.mPrice = (float) 24.0;
                    theDish.mImage = (R.raw.food02jiaoyanyumi);
                    theDishesList.add(theDish);
                    theDish = new Dish();
                    theDish.mId = 1003;
                    theDish.mName = "清蒸武昌鱼";
                    theDish.mPrice = (float) 48.0;
                    theDish.mImage = (R.raw.food03qingzhengwuchangyu);
                    theDishesList.add(theDish);

                    theDish = new Dish();
                    theDish.mId = 1004;
                    theDish.mName = "鱼香肉丝";
                    theDish.mPrice = (float) 20.0;
                    theDish.mImage = (R.raw.food04yuxiangrousi);
                    theDishesList.add(theDish);
                    return theDishesList;
        }
        public class myImageButtonListener implements View.OnClickListener
        {
                    @Override
                    public void onClick(View v) {
                        switch (v.getId())
                        {
                        case R.id.imgBtnRest:
                            Toast.makeText(MainActivity.this, "单击了点餐按钮!", Toast.LENGTH_LONG).
show();
```

```
                        return;
                case R. id. imgBtnTakeout:
                        Toast.makeText(MainActivity.this, "单击了外卖按钮!", Toast.LENGTH_LONG).
        show();
                        return;
                case R. id. imgBtnLogin:                    //用户未登录时该按钮才会出现
                        Toast.makeText(MainActivity.this, "单击了登录按钮!", Toast.LENGTH_LONG).
        show();
                        //隐藏"登录"按钮,显示"注销"按钮
                        mImgBtnLogin.setVisibility(Button.GONE);
                        mImgBtnLogout.setVisibility(Button.VISIBLE);
                        return;
                case R. id. imgBtnUserInfo:
                         Toast.makeText(MainActivity.this, "单击了用户信息按钮!", Toast.LENGTH_
        LONG).show();
                        return;
                case R. id. imgBtnLogout:                   //用户登录后该按钮才会出现
                        Toast.makeText(MainActivity.this, "单击了注销按钮!", Toast.LENGTH_LONG).
        show();
                        //隐藏"注销"按钮,显示"登录"按钮
                        mImgBtnLogout.setVisibility(Button.GONE);
                        mImgBtnLogin.setVisibility(Button.VISIBLE);
                        return;
                }
            }
        }
```

3.4.3 用户注册界面设计

"用户注册"界面的布局效果如图 3.18 所示。

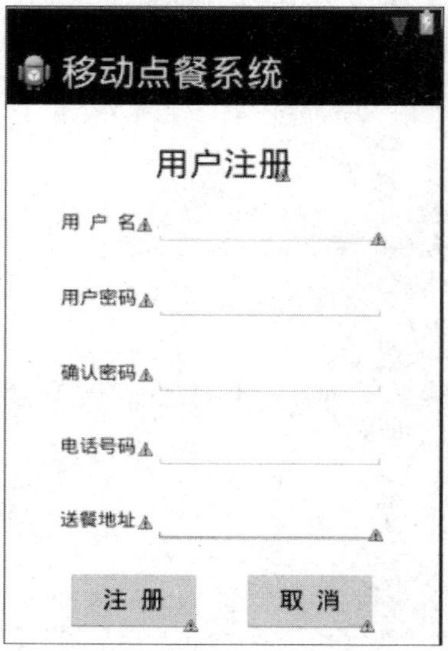

图 3.18 "用户注册"界面

（1）在项目的 layout 文件夹中建立 activity_register.xml 布局文件，在布局文件中添加代码如下：

```xml
<?xml version = "1.0" encoding = "utf - 8"?>
<LinearLayout xmlns:android = "http://schemas.android.com/apk/res/android"
    android:layout_width = "match_parent"
    android:layout_height = "match_parent"
    android:orientation = "vertical" >
    <TextView
        android:id = "@ + id/textView1"
        android:layout_width = "wrap_content"
        android:layout_height = "wrap_content"
        android:layout_gravity = "center_horizontal"
        android:layout_marginTop = "30dp"
        android:text = "用户注册"
        android:textSize = "25sp" />
    <LinearLayout
        android:layout_width = "match_parent"
        android:layout_height = "wrap_content"
        android:layout_margin = "10dp"
        android:orientation = "horizontal">
        <TextView
            android:id = "@ + id/textView2"
            android:layout_width = "wrap_content"
            android:layout_height = "wrap_content"
            android:layout_marginLeft = "30dp"
            android:text = "用 户 名: " />
        <EditText
            android:id = "@ + id/etRegisterUserId"
            android:layout_width = "wrap_content"
            android:layout_height = "wrap_content"
            android:layout_marginRight = "30dp"
            android:ems = "30" >
            <requestFocus />
        </EditText>
    </LinearLayout>
    <LinearLayout
        android:layout_width = "match_parent"
        android:layout_height = "wrap_content"
        android:layout_margin = "10dp"
        android:orientation = "horizontal">
        <TextView
            android:id = "@ + id/textView3"
            android:layout_width = "wrap_content"
            android:layout_height = "wrap_content"
            android:layout_marginLeft = "30dp"
            android:text = "用户密码: " />
        <EditText
            android:id = "@ + id/etRegisterUserPsword"
```

```xml
                android:layout_width = "wrap_content"
                android:layout_height = "wrap_content"
                android:layout_marginRight = "30dp"
                android:ems = "30"
                android:inputType = "textPassword" >
                <requestFocus />
            </EditText >
    </LinearLayout >
    <LinearLayout
        android:layout_width = "match_parent"
        android:layout_height = "wrap_content"
        android:layout_margin = "10dp"
        android:orientation = "horizontal">
        <TextView
            android:id = "@ + id/textView4"
            android:layout_width = "wrap_content"
            android:layout_height = "wrap_content"
            android:layout_marginLeft = "30dp"
            android:text = "确认密码: " />
        <EditText
            android:id = "@ + id/etRegisterUserAffirmPsword"
            android:layout_width = "wrap_content"
            android:layout_height = "wrap_content"
            android:layout_marginRight = "30dp"
            android:ems = "30"
            android:inputType = "textPassword" >
            <requestFocus />
        </EditText >
    </LinearLayout >
    <LinearLayout
        android:layout_width = "match_parent"
        android:layout_height = "wrap_content"
        android:layout_margin = "10dp"
        android:orientation = "horizontal">
        <TextView
            android:id = "@ + id/textView5"
            android:layout_width = "wrap_content"
            android:layout_height = "wrap_content"
            android:layout_marginLeft = "30dp"
            android:text = "电话号码: " />
        <EditText
            android:id = "@ + id/etRegisterUserMobilePhone"
            android:layout_width = "wrap_content"
            android:layout_height = "wrap_content"
            android:layout_marginRight = "30dp"
            android:ems = "30"
            android:inputType = "phone" >
            <requestFocus />
        </EditText >
    </LinearLayout >
```

```xml
                < LinearLayout
                    android:layout_width = "match_parent"
                    android:layout_height = "wrap_content"
                    android:layout_margin = "10dp"
                    android:orientation = "horizontal">
                    < TextView
                        android:id = "@ + id/textView6"
                        android:layout_width = "wrap_content"
                        android:layout_height = "wrap_content"
                        android:layout_marginLeft = "30dp"
                        android:text = "送餐地址: " />
                    < EditText
                        android:id = "@ + id/etRegisterUserAddress"
                        android:layout_width = "wrap_content"
                        android:layout_height = "wrap_content"
                        android:layout_marginRight = "30dp"
                        android:ems = "30" >
                        < requestFocus />
                    </EditText >
                </LinearLayout >
                < LinearLayout
                    android:layout_width = "wrap_content"
                    android:layout_height = "wrap_content"
                    android:layout_marginTop = "10dp"
                    android:layout_gravity = "center"
                    android:orientation = "horizontal">
                    < Button
                        android:id = "@ + id/btnRegister"
                        android:layout_width = "100dp"
                        android:layout_height = "wrap_content"
                        android:text = " 注 册 " />
                    < Button
                        android:id = "@ + id/btnCancel"
                        android:layout_width = "100dp"
                        android:layout_height = "wrap_content"
                        android:layout_marginLeft = "30dp"
                        android:text = " 取 消 " />
                </LinearLayout >
            </LinearLayout >
```

（2）右击项目 src 文件的 edu. cqut. MobileOrderFood 包，在弹出菜单中选择 New→
Java Class，在弹出的对话框中输入文件名为 RegisterActivity，基类为 android. app. Activity
的 RegisterActivity. java 文件，如图 3.19 所示。添加的代码如下：

```java
public class RegisterActivity extends Activity
{
    public EditText metId, metPsword, metAffirmPsword, metPhone, metAddress;
    @Override
```

```java
protected void onCreate(Bundle savedInstanceState) {
    super.onCreate(savedInstanceState);
    setContentView(R.layout.activity_register);
    metId = (EditText)findViewById(R.id.etRegisterUserId);
    metPsword = (EditText)findViewById(R.id.etRegisterUserPsword);
    metAffirmPsword = (EditText)findViewById(R.id.etRegisterUserAffirmPsword);
    metPhone = (EditText)findViewById(R.id.etRegisterUserMobilePhone);
    metAddress = (EditText)findViewById(R.id.etRegisterUserAddress);
    Button btnOK = (Button)findViewById(R.id.btnRegister);
    Button btnCancel = (Button)findViewById(R.id.btnCancel);
    Button.OnClickListener mybtnListener = new Button.OnClickListener()
    {
        @Override
        public void onClick(View v) {
            switch (v.getId())
            {
            case R.id.btnCancel:
                finish();
                break;
            case R.id.btnRegister:
                    Toast.makeText(RegisterActivity.this, "单击了注册按钮!", Toast.
LENGTH_LONG).show();
            }
        }
    };
    btnOK.setOnClickListener(mybtnListener);
    btnCancel.setOnClickListener(mybtnListener);
}
}
```

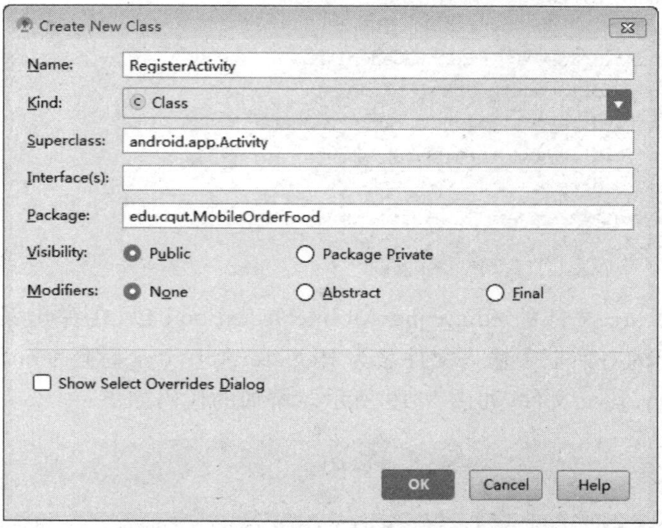

图 3.19 建立 RegisterActivity.java 文件

（3）在 AndroidManifest.xml 文件中注册新建的 RegisterActivity 页面，代码如下：

```
<application
    ...
    <activity
        android:name = ".MainActivity"
        android:label = "@string/app_name">
    ...
    </activity>
    <activity
        android:name = ".RegisterActivity"
        android:label = "@string/app_name">
    </activity>
</application>
```

3.4.4　点餐菜单界面设计

点餐菜单界面采用自定义列表形式，图 3.20 是菜单界面，下面来实现该界面。

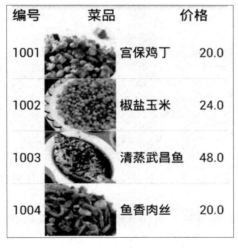

图 3.20　自定义列表运行效果

（1）在项目的 res 目录下创建 raw 文件夹，在其中存放 4 张菜品图片。

（2）在 layout 文件夹中创建名为 listitem.xml 的布局文件，代码如下：

```
<?xml version = "1.0" encoding = "utf - 8"?>
<LinearLayout xmlns:android = "http://schemas.android.com/apk/res/android"
    android:orientation = "horizontal"
    android:layout_width = "fill_parent"
    android:layout_height = "wrap_content"
    android:id = "@ + id/listitem">
    <TextView android:id = "@ + id/dishid"
        android:layout_width = "wrap_content"
        android:layout_height = "wrap_content"
```

```
        android:textIsSelectable = "false"
        android:layout_gravity = "center"
        android:textSize = "18sp" />"
    < ImageView
        android:id = "@ + id/img"
        android:layout_width = "wrap_content"
        android:layout_height = "wrap_content"
        android:layout_gravity = "center"
        android:layout_marginLeft = "5dp"/>
    < TextView android:id = "@ + id/title"
        android:layout_width = "100dp"
        android:layout_height = "wrap_content"
        android:textColor = "#000000"
        android:textIsSelectable = "false"
        android:gravity = "left"
        android:layout_gravity = "center"
        android:layout_marginLeft = "5dp"
        android:textSize = "18sp" />
    < TextView
        android:id = "@ + id/price"
        android:layout_width = "0dip"
        android:layout_height = "wrap_content"
        android:textIsSelectable = "false"
        android:layout_gravity = "center"
        android:layout_marginLeft = "5dp"
        android:textSize = "18sp"
        android:layout_weight = "1"
        android:gravity = "center"/>
</LinearLayout >
```

　　该布局文件采用水平线性布局,用于定义 ListView 中各列属性,依次为菜品 ID、菜品图片、菜品名称和单价。

　　(3) 在 layout 文件夹中创建名为 activity_caipin_list. xml 的布局文件,添加代码如下:

```
<?xml version = "1.0" encoding = "utf - 8"?>
< LinearLayout xmlns:android = "http://schemas. android. com/apk/res/android"
    android:layout_width = "fill_parent"
    android:layout_height = "fill_parent"
    android:id = "@ + id/caipinlistlayout"
    android:orientation = "vertical" >
    < TableRow
        android:id = "@ + id/DishHead"
        android:layout_width = "match_parent"
        android:layout_height = "wrap_content">
        < TextView
            android:layout_width = "wrap_content"
            android:layout_height = "wrap_content"
            android:textColor = "#000000"
            android:textSize = "20sp"
```

```
                android:gravity = "center"
                android:text = "编号"/>
        < TextView
                android:layout_height = "wrap_content"
                android:layout_width = "wrap_content"
                android:textColor = " ♯ 000000"
                android:textSize = "20sp"
                android:gravity = "center"
                android:layout_marginBottom = "4dp"
                android:layout_marginLeft = "10dp"
                android:layout_weight = "2"
                android:text = "菜品"/>
        < TextView
                android:layout_width = "wrap_content"
                android:layout_height = "wrap_content"
                android:textColor = " ♯ 000000"
                android:textSize = "20sp"
                android:text = "价格"
                android:layout_marginLeft = "5dp"
                android:gravity = "center"
                android:layout_weight = "1"/>
    </TableRow >
    < ListView
        android:layout_width = "fill_parent"
        android:layout_height = "wrap_content"
        android:id = "@ + id/ListViewCainpin" />
</LinearLayout >
```

　　该布局文件显示菜单页面,第一行为 TableRow 布局,用于菜单标题,该布局含三个
TextView 控件,依次显示编号、菜品、价格。TableRow 布局的下一行为 ListView 控件,该
控件显示各个具体的菜品,而这个 ListView 控件的布局将使用 listitem. xml 文件。

　　(4) 在 src 文件夹中添加 CaipinActivity. java 文件,在 CaipinActivity 类中创建适配器
和数据源。

```
static List < Map < String, Object >> mfoodinfo;    //菜品数据源列表,由 HashMap 表构成
public ListView mlistview;
static SimpleAdapter mlistItemAdapter;
```

　　(5) 在 onCreate()函数中添加菜单的代码如下:

```
@Override
protected void onCreate(Bundle savedInstanceState)
{
    super. onCreate(savedInstanceState);
    setContentView(R. layout. activity_caipin_list);
    mlistview = (ListView) findViewById(R. id. ListViewCainpin);
    mfoodinfo = getFoodData();
    //构造 SimpleAdapter 适配器,将它和自定义的布局文件、List 数据源关联
```

Android 用户界面程序设计

```
mlistItemAdapter = new SimpleAdapter(this,mfoodinfo,//数据源
            R.layout.listitem,//ListItem 的 XML 实现
            //动态数组与 ImageItem 对应的子项
            new String[]{"dishid","image","title","price","order"},
            //ImageItem 的 XML 文件里面的 1 个 ImageView,3 个 TextView ID
            new int[]{R.id.dishid, R.id.img, R.id.title, R.id.price});
mlistItemAdapter.notifyDataSetChanged();
mlistview.setAdapter(mlistItemAdapter);
//设置 ListView 选项单击监听器
this.mlistview.setOnItemClickListener(new OnItemClickListener(){
    @Override
    public void onItemClick(AdapterView<?> arg0,    //选项所属的 ListView
                    View arg1,          //被选中的控件,即 ListView 中被选中的子项
                    int arg2,           //被选中子项在 ListView 中的位置
                    long arg3)          //被选中子项的行号
    {
            ListView templist = (ListView)arg0;
            View mView = templist.getChildAt(arg2);
            final TextView tvTitle = (TextView)mView.findViewById(R.id.title);
Toast.makeText(MainActivity.this, tvTitle.getText().toString(), Toast.LENGTH_LONG).show();
    }
});
}
```

SimpleAdapter 适配器的数据源要是 HashMap 列表的数据结构,函数 getFoodData()
负责将 ArrayList<Dish>的数据结构转换成适用于 SimpleAdapter 的 List<Map<String,
Object>>数据结构。

```
private ArrayList<Map<String, Object>> getFoodData()
{
    ArrayList<Map<String, Object>> fooddata = new ArrayList<Map<String,Object>>();
    //将菜品信息填充进 foodinfo 列表
    int s = mDishes.size();                 //得到菜品数量
    for (int i = 0; i < s; i++) {
        Dish theDish = mDishes.get(i);      //得到当前菜品
        Map<String, Object> map = new HashMap<String, Object>();
        map.put("dishid", theDish.mId);
        map.put("image", theDish.mImage);
        map.put("title", theDish.mName);
        map.put("price", theDish.mPrice);
        fooddata.add(map);
    }
    return fooddata;
}
```

（6）在 AndroidManifest.xml 文件中注册 CaipinActivity 页面,代码如下:

```
<application
    ...
```

```xml
    < activity
        android:name = ".RegisterActivity"
        android:label = "@string/app_name">
    </activity >
    < activity
        android:name = ".CaipinActivity"
        android:label = "@string/app_name">
    </activity >
</application >
```

第4章　多个用户界面的程序设计

4.1　用户界面切换与传递参数

4.1.1　传递参数的组件 Intent

Intent 是 Android 系统一种运行时的绑定机制,在应用程序运行时连接两个不同组件。无论是用户界面切换,还是传递数据,或者是调用外部程序,都要用到 Intent。

Intent 负责对应用程序中操作的动作、动作涉及的数据和附加数据进行描述,而 Android 根据此描述找到对应的组件,将 Intent 传递给调用的组件,并完成组件的调用。因此,Intent 可以理解为不同组件间通信的"媒介"或者"桥梁",专门提供组件互相调用的相关信息。

Intent 的属性有动作(Action)、数据(Data)、分类(Category)、类型(Type)、组件(Compoent)及扩展(Extra)。其中,最常用的是 Action 属性。表 4.1 是 Android 系统支持的常见 Action 值。

表 4.1　Intent 常用动作

Action 属性值	说　　明
ACTION_MAIN	表示标识 Activity 为一个程序的开始
ACTION_VIEW	最常见的动作,对以 Uri 方式传送的数据,根据 Uri 协议部分以最佳方式启动相应的 Activity 进行处理。例如,对于 http:address 将打开浏览器查看;对于 tel:address 将打开拨号界面并呼叫指定电话号码
ACTION_ANSWER	打开接听电话的 Activity,默认为 Android 内置的拨号界面
ACTION_CALL	打开拨号界面,使用提供的数字作为电话号码拨打电话
ACTION_DELETE	打开一个 Activity,对所提供的数据进行删除操作
ACTION_DIAL	打开内置拨号界面,显示提供的电话号码
ACTION_EDIT	打开一个 Activity,对所提供的数据进行编辑
ACTION_SEND	启动一个可以发送邮件的 Activity
ACTION_SENDTO	启动一个 Activity,向数据提供的联系人发送短信
ACTION_WEB_SEARCH	打开一个 Activity,对提供的数据进行 Web 搜索

【例 4-1】　在 Android 上打开网站。

WebViewIntentDemo 示例说明了如何通过 Intent 使用内置浏览器打开一个网站,用户界面和运行结果如图 4.1 所示。

(a) 输入网址界面   (b) 打开Web后的界面

图 4.1   WebViewIntentDemo 运行结果

该示例的打开网页代码如下：

```
String urlString = editText.getText().toString();        //设置网址
Intent intent = new Intent(Intent.ACTION_VIEW, Uri.parse(urlString));
startActivity(intent);
```

从上面代码可以看到，要执行上面动作分为 2 个步骤，第一步是创建一个 Intent 对象，其构造方法为：

```
Intent intent = new Intent(String action, Uri uri)
```

第二步是调用 Activity 的 startActivity(intent)方法，切换到另一个 Activity。

在上面的例子中，变量 urlString 为输入的网站地址，Intent. ACTION_VIEW 为 Intent 动作，Uri. parse(urlString)则将网站地址字符串转换为 URI 对象。

4.1.2 启动另一个 Activity

常见的 Android 应用程序一般都不止一个 Activity，所以往往需要从一个 Activity 跳转到另一个 Activity。 Activity 跳转与传递参数主要通过 Intent 类实现，Intent 启动 Activity 分为显式启动和隐式启动。显式启动 Activity 的方法和上面示例类似，其步骤为：

（1）创建一个 Intent 对象，其构造方法为：

```
Intent intent = new Intent(当前 Activity.class,另一个 Activity.class);
```

（2）调用 Activity 的 startActivity(intent)方法，切换到另一个 Activity 页面。

下面用一个例子来说明如何显式启动另一个 Activity。

【例 4-2】 演示显式启动另一个 Activity 的方法。

（1）新建一个名为 ActivityJumpDemo 的项目，在 Android 视图中右击 java/edu. cqut. activityjumpdemo 文件夹，在快捷菜单中选择 New→Activity→Empty Activity，在弹出的窗口中输入文件名为 Activity1，布局文件为 activity_1 的新页面，如图 4.2 所示。

（2）activity_1. xml 中只有一个 TextView 控件，代码如下：

```
<TextView
    android:layout_width = "wrap_content"
```

多个用户界面的程序设计

```
android:layout_height = "wrap_content"
android:text = "第 1 个 Activity" />
```

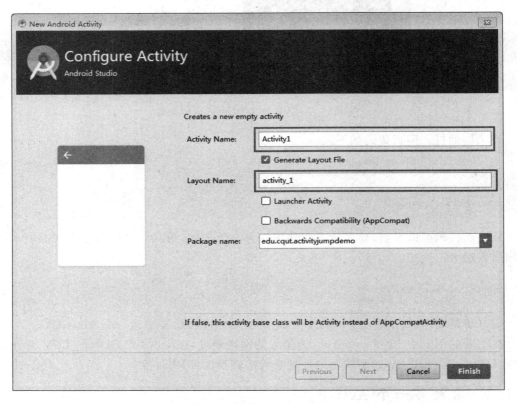

图 4.2　新建 Activity 窗口

（3）在布局文件 activity_main. xml 中添加按钮控件，按钮 ID 为 btnViewActivity1，并在 MainActivity. java 中为该控件添加按钮对象 mbtnViewActivity1。

（4）为 mbtnViewActivity1 添加监听器的代码如下：

```
mbtnViewActivity1.setOnClickListener(new Button.OnClickListener() {
    @Override
    public void onClick(View v) {
        Intent intent = new Intent(MainActivity.this, Activity1.class);
        startActivity(intent);
    }
});
```

（5）在项目的 res\values 文件夹的 strings. xml 文件中添加 Activity1 页面的标题，代码如下：

```
< string name = "title_activity_activity1"> Activity1 </string >
```

（6）Activity 作为 Android 的组件之一，必须要在项目的 AndroidManifest. xml 文件中

注册才能使用,在该文件中为 Activity1 页面添加上面 Activity1 的标题,代码如下(粗体字部分):

```
<activity
    android:name = "edu.cqut.activityjumpdemo.Activity1"
    android:label = "@string/title_activity_activity1" >
</activity>
```

该示例运行结果如图 4.3 所示。

(a) 主界面　　　　　　　　　　　　　　(b) 跳转到Activity1界面

图 4.3　显式启动 Activity

隐式启动 Activity 的好处在于不需要显式指明启动哪个 Activity,而由 Android 系统在程序运行时解析 Intent,并将 Intent 和 Activity 进行匹配,启动与 Intent 在动作、数据上完全匹配的那个 Activity。

Android 使用 Intent 过滤器(intent-filter)筛选和指定 Intent 匹配的组件。它根据 Intent 中的动作、类别和数据等内容,对适合接收该 Intent 的组件进行匹配和筛选,应用程序中的 Activity、Service 和 BroadcastReceiver 组件都可以在 AndroidManifest.xml 文件中注册 Intent 过滤器,从而在特定的数据格式上产生相应的动作。

为了注册 Intent 过滤器,在 AndroidManifest.xml 文件的各个组件下定义 intent-filter 节点,然后在该节点中声明该组件所支持的动作、执行环境和数据格式等信息。intent-filter 节点支持< action >标签、< category >标签和< data >标签,分别用来定义 Intent 过滤器的动作、类别和数据,如表 4.2 所示。

表 4.2　intent-filter 节点属性

标　　签	属　　性	说　　明
< action >	android:name	指定组件所能响应的动作,用字符串表示,通常由 Java 类名和包的完全限定名构成
< category >	android:name	指定以何种方式去服务 Intent 请求的动作
< data >	android:host	指定一个有效的主机名
	android:mimetype	指定组件能处理的数据类型
	android:path	有效的 URI 路径名
	android:port	主机的有效端口号
	android:scheme	所需要的特定协议

< category >标签指定 Intent 过滤器的服务方式,可以定义多个< category >标签,程序员可以使用自定义的类别值,或使用 Android 提供的类别值,Android 提供的类别值参考表 4.3。

87

第 4 章

多个用户界面的程序设计

表 4.3　Android 系统提供的类别值

值	说　　明
ALTERNATIVE	Intent 数据默认动作的一个可替换的执行方法
SELECTED_ALTERNATIVE	和 ALTERNATIVE 类似,但替换的执行方法不是指定的,而是被解析出来的
BROWSABLE	声明 Activity 可以由浏览器启动
DEFAULT	为 Intent 过滤器中定义的数据提供默认动作
HOME	设备启动后显示的第一个 Activity
LAUNCHER	在应用程序启动时首先被显示

下面继续用一个示例来说明如何用 Intent 过滤器隐式启动 Activity。

【例 4-3】　演示用 Intent 过滤器隐式启动 Activity。

（1）在 ActivityJumpDemo 的项目中再创建一个名为 Activity2 的页面,该 Activity 的布局文件为 activity_2.xml。

（2）在项目的 AndroidManifest.xml 文件中为 Activity2 设置 Intent 过滤器。

```
< activity
    android:name = "edu.cqut.activityjumpdemo.Activity2"
    android:label = "@string/title_activity_activity2" >
    < intent - filter >
        < action android:name = "android.intent.action.VIEW"/>
        < category android:name = "android.intent.category.DEFAULT"/>
        < data android:scheme = "schemedemo" android:host = "edu.cqut"/>
    </ intent - filter >
</activity>
```

上面代码中过滤器的 action 是 android.intent.action.VIEW,表示根据 URI 协议以浏览器方式启动相应的 Activity；category 是 android.intent.category.DEFAULT,表示数据的默认动作；data 的协议部分是 android:scheme = "schemedemo",主机名是 android:host = "edu.cqut"。

（3）在布局文件 activity_main.xml 中添加按钮控件,按钮 id 为 btnViewActivity2,并在 MainActivity.java 中为该控件添加按钮对象 mbtnViewActivity2。

（4）为 mbtnViewActivity2 添加监听器如下:

```
mbtnViewActivity2.setOnClickListener(new Button.OnClickListener() {
    @Override
    public void onClick(View v) {
        Intent intent = new Intent(Intent.ACTION_VIEW, Uri.parse("schemedemo://edu.cqut/
path"));
        startActivity(intent);
    }
});
```

上面代码所定义的 Intent 对象的动作为 Intent.ACTION_VIEW,与 Intent 过滤器的动作 android.intent.action.VIEW 匹配；URI 是 schemedemo://edu.cqut/path,其中协议

部分是 schemedemo,主机名部分是 edu. cqut,也与 Intent 过滤器定义的数据要求匹配,因此通过该 Intent 对象启动 Activity 时,会启动 Activity2。程序运行结果如图 4.4 所示。

 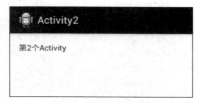

(a) 主界面   (b) 跳转到 Activity2 界面

图 4.4　隐式启动 Activity

4.1.3　Activity 间的数据传递

在很多情况下,Activity 之间的切换往往伴随着数据的传递。例如,先启动的 Activity 将该页面上的用户名传递给后启动的 Activity,后启动的 Activity 让用户针对该用户名进行一些特定信息的选择,当后启动的 Activity 关闭时,将这些信息返回给先前启动的 Activity。将后启动的 Activity 称为"子 Activity",先启动的 Activity 称为"父 Activity",在父 Activity 和子 Activity 间传递数据一般采用以下步骤。

(1) 创建 Intent 对象 intent,关联父 Activity 和子 Activity;

(2) 在父 Activity 中用 intent. putExtra()方法将数据封装在 Intent 对象中,其中数据采用键值对的形式;

(3) 以 startActivityForResult()方法启动子 Activity;

(4) 在子 Activity 中用 Intent intent＝getIntent()方法得到父 Activity 传给子 Activity 的 Intent 对象;

(5) 用 intent. getStringExtra("键名")方式得到键名所对应的键值,从而得到父 Activity 传给子 Activity 的数据;

(6) 在子 Activity 中采用与父 Activity 相似的方法将返回信息封装在 Intent 对象中;

(7) 调用 setResult()方法设置结果码并携带封装了返回信息的 Intent 对象;

(8) 在父 Activity 中重载 onActivityResult()方法,在其中获取子 Activity 的返回信息。

下面还是继续通过一个示例来说明如何进行不同 Activity 之间的数据传输。

【例 4-4】　Activity 间的数据传递。

该示例运行结果如图 4.5 所示。在父 Activity(MainActivity. java)页面上输入两个整数,单击"计算和"按钮后跳转到子 Activity(Activity3. java),在子 Activity 上显示传过来的两个整数,单击"确认"按钮后计算它们的和,并将计算结果返回给父 Activity,并在父 Activity 上显示出来。

(a) 父 Activity 输入数据   (b) 子 Activity 接收数据   (c) 父 Activity 接收返回值

图 4.5　在 Activity 间传递数据

第 4 章

多个用户界面的程序设计

下面是示例的编写步骤。

（1）在 ActivityJumpDemo 的项目中再创建一个名为 Activity3. java 的页面，该 Activity 的布局文件为 activity_3. xml，代码如下：

```xml
<?xml version = "1.0" encoding = "utf - 8"?>
<LinearLayout xmlns:android = "http://schemas.android.com/apk/res/android"
    android:layout_width = "match_parent"
    android:layout_height = "match_parent"
    android:orientation = "vertical" >
    <TextView
        android:layout_width = "match_parent"
        android:layout_height = "wrap_content"
        android:text = "传递过来的数字是: "/>
    <TextView
        android:layout_width = "match_parent"
        android:layout_height = "wrap_content"
        android:id = "@ + id/textView21"/>
    <Button
        android:layout_width = "match_parent"
        android:layout_height = "wrap_content"
        android:id = "@ + id/button21"
        android:text = "确认"/>
</LinearLayout>
```

（2）在布局文件 activity_main. xml 中添加两个 EditText 控件接收用户输入的整数，一个按钮控件用于求和，一个 TextView 控件用于显示计算结果。然后，在 MainActivity. java 中为这些控件添加相应的控件对象。"计算和"按钮的监听器代码如下：

```java
mbtnViewActivity3.setOnClickListener(new Button.OnClickListener() {
    @Override
    public void onClick(View v) {
        // (1)创建 Intent 对象,关联父 Activity 和子 Activity
        Intent intent = new Intent(MainActivity.this, Activity3.class);
        // (2)用 intent.putExtra()方法封装要传递的数据
        intent.putExtra("stra", editText1.getText().toString());
        intent.putExtra("strb", editText2.getText().toString());
        // (3)启动子 Activity
        startActivityForResult(intent, SUBACTIVITY3);
    }
});
```

editText1 和 editText2 为接收用户输入整数的 EeitText 对象。方法 startActivityForResult() 的原型为：

```java
public void startActivityForResult(Intent intent, int requestCode)
```

参数 intent 用于决定要启动的 Activity，参数 requestCode 为请求码，父 Activity 根据 requestCode 可以对返回的子 Activity 进行区分。上面代码中，SUBACTIVITY3 是

Activity3 的请求码，可以在 MainActivity 类中定义它：

```
public class MainActivity extends Activity {
    final int SUBACTIVITY3 = 1;
    ...
}
```

（3）在 Activity3.java 文件中获取传递进来的参数并计算，最后返回的代码。

```
public class Activity3 extends Activity
{
    TextView textView1;
    Button button1;
    @Override
    protected void onCreate(Bundle savedInstanceState) {
        super.onCreate(savedInstanceState);
        setContentView(R.layout.activity_3);
        button1 = (Button)findViewById(R.id.button21);
        //获取父 Activity 传递给子 Activity 的 Intent 对象
        Intent intent = this.getIntent();
        //获取父 Activity 传递给子 Activity 的数据
        String str1 = intent.getStringExtra("stra");
        String str2 = intent.getStringExtra("strb");
        //显示传递过来的数据
        textView1 = (TextView)findViewById(R.id.textView21);
        textView1.setText(str1 + "和" + str2);
        //求和
        final int result = Integer.parseInt(str1) + Integer.parseInt(str2);
        button1.setOnClickListener(new Button.OnClickListener() {
            @Override
            public void onClick(View v) {
                //将计算结果封装在 Intent 对象中
                Intent intent = new Intent(Activity3.this, MainActivity.class);
                intent.putExtra("result", result);
                //设置结果码并携带封装了返回信息的 Intent 对象
                setResult(RESULT_OK, intent);
                finish();
            }
        });
    }
}
```

（4）在 MainActivity.java 文件中重载 onActivityResult()方法，获取子 Activity 返回的值。

```
@Override
protected void onActivityResult(int requestCode, int resultCode, Intent data) {
    super.onActivityResult(requestCode, resultCode, data);
    switch(requestCode)
```

多个用户界面的程序设计

```
{
    //获取子 Activity 的返回信息
    case SUBACTIVITY3:
        if(resultCode == RESULT_OK)
        {
            int result = data.getIntExtra("result", 0);
            textView_result = (TextView)findViewById(R.id.textView2);
            textView_result.setText("计算结果为：" + result);
        }
        break;
    default:
        break;
    }
}
```

 onActivityResult()函数原型如下：

```
public void onActivityResult(int requestCode, int resultCode, Intent data)
```

参数 requestCode 为上面提到的请求码；参数 resultCode 用于表示子 Activity 的数据返回状态；参数 data 封装了子 Activity 的返回数据。上面代码中 SUBACTIVITY3 为请求码，RESULT_OK 为 Activity3 返回的状态码。

4.2 消 息 提 示

Android 中消息提示常用的方法是用 Toast，它是以浮于应用程序之上的形式将提示消息显示在屏幕上。Toast 不获得焦点，不会影响用户的其他操作，但显示时间有限，过一会就会自动关闭。下面以一个简单的例子来说明 Toast 的使用方法。

【例 4-5】 演示 Toast 使用方法。

演示程序名为 ToastDemo，该程序含有一个按钮，单击后弹出消息提示，如图 4.6 所示。

该程序的 MainActivity.java 文件中添加了一个 Button 对象，然后给这个按钮设置一个监听器，响应单击事件，代码如下：

图 4.6 Toast 运行效果

```
public class MainActivity extends Activity
{   Button button1,button2;
    @Override
    protected void onCreate(Bundle savedInstanceState) {
        super.onCreate(savedInstanceState);
        setContentView(R.layout.activity_main);
        button1 = (Button)findViewById(R.id.button1);
        button1.setOnClickListener(new Button.OnClickListener()
```

```
    {   @Override
        public void onClick(View v) {
            //三个参数分别为 Toast 应用的环境、显示内容和显示时间长短
            Toast.makeText(MainActivity.this, "单击了 Toast 示例", Toast.LENGTH_
SHORT).show();
        }
    });
    }
}
```

上面代码中 Toast.makeText()用于显示提示消息，makeText()原型如下：

```
public static Toast makeText(Context context, CharSequence text, int duration)
```

该方法以特定时长显示文本内容，参数 context 为 Toast 使用的上下文环境，一般是
Activity 或者 Application 对象；参数 text 为显示的文本；参数 duration 为显示时间，较长
时间取值 LENGTH_LONG，较短时间取值 LENGTH_SHORT。

4.3 对 话 框

对话框是一个有边框、有标题栏的独立存在的容器，在应用程序中经常使用对话框组件
来进行人机交互。

4.3.1 消息对话框

消息对话框 AlertDialog 在 Android 程序中经常用到，AlertDialog 可以创建带单选多
选按钮或者列表控件的对话框。AlertDialog 的常用方法如表 4.4 所示。

表 4.4　AlertDialog 常用方法

方　　法	说　　明
AlertDialog.Builder(Context)	对话框 Builder 对象的构造方法
create()	创建 AlertDialog 对象
setTitle()	设置对话框的标题
setIcon()	设置对话框的图标
setItems()	设置对话框要显示的一个 List
setMessage()	设置对话框的提示消息
setPositiveButton()	在对话框中添加 Yes 按钮
setNegativeButton()	在对话框中添加 No 按钮
Show()	显示对话框
dismiss()	关闭对话框

创建消息对话框的方法分以下几步：

(1) 用 AlertDialog.Builder 类创建对话框对象；

(2) 设置对话框的标题、图标、提示信息、按钮等；

93

第
4
章

多个用户界面的程序设计

（3）创建并显示消息对话框。

【例 4-6】 演示消息对话框使用方法。

程序 DialogDemo 演示了消息对话框的编写方法。

（1）将 AlertDialog 相关类引用进来。

```
import android.app.AlertDialog;
import android.app.AlertDialog.Builder;
import android.content.DialogInterface;
```

（2）在要用到消息对话框的地方创建、设置、显示 AlertDialog 对象。

```
button1.setOnClickListener(new Button.OnClickListener()
{   @Override
    public void onClick(View v) {
        Builder dialog = new AlertDialog.Builder(MainActivity.this);
        //设置对话框的标题
        dialog.setTitle("消息对话框");
        //设置对话框的图标
        dialog.setIcon(R.drawable.ic_launcher);
        //设置对话框按钮 Button
        dialog.setPositiveButton("确定", new okClick());
        //创建对话框
        dialog.create();
        //显示对话框
        dialog.show();
    }
});
//用户在 AlertDialog 上单击"确定"按钮的监听器
class okClick implements DialogInterface.OnClickListener
{
    @Override
    public void onClick(DialogInterface dialog, int which) {
        dialog.cancel();
    }
}
```

程序运行结果如图 4.7 所示。

4.3.2 普通对话框

4.3.1 节的消息对话框是系统封装的对话框，用法比较单一。有时需要用到像 Windows 系统那样的普通对话框，就需要用户自定义对话框的布局。下面继续在例 4-6 中编写普通对话框。

【例 4-7】 演示普通对话框使用方法。

（1）在 DialogDemo 项目中创建一个对话框类 LoginDialog，它继承自 Dialog 类。

图 4.7 消息对话框运行结果

（2）为 LoginDialog. java 文件创建布局文件 dialog. xml。

```xml
<?xml version = "1.0" encoding = "utf - 8"?>
< RelativeLayout xmlns:android = "http://schemas. android. com/apk/res/android"
    android:layout_width = "wrap_content"
    android:layout_height = "wrap_content" >
    < TextView
        android:layout_width = "wrap_content"
        android:layout_height = "wrap_content"
        android:layout_margin = "5dp"
        android:id = "@ + id/textView1"
        android:text = "用户名: "/>
    < TextView
        android:layout_below = "@id/textView1"
        android:layout_width = "wrap_content"
        android:layout_height = "wrap_content"
        android:layout_margin = "5dp"
        android:id = "@ + id/textView2"
        android:text = "密 码: "/>
    < EditText
        android:layout_toRightOf = "@id/textView1"
        android:layout_width = "match_parent"
        android:layout_height = "wrap_content"
        android:layout_alignBaseline = "@id/textView1"
        android:id = "@ + id/etUserName"/>
        < requestFocus />
    < EditText
        android:layout_toRightOf = "@id/textView2"
        android:layout_alignBaseline = "@id/textView2"
        android:layout_width = "match_parent"
        android:layout_height = "wrap_content"
        android:id = "@ + id/etPaswrd"/>
    < LinearLayout
        android:layout_width = "wrap_content"
        android:layout_height = "wrap_content"
        android:orientation = "horizontal"
        android:layout_below = "@id/textView2"
        android:layout_centerHorizontal = "true">
        < Button
            android:layout_width = "wrap_content"
            android:layout_height = "wrap_content"
            android:id = "@ + id/btnOK"
            android:text = " 确    定 "/>
        < Button
            android:layout_width = "wrap_content"
            android:layout_height = "wrap_content"
            android:id = "@ + id/btnCancel"
            android:text = " 取    消 "/>
    </LinearLayout >
</RelativeLayout >
```

多个用户界面的程序设计

（3）LoginDialog.java 文件内容如下：

```java
import android.app.Dialog;
import android.content.Context;
import android.view.View;
import android.widget.Button;
import android.widget.EditText;
public class LoginDialog extends Dialog
{
    //保存和传递用户输入的用户名和密码
    public String mUserName = null;
    public String mPaswrd = null;
    public LoginDialog(Context context) {
        super(context);
        setCancelable(false);                    //取消在手机中按返回键返回功能
        setContentView(R.layout.dialog);         //将布局文件和对话框绑定
        final EditText etName = (EditText)findViewById(R.id.etUserName);
        final EditText edPaswrd = (EditText)findViewById(R.id.etPaswrd);
        Button button1 = (Button)findViewById(R.id.btnOK);
        Button button2 = (Button)findViewById(R.id.btnCancel);

        Button.OnClickListener buttonListener = new Button.OnClickListener(){
            @Override
            public void onClick(View v) {
                switch(v.getId()){
                case R.id.btnOK:
                    mUserName = etName.getText().toString();
                    mPaswrd = edPaswrd.getText().toString();
                    break;
                case R.id.btnCancel:
                    break;
                }
                dismiss();                       //对话框销毁
            }
        };
        button1.setOnClickListener(buttonListener);
        button2.setOnClickListener(buttonListener);
    }
}
```

LoginDialog 对话框从用户得到输入的用户名和密码，保存在成员变量 mUserName 和 mPaswrd 中，以便于对话框销毁时传递给对话框的调用者。

（4）在 MainActivity.java 中添加一个"普通对话框"按钮，用户单击此按钮后弹出普通对话框，完成输入后，在 MainActivity.java 中得到输入的值。该按钮的监听器编写如下：

```java
button2.setOnClickListener(new Button.OnClickListener() {
    @Override
    public void onClick(View v) {
        //创建普通对话框对象
```

```
final LoginDialog loginDialog = new LoginDialog(MainActivity.this);
loginDialog.setTitle("普通对话框");                //设置对话框标题
loginDialog.show();                            //显示对话框
//设置监听器响应对话框销毁事件,获取其中的用户名和密码字段
loginDialog.setOnDismissListener( new DialogInterface.OnDismissListener(){
    @Override
    public void onDismiss(DialogInterface dialog) {
        Toast.makeText(MainActivity.this, "用户名:" + loginDialog.mUserName +
                " 密码:" + loginDialog.mPaswrd, Toast.LENGTH_LONG).show();
    }
});
}
});
```

普通对话框运行效果如图 4.8 所示。

(a) 弹出普通对话框

(b) 传回数据到调用者

图 4.8　普通对话框运行效果

4.4　菜　　单

4.4.1　选项菜单

当用户单击 Android 设备上的 Menu 键时会弹出一个菜单,这个就是选项菜单。在 Activity 中创建菜单的方法有两种,一种是直接在代码中添加菜单项;另一种是把 menu 也定义为应用程序的资源,通过 Android 对资源的本地支持,更方便地实现菜单的创建与响应。这里仅介绍第二种方法。

如何使用 XML 文件来加载和响应菜单,需要做以下几步:

(1) 在 res 目录下创建 menu 文件夹。

(2) 在 menu 目录下建立菜单文件(如 mymenu.xml 文件),Android Studio 会自动为其生成资源 id。这样可以通过 R.menu.mymenu 引用 menu 目录下的 mymenu.xml 菜单文件。

多个用户界面的程序设计

（3）在菜单文件中将各菜单项添加到< menu ></ menu >节点中。

（4）在菜单所属的 Activity 文件中添加菜单创建函数及响应函数。

【例 4-8】 演示使用菜单文件加载和选项菜单。

（1）创建 Android 项目，项目名为 MenuDemo，在 Android 视图中，在 res 目录中建立 menu 文件夹，右击该文件夹，在弹出的快捷菜单中选择 New→Menu resource file，建立文件名为 main. xml 的菜单。

（2）在 main. xml 文件内创建菜单选项，代码如下：

```
< menu xmlns:android = "http://schemas. android. com/apk/res/android" >
    <! -- group 分组 -->
    < group android:id = "@ + id/group1">
        <! -- item 定义菜单选项 -->
        < item
            android:id = "@ + id/item1"
            android:title = "菜单 1">
            <! -- menu 定义菜单 1 下面的子菜单 -->
            < menu >
                < item
                    android:id = "@ + id/item11"
                    android:title = "菜单子项 1"/>
                < item
                    android:id = "@ + id/item12"
                    android:title = "菜单子项 2"/>
            </ menu >
        </ item >
        <! -- 继续用 item 定义菜单选项 -->
        < item
            android:id = "@ + id/item2"
            android:title = "菜单 2"
            android:icon = "@drawable/ic_launcher">
        </ item >
        < item
            android:id = "@ + id/item3"
            android:title = "菜单 3">
        </ item >
    </ group >
</ menu >
```

（3）在 MainActivity 的重载方法 onCreateOptionsMenu()中使用 getMenuInflater()绑定菜单文件，代码如下：

```
@Override
public boolean onCreateOptionsMenu(Menu menu) {
    //Inflater 在 Android 中建立了从资源文件到对象的桥梁
    getMenuInflater(). inflate(R. menu. main, menu);
    return true;
}
```

（4）重载 onOptionsItemSeleted()方法以响应菜单项，代码如下：

```
@Override
public boolean onOptionsItemSelected(MenuItem item) {
        switch(item.getItemId()) {
        case R.id.item1:
            textView.setText("单击了菜单1");
            break;
        case R.id.item2:
            textView.setText("单击了菜单2");
            break;
        case R.id.item3:
            textView.setText("单击了菜单3");
            break;
        case R.id.item11:
            textView.setText("单击了菜单1的子项1");
            break;
        case R.id.item12:
            textView.setText("单击了菜单1的子项2");
            break;
        }
        return true;
    }
```

运行程序，单击 Menu 按钮，结果如图 4.9 所示。

(a) 单击Menu按钮后的效果

(b) 选择菜单1后的效果

图 4.9　选项菜单效果图

4.4.2　快捷菜单

快捷菜单类似于 Windows 上的右键菜单，当某一控件注册了快捷菜单后，长按（2s 左右）这个控件就会弹出一个菜单选项。

快捷菜单的创建方法和选项菜单类似，分为以下几个步骤：

（1）重载 Activity 的 onCreateContenxMenu()方法，在其中使用 getMenuInflater()绑定菜单文件。

（2）重载 Activity 的 onContexItemSelected()方法，响应快捷菜单菜单项的选择事件。

（3）调用 Activity 的 registerForContextMenu()方法，为控件注册快捷菜单。

【例 4-9】 演示快捷菜单的编写方法。

（1）在 MenuDemo 项目的 menu 文件夹下创建一个名为 kjcd. xml 的菜单文件，其内容如下：

```xml
<?xml version = "1.0" encoding = "utf - 8"?>
< menu xmlns:android = "http://schemas.android.com/apk/res/android" >
    < item
        android:id = "@ + id/item21"
        android:title = "快捷菜单 1"/>
    < item
        android:id = "@ + id/item22"
        android:title = "快捷菜单 2"/>
    < item
        android:id = "@ + id/item23"
        android:title = "快捷菜单 3"/>
</menu >
```

（2）在 MainActivity 中重载 onCreateContextMenu()方法，并绑定菜单文件：

```java
public void onCreateContextMenu(ContextMenu menu, View v, ContextMenuInfo menuInfo)
{
    super.onCreateContextMenu(menu, v, menuInfo);
    getMenuInflater().inflate(R.menu.kjcd, menu);
}
```

（3）重载 onContextItemSeleted()方法以响应快捷菜单项，代码如下：

```java
public boolean onContextItemSelected(MenuItem item)
{    switch(item.getItemId())
    {
        case R.id.item21:
            textView.setText("单击了快捷菜单 1");
            return true;
        case R.id.item22:
            textView.setText("单击了快捷菜单 2");
            return true;
        case R.id.item23:
            textView.setText("单击了快捷菜单 3");
            return true;
    }
    return false;
}
```

（4）在 MainActivity. java 的 onCreate()方法中为控件注册快捷菜单：

```java
textView = (TextView)findViewById(R.id.textView);
registerForContextMenu(textView);
```

运行程序,当长按主页面上的 TextView 控件时会弹出一个快捷菜单,如图 4.10 所示。在快捷菜单上选择一个选项,给出如图 4.11 所示的响应。

图 4.10　快捷菜单运行结果

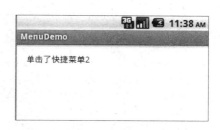

图 4.11　快捷菜单响应结果

4.5　"移动点餐系统"多用户界面程序设计

4.5.1　用户登录

用户登录采用普通对话框,如图 4.12 所示。用户在界面上输入用户名和密码后,单击"登录"按钮完成登录;如果用户勾选"是否记住用户名",则下次登录时用户名编辑框将保留上次填写内容;如果用户单击"注册"按钮,则跳转到用户注册界面。

图 4.12　用户登录界面

第 4 章

多个用户界面的程序设计

用户登录对话框采用垂直线性布局嵌套水平线性布局的形式。布局文件 login. xml 内容如下：

```xml
<?xml version = "1.0" encoding = "utf - 8"?>
<LinearLayout xmlns:android = "http://schemas.android.com/apk/res/android"
    xmlns:tools = "http://schemas.android.com/tools"
    android:id = "@ + id/logindialog"
    android:layout_width = "fill_parent"
    android:layout_height = "fill_parent"
    android:orientation = "vertical"
    android:textSize = "20sp"
    tools:ignore = "TextFields" >
    <LinearLayout
        android:layout_width = "wrap_content"
        android:layout_height = "wrap_content"
        android:layout_gravity = "center_horizontal"
        android:layout_margin = "5dp"
        android:orientation = "horizontal" >
        <TextView
            android:id = "@ + id/textView2"
            android:layout_width = "wrap_content"
            android:layout_height = "wrap_content"
            android:text = "用 户 名 : " />
        <EditText
            android:id = "@ + id/etLoginUserId"
            android:layout_width = "wrap_content"
            android:layout_height = "wrap_content"
            android:ems = "8" >
            <requestFocus />
        </EditText>
    </LinearLayout>
    <LinearLayout
        android:layout_width = "wrap_content"
        android:layout_height = "wrap_content"
        android:layout_gravity = "center_horizontal"
        android:layout_margin = "5dp"
        android:orientation = "horizontal" >
        <TextView
            android:id = "@ + id/textView3"
            android:layout_width = "wrap_content"
            android:layout_height = "wrap_content"
            android:text = "用户密码: " />
        <EditText
            android:id = "@ + id/etLoginUserPswrod"
            android:layout_width = "wrap_content"
            android:layout_height = "wrap_content"
            android:ems = "8"
            android:inputType = "textPassword" >
        </EditText>
```

```
        </LinearLayout >
        < CheckBox
            android:id = "@ + id/cbIsHoldId"
            android:layout_width = "wrap_content"
            android:layout_height = "wrap_content"
            android:layout_gravity = "center_horizontal"
            android:text = "记住用户名" />
        < LinearLayout
            android:layout_width = "wrap_content"
            android:layout_height = "wrap_content"
            android:layout_gravity = "center_horizontal"
            android:orientation = "horizontal" >
            < Button
                android:id = "@ + id/btnRegister"
                android:layout_width = "wrap_content"
                android:layout_height = "wrap_content"
                android:layout_weight = "1"
                android:text = "注 册 " />
            < Button
                android:id = "@ + id/btnlogin"
                android:layout_width = "wrap_content"
                android:layout_height = "wrap_content"
                android:layout_weight = "1"
                android:text = "登 录 " />
            < Button
                android:id = "@ + id/btnCancel"
                android:layout_width = "wrap_content"
                android:layout_height = "wrap_content"
                android:layout_weight = "1"
                android:text = "取 消 " />
        </LinearLayout >
    </LinearLayout >
```

在 src 文件夹下建立登录界面的代码文件 LoginDialog. java，其中 LoginDialog 类为派生于 Dialog 类的对话框类，其代码如下：

```
import android. app. Dialog;
import android. content. Context;
import android. view. View;
import android. widget. * ;

public class LoginDialog extends Dialog
{
    public enum ButtonID {BUTTON_NONE, BUTTON_OK, BUTTON_CANCEL, BUTTON_REGISTER};
    public String mUserId = null;                    //用户名
    public String mPsword = null;                    //用户密码
    public Boolean mIsHoldUserId = false;            //是否记住用户名
    public ButtonID mBtnClicked = ButtonID. BUTTON_NONE;   //指示哪个按钮被单击
    public Button mbtnLogin = null;
```

多个用户界面的程序设计

```
    public Button mbtnRegister = null;

    public LoginDialog(Context context) {
        super(context);
        setContentView(R.layout.login);                    // 绑定登录界面的布局文件
        this.setTitle("用户登录");
        setCancelable(true);

        final EditText dtUserId = (EditText) findViewById ( R.id.etLoginUserId );
        final EditText dtPsword = (EditText)findViewById(R.id.etLoginUserPswrod);
        final CheckBox cbIsHoldUserId = (CheckBox)findViewById(R.id.cbIsHoldId);
        mbtnLogin = (Button)findViewById(R.id.btnlogin);
        Button btnCancel = (Button)findViewById(R.id.btnCancel);
        mbtnRegister = (Button)findViewById(R.id.btnRegister);

        Button.OnClickListener buttonListener = new Button.OnClickListener(){
            @Override
            public void onClick(View v) {
                switch (v.getId()){
                case R.id.btnlogin:
                    mUserId = dtUserId.getText().toString();
                    mPsword = dtPsword.getText().toString();
                    mIsHoldUserId = cbIsHoldUserId.isChecked();
                    mBtnClicked = ButtonID.BUTTON_OK;
                    break;
                case R.id.btnRegister:
                    mBtnClicked = ButtonID.BUTTON_REGISTER;
                    break;
                case R.id.btnCancel:
                    mBtnClicked = ButtonID.BUTTON_CANCEL;
                    break;
                }
                dismiss();
            }
        };
        mbtnLogin.setOnClickListener(buttonListener);
        btnCancel.setOnClickListener(buttonListener);
        mbtnRegister.setOnClickListener(buttonListener);
    }
}
```

最后，再回到项目的 MainActivity.java 文件，将登录操作的代码添加到主界面的"登录"按钮响应函数中。

```
public class myImageButtonListener implements View.OnClickListener
{
    @Override
    public void onClick(View v) {
        switch (v.getId())
```

```java
        {
            ...
        case R.id.imgBtnLogin://用户未登录时该按钮才会出现,显示登录对话框让用户登录
            final LoginDialog loginDlg = new LoginDialog(MainActivity.this);
            loginDlg.show();
            //对话框销毁时的响应事件
            loginDlg.setOnDismissListener(new DialogInterface.OnDismissListener() {
                @Override
                public void onDismiss(DialogInterface dialog) {
                    switch (loginDlg.mBtnClicked)
                    {
                case BUTTON_OK://用户单击了"确定"按钮
                    //判断用户名及密码是否符合
                    MyApplication appInstance = (MyApplication)getApplication();
                    if (appInstance.g_user.mUserid.equals(loginDlg.mUserId) &&
                            appInstance.g_user.mPassword.equals(loginDlg.mPsword)) {
                        //用户登录成功
                        appInstance.g_user.mIslogined = true;
                        //隐藏"登录"按钮,显示"注销"按钮
                        mImgBtnLogin.setVisibility(Button.GONE);
                        mImgBtnLogout.setVisibility(Button.VISIBLE);
                        //创建该用户的购物车
                        appInstance.g_cart = new ShoppingCart(appInstance.g_user.mUserid);
                        if (loginDlg.mIsHoldUserId){
                            //保存用户名
                        }
                        else {
                            //清除保存的用户名
                        }
                        Toast.makeText(MainActivity.this, "登录成功!", Toast.LENGTH_LONG).show();
                    }
                    else {
                    Toast.makeText(MainActivity.this, "用户名或密码错误", Toast.LENGTH_LONG).
show();
                    }
                    break;
                case BUTTON_REGISTER://用户单击了"注册"按钮
                    //跳转到注册页面
                    }
                }
            });
            return;
            ...
            }
        }
    }
```

上面代码中保存和清除用户名的操作会用到文件操作,这部分先放一放,留到第 5 章中完成。

4.5.2 用户注册

用户注册使用 Activity 界面,见图 3.18。在 3.4.3 节中已经编写了注册的布局代码(位于 activity_register.xml)并搭建了功能实现的代码框架(位于 RegisterActivity.java),现在来实现注册功能:如果用户在注册页面上单击了"注册"按钮,则页面首先对用户两次输入的密码进行一致性检查;如果一致则将用户注册信息传递给 MainActivity 页面,否则给出错误信息,清空密码输入框中的内容,以便让用户重新输入。具体步骤如下:

(1) 在 MainActivity 中添加 RegisterActivity 的请求码:

```
private static final int REGISTERACTIVITY = 1;          //设置注册 Activity 的请求码
```

(2) 用启动子 Activity 的方式启动注册页面:

```
...
//跳转到注册页面
Intent intent = new Intent(MainActivity.this, RegisterActivity.class);
startActivityForResult(intent, REGISTERACTIVITY);
```

(3) 修改 RegisterActivity.java 中的 mybtnListener 监听器。

```
Button.OnClickListener mybtnListener = new Button.OnClickListener()
{
    @Override
    public void onClick(View v) {
        switch (v.getId())
        {
        case R.id.btnCancel:
            finish();
            break;
        case R.id.btnRegister:
            String strPsword = metPsword.getText().toString();
            String strAffirmPsword = metAffirmPsword.getText().toString();
            if (strPsword.equals(strAffirmPsword))
            {
                //通过 Intent 将用户注册信息返回给父 Activity,这里即 MainActivity
                Uri info = Uri.parse("用户注册信息");
                Intent intentUserInfo = new Intent(null, info);
                intentUserInfo.putExtra("user", metId.getText().toString());
                intentUserInfo.putExtra("password", metPsword.getText().toString());
                intentUserInfo.putExtra("phone", metPhone.getText().toString());
                intentUserInfo.putExtra("address", metAddress.getText().toString());
                setResult(RESULT_OK, intentUserInfo);
                finish();
            }
            else
            {
```

```
                Toast.makeText(RegisterActivity.this, "两次密码输入不一致!", Toast.LENGTH_LONG).
show();
                    //清空密码输入框
                    metPsword.setText("");
                    metAffirmPsword.setText("");
                    //让密码输入框获得焦点
                    metPsword.setFocusable(true);
                    metPsword.setFocusableInTouchMode(true);
                    metPsword.requestFocus();
                }
            }
        }
};
```

（4）在 MainActivity 中重载 onActivityResult()函数，接收子 RegisterActivity 传过来的用户注册信息。

```
@Override
protected void onActivityResult(int requestCode, int resultCode, Intent data) {
    super.onActivityResult(requestCode, resultCode, data);
    switch (requestCode){
    case REGISTERACTIVITY:
        if (resultCode == Activity.RESULT_OK){
            //获得 RegisterActivity 封装在 Intent 中的数据
            String userid = data.getStringExtra("user");
            String userpsd = data.getStringExtra("password");
            String userphone = data.getStringExtra("phone");
            String useraddress = data.getStringExtra("address");
            mAppInstance.g_user.mUserid = userid;
            mAppInstance.g_user.mPassword = userpsd;
            mAppInstance.g_user.mUserphone = userphone;
            mAppInstance.g_user.mUseraddress = useraddress;
        }
        break;
    }
}
```

4.5.3 用户信息修改

用户信息查看及修改采用 Activity 界面，如图 4.13 所示。用户在界面上填写新的信息，输入密码后单击"修改"按钮，如果密码验证正确则可以完成修改任务。

用户信息查看界面同样采用垂直线性布局嵌套水平线性布局的形式。布局文件为 activity_user_info.xml，编写方式与登录界面的布局文件类似，限于篇幅，在此不再给出，请大家看教材源码。

信息查看与修改的功能实现模块位于 UserInfoActivity.java 文件中。页面创建时先从 MyApplication 全局变量中获得已登录的用户信息并显示出来，然后在"修改"按钮监听器

多个用户界面的程序设计

图 4.13　用户信息查看及修改

中验证密码和修改用户信息,并将修改的信息保存到全局变量中,代码如下:

```
//获得存储在全局变量中的用户信息
final MyApplication appInstance = (MyApplication)getApplication();
tvUserId.setText(appInstance.g_user.mUserid);
etPhone.setText(appInstance.g_user.mUserphone);
etAddress.setText(appInstance.g_user.mUseraddress);

//设置按钮单击监听器
btnModify.setOnClickListener(new View.OnClickListener() {
    @Override
    public void onClick(View v) {
        //修改信息前检测用户输入的密码和系统全局变量中存储的密码是否一致
        if (etPsword.getText().toString().equals(appInstance.g_user.mPassword))
        {
            appInstance.g_user.mUserphone = etPhone.getText().toString();
            appInstance.g_user.mUseraddress = etAddress.getText().toString();
            finish();
        }
        else{
        Toast.makeText(UserInfoActivity.this, "请输入登录密码!", Toast.LENGTH_LONG).show();
        }
    }
});
```

　　由于该 Activity 不需要将数据返回给调用它的父 Activity,因此在 MainAcitity 的"个人中心"按钮的单击事件中只需显式调用 UserInfoActivity 即可。

```
//用户已登录,跳转到个人信息页面
Intent intent = new Intent(MainActivity.this, UserInfoActivity.class);
startActivity(intent);
```

4.5.4 用户点餐

用户点餐设计是"移动点餐系统"界面编程中比较复杂,但也是比较靓丽的部分。整个点餐界面使用 TabActivity 分页组件分为"菜品"和"已点"两个界面。用户在"菜品"界面选择菜品,在"已点"界面中查看已点菜品的清单。在两个界面中,当用户单击某个菜品后都会弹出"数量"对话框,供用户确定该菜的份数,如图 4.14 所示。

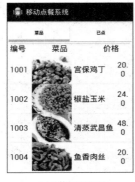

(a) "菜品"界面   (b) "已点"界面   (c) "数量"对话框

图 4.14　用户点餐界面

"菜品"界面的设计在 3.4.4 节中已做过介绍,这里不再赘述。下面分别介绍菜品数量对话框、"已点"界面以及用 TabActivity 进行界面分页的编程。

1. "数量"对话框

"数量"对话框采用普通对话框形式,供用户确定每个菜的份数,对话框布局文件为 orderonedialog.xml,布局效果如图 4.14(c)所示。其中"＋"和"－"按钮让用户增加和减少点菜的份数。对话框的功能实现文件为 orderonedialog.java,内容如下:

```java
import android.app.Dialog;
import android.content.Context;
import android.view.View;
import android.widget.*;
public class OrderOneDialog extends Dialog
{
    public enum ButtonID {BUTTON_NONE, BUTTON_OK, BUTTON_CANCEL};
    public int mNum = 0;                                  //订购数量
    public ButtonID mBtnClicked = ButtonID.BUTTON_NONE;   //指示"确定"或"取消"按钮被单击
    public OrderOneDialog(Context context) {
        super(context);
        setContentView(R.layout.orderonedialog);
        setCancelable(true);
        final TextView tvOrderNum = (TextView)findViewById(R.id.tvOrderNum);   //份数显示
        Button btnDecr = (Button)findViewById(R.id.btnSub);                    //减少份数按钮
        Button btnIncr = (Button)findViewById(R.id.btnAdd);                    //增加份数按钮
        Button btnOK = (Button)findViewById(R.id.order_dialog_ok);            //"确定"按钮
        Button btnCancel = (Button)findViewById(R.id.order_dialog_cancel);    //"取消"按钮
```

多个用户界面的程序设计

```java
Button.OnClickListener buttonListener = new Button.OnClickListener() {
    @Override
    public void onClick(View v) {
        //将显示的数量转换为整数数量
        int dispNum = Integer.parseInt(tvOrderNum.getText().toString());
        switch (v.getId()) {
        case R.id.btnSub:
            if (dispNum <= 0)
                break;
            else {
                dispNum--;
                tvOrderNum.setText("" + dispNum);
                break;
            }
        case R.id.btnAdd:
            dispNum++;
            tvOrderNum.setText("" + dispNum);
            break;
        case R.id.order_dialog_ok:
            mNum = dispNum;
            mBtnClicked = ButtonID.BUTTON_OK;
            dismiss();
            break;
        case R.id.order_dialog_cancel:
            mBtnClicked = ButtonID.BUTTON_CANCEL;
            dismiss();
            break;
        }
    }
};
btnDecr.setOnClickListener(buttonListener);
btnIncr.setOnClickListener(buttonListener);
btnOK.setOnClickListener(buttonListener);
btnCancel.setOnClickListener(buttonListener);
    }
}
```

2. 已点菜品的界面设计

已点菜品的界面设计采用和点餐菜单界面设计类似的方法,已点菜品列表采用自定义列表,相应的布局文件 ordereditem.xml 内容如下:

```xml
<?xml version = "1.0" encoding = "utf-8"?>
<TableRow xmlns:android = "http://schemas.android.com/apk/res/android"
    android:layout_width = "match_parent"
    android:layout_height = "wrap_content"
    android:id = "@+id/yidianlistitem">
    <TextView android:id = "@+id/ordertitle"
        android:layout_width = "120dp"
        android:layout_height = "wrap_content"
```

```
                    android:textColor = " ♯000000"
                    android:textIsSelectable = "false"
                    android:textSize = "20sp"/>
                < TextView
                    android:id = "@ + id/orderprice"
                    android:layout_width = "wrap_content"
                    android:layout_height = "wrap_content"
                    android:textColor = " ♯000000"
                    android:textSize = "20sp"
                    android:textIsSelectable = "false"
                    android:layout_weight = "1"/>
                < TextView
                    android:id = "@ + id/ordernum"
                    android:layout_width = "wrap_content"
                    android:layout_height = "wrap_content"
                    android:textColor = " ♯000000"
                    android:textSize = "20sp"
                    android:textIsSelectable = "false"
                    android:layout_weight = "1"/>
                < TextView
                    android:id = "@ + id/itemprice"
                    android:layout_width = "wrap_content"
                    android:layout_height = "wrap_content"
                    android:textColor = " ♯000000"
                    android:textIsSelectable = "false"
                    android:layout_weight = "1"
                    android:textSize = "20sp" />
        </TableRow >
```

　　已点菜品的界面布局文件 activity_ordered.xml 采用混合布局,整个布局以
RelativeLayout 开始,已点清单的标题栏和结算栏采用 TableRow 布局,最后的两个按钮使
用 LinearLayout 布局,其布局内容如下:

```
< RelativeLayout xmlns:android = "http://schemas.android.com/apk/res/android"
    xmlns:tools = "http://schemas.android.com/tools"
    android:layout_width = "match_parent"
    android:layout_height = "match_parent"
    android:paddingBottom = "@dimen/activity_vertical_margin"
    android:paddingLeft = "@dimen/activity_horizontal_margin"
    android:paddingRight = "@dimen/activity_horizontal_margin"
    android:paddingTop = "@dimen/activity_vertical_margin"
    tools:context = ".OrderedActivity" >
    < TableRow
        android:id = "@ + id/OrderedHead"
        android:layout_width = "match_parent"
        android:layout_height = "wrap_content">
        < TextView
            android:layout_width = "120dp"
            android:layout_height = "wrap_content"
```

多个用户界面的程序设计

```
                android:textColor = "#000000"
                android:textSize = "20sp"
                android:gravity = "center"
                android:text = "菜名"/>
        < TextView
                android:layout_width = "wrap_content"
                android:layout_height = "wrap_content"
                android:textColor = "#000000"
                android:textSize = "20sp"
                android:text = "单价"
                android:layout_weight = "1"/>
        < TextView
                android:layout_width = "wrap_content"
                android:layout_height = "wrap_content"
                android:textColor = "#000000"
                android:textSize = "20sp"
                android:text = "数量"
                android:layout_weight = "1"/>
        < TextView
                android:id = "@ + id/sum"
                android:layout_width = "wrap_content"
                android:layout_height = "wrap_content"
                android:textColor = "#000000"
                android:text = "合计"
                android:layout_weight = "1"
                android:textSize = "20sp" />
    </TableRow >
    < ListView
            android:id = "@ + id/OrderedListview"
            android:layout_width = "fill_parent"
            android:layout_height = "wrap_content"
            android:layout_below = "@id/OrderedHead"/>
    < TableRow
            android:id = "@ + id/OrderEnd"
            android:layout_width = "match_parent"
            android:layout_height = "wrap_content"
            android:layout_marginTop = "15dp"
            android:layout_below = "@id/OrderedListview">
        < TextView
                android:layout_width = "150dp"
                android:layout_height = "wrap_content"
                android:textColor = "#000000"
                android:textSize = "20sp"
                android:gravity = "center"
                android:text = "总 价"/>
        < TextView
                android:layout_width = "wrap_content"
                android:layout_height = "wrap_content"
                android:textSize = "20sp"
                android:layout_weight = "1"/>
```

```
        < TextView
            android:layout_width = "wrap_content"
            android:layout_height = "wrap_content"
            android:textSize = "20sp"
            android:layout_weight = "1"/>
        < TextView
            android:id = "@ + id/ordertotalprice"
            android:layout_width = "wrap_content"
            android:layout_height = "wrap_content"
            android:textColor = "#000000"
            android:layout_weight = "1"
            android:gravity = "center"
            android:textSize = "20sp" />
    </TableRow >
    < LinearLayout
        android:layout_width = "wrap_content"
        android:layout_height = "wrap_content"
        android:layout_below = "@ id/OrderEnd"
        android:layout_centerHorizontal = "true"
        android:layout_marginTop = "15dp" >
        < Button
            android:id = "@ + id/submit_cancel"
            android:layout_width = "100dp"
            android:layout_height = "wrap_content"
            android:text = "取消"/>
        < Button
            android:id = "@ + id/submit_ok"
            android:layout_width = "100dp"
            android:layout_height = "wrap_content"
            android:text = "提交"/>
    </LinearLayout >
</RelativeLayout >
```

3. 已点菜品的界面程序设计

已点菜品的界面功能实现文件为 OrderedActivity.java,内容如下:

```
import java.text.DecimalFormat;
import java.util.ArrayList;
import java.util.HashMap;
import java.util.List;
import java.util.Map;
import android.os.Bundle;
import android.app.Activity;
import android.content.DialogInterface;
import android.view.Menu;
import android.view.View;
import android.widget.AdapterView;
import android.widget.ListView;
import android.widget.SimpleAdapter;
```

```java
import android.widget.TextView;
import android.widget.Toast;
import android.widget.AdapterView.OnItemClickListener;

public class OrderedActivity extends Activity
{
    static List<Map<String, Object>> morderedinfo;
    public ListView mlistview;
    static SimpleAdapter mlistItemAdapter;
    public TextView mtvTotalPrice = null;
    @Override
    protected void onCreate(Bundle savedInstanceState) {
        super.onCreate(savedInstanceState);
        setContentView(R.layout.activity_ordered);
        mtvTotalPrice = (TextView)findViewById(R.id.ordertotalprice);
        mlistview = (ListView) findViewById(R.id.OrderedListview);
        //设置 ListView 选项,选择监听器
        this.mlistview.setOnItemClickListener(new OnItemClickListener(){
            @Override
            public void onItemClick(AdapterView<?> arg0,  //选项所属的 ListView
                           View arg1,        //被选中的控件,即 ListView 中被选中的子项
                           int arg2,         //被选中子项在 ListView 中的位置
                           long arg3)        //被选中子项的行号
            {
                ListView templist = (ListView)arg0;
                View mView = templist.getChildAt(arg2);
                                          //选中子项(即 item)在 listview 中的位置
                final TextView tvTitle = (TextView)mView.findViewById(R.id.ordertitle);
                //创建购买数量对话框
                final OrderOneDialog orderDlg = new OrderOneDialog(OrderedActivity.this);
                orderDlg.setTitle(tvTitle.getText().toString());
                orderDlg.show();
                //对话框销毁时的响应事件
                orderDlg.setOnDismissListener(new DialogInterface.OnDismissListener() {
                    @Override
                    public void onDismiss(DialogInterface dialog) {
                        if (orderDlg.mBtnClicked == OrderOneDialog.ButtonID.BUTTON_OK) {
                            //修改购物车中的已点菜品
                            MyApplication appInstance = (MyApplication)getApplication();
                            String dishName = tvTitle.getText().toString();
                            Dish newDish = appInstance.g_dishes.GetDishbyName(dishName);
                            if (orderDlg.mNum <= 0)
                            //如果该菜品数量为 0,则将该菜品从已点菜单中删除
                                appInstance.g_cart.DeleteOneOrderItem(newDish.mName);
                            else                //修改购物车中该菜品的数量
                                appInstance.g_cart.ModifyOneOrderItem(newDish.mName,
                                                    orderDlg.mNum);
                            Toast.makeText(OrderedActivity.this, tvTitle.getText().
                                toString() + ":" + orderDlg.mNum, Toast.LENGTH_LONG).show();
                            //更新显示列表,再次计算价格
```

```java
                        UpdateOrderList();
                    }
                }
            });
        }
    });
}
private ArrayList<Map<String, Object>> getOrderedDishData()
{
    ArrayList<Map<String, Object>> orderDishData = new ArrayList<Map<String, Object>>();
    //将菜品信息填充进 foodinfo 列表
    MyApplication appInstance = (MyApplication)getApplication();
    int s = appInstance.g_cart.GetOrderItemsQuantity();        //得到已点菜品种类的数量
    for (int i = 0; i < s; i++) {
        OrderItem theItem = appInstance.g_cart.GetItembyIndex(i);   //得到当前已点菜
                                                                   //品种类项

        Map<String, Object> map = new HashMap<String, Object>();
        map.put("title", theItem.mOneDish.mName);
        map.put("price", theItem.mOneDish.mPrice);
        map.put("num", theItem.mQuantity);
        map.put("itemprice", theItem.GetItemTotalPrice());
        orderDishData.add(map);
    }
    return orderDishData;
}
@Override
protected void onResume() {
    //该函数在页面每次显示时自动调用
    super.onResume();
    UpdateOrderList();                            //更新显示列表,再次计算价格
}
private void UpdateOrderList()
{
    morderedinfo = getOrderedDishData();
    //SimpleAdapter 适配器,将它和自定义的布局文件、List 数据源关联
    mlistItemAdapter = new SimpleAdapter(this, morderedinfo,      //数据源
            R.layout.ordereditem,          //ListItem 的 XML 实现
            //动态数组与 ImageItem 对应的子项
            new String[] {"title", "price", "num", "itemprice"},
            //ImageItem 的 XML 文件里面的 1 个 ImageView,3 个 TextView ID
            new int[] {R.id.ordertitle, R.id.orderprice, R.id.ordernum, R.id.itemprice});
    mlistview.setAdapter(mlistItemAdapter);
    //计算已点菜品的总价
    MyApplication appInstance = (MyApplication)getApplication();
    float tf = appInstance.g_cart.GetCartTotalPrice();
    //将总价保留小数点后两位,将它转换为字符串后再显示
    DecimalFormat fnum = new DecimalFormat("##0.00");
    String dd = fnum.format(tf);
    mtvTotalPrice.setText(dd);
}
}
```

多个用户界面的程序设计

4. 分页界面设计

Tab 标签页是界面设计中常用的界面控件,可以实现多个分页间的切换,每个标签页显示不同的内容。本书中使用 TabActivity 实现 Tab 标签页,用它进行界面设计的步骤是首先设计所有分页的界面布局,分页设计完成后,使用代码建立 Tab 标签页,并给每个分页添加标识和标题,最后确定 Tab 标签页的界面布局设计。其中,分页的设计与普通用户界面设计没有什么区别。

我们已完成"移动点餐系统"中 Tab 标签页的两个分页的设计,下面将这两个分页组装进 Tab 标签页中。

Tab 标签页的功能实现文件为 TabhostActivity. java,其内容如下:

```java
import android.os.Bundle;
import android.view.Menu;
import android.widget.TabHost;
import android.app.TabActivity;
import android.content.Intent;
//因为 TabActivity 已过期,强制使用会出现大量警告,用以下语句屏蔽因 API 过期所产生的警告
@SuppressWarnings("deprecation")
public class TabhostActivity extends TabActivity {
    @Override
    protected void onCreate(Bundle savedInstanceState) {
        super.onCreate(savedInstanceState);
        setContentView(R.layout.activity_tab_main);
        TabHost tabHost = getTabHost();                          //获得标签页容器,承载 Tab 标签页
        tabHost.addTab(tabHost.newTabSpec("Caipin").            //增加分页,分页标识为 Caipin
                setIndicator("菜品").                           //设定分页的标题
                setContent(new Intent().setClass(this, CaipinActivity.class)));  //设定分页的
                                                                                 //Activity
        tabHost.addTab(tabHost.newTabSpec("Order").setIndicator("已点").
                setContent(new Intent().setClass(this, OrderedActivity.class)));
    }
}
```

注意:上面的 TabhostActivity 类继承 TabActivity,而非 Activity,它支持内嵌多个 Activity 或 View。

然后进行 Tab 标签页的界面布局设计,布局文件为 activity_tab_main. xml,内容如下:

```xml
<?xml version = "1.0" encoding = "utf - 8"?>
<TabHost xmlns:android = "http://schemas.android.com/apk/res/android"
    android:id = "@android:id/tabhost"
    android:layout_width = "fill_parent"
    android:layout_height = "fill_parent" >
    <LinearLayout
        android:orientation = "vertical"
        android:layout_width = "fill_parent"
        android:layout_height = "fill_parent"
        android:padding = "5dp">
        <TabWidget
```

```
            android:id = "@android:id/tabs"
            android:layout_width = "fill_parent"
            android:layout_height = "wrap_content">
        </TabWidget>
        <FrameLayout
            android:id = "@android:id/tabcontent"
            android:layout_width = "fill_parent"
            android:layout_height = "fill_parent"
            android:padding = "3dp">
        </FrameLayout>
    </LinearLayout>
</TabHost>
```

作为 Tab 标签页的布局，必须以 TabHost 为根元素（代码第 2 行），同时包含 TabWidget 元素和 FrameLayout 元素。TabWidget 承载 Tab 导航栏，FrameLayout 承载 Tab 页内容，目前 FrameLayout 是空的，在程序运行时，TabHost 将自动使用分页的 Activity 填充 FrameLayout。由于 TabWidget 和 FrameLayout 需要垂直地并列排布，因此使用线性布局。

至此已完成分页界面的程序设计。最后，在 MainActivity 中添加启动点餐分页界面的代码：

```
public class MainActivity extends Activity {
    ...
    public class myImageButtonListener implements View.OnClickListener
    {
        @Override
        public void onClick(View v) {
            switch (v.getId())
            {
                ...
            case R.id.imgBtnRest:               //点餐
                    //填写座位号(该代码忽略,请看随书源码)
                    ...
                    //跳转到点餐界面
                Intent intent = new Intent(MainActivity.this, TabhostActivity.class);
                startActivity(intent);
                    return;
            case R.id.imgBtnTakeout:
                    ...
                Intent intent = new Intent(MainActivity.this, TabhostActivity.class);
                startActivity(intent);
                    return;
                    ...
            }
        }
    }
}
```

4.5.5 选择通信方式

"移动点餐系统"有两种通信方式:在餐厅中点餐时使用餐厅局域网下的 TCP 通信方式,这时需要用户输入 PC 服务器的 IP 地址;在餐厅以外叫外卖时使用互联网环境下的 HTTP 通信方式,这时也需要用户输入 Web 服务器的 IP 地址或者域名。使用选项菜单的方式让用户进行通信方式的选择。

如图 4.15 所示,用户按下设备上的 Menu 键,弹出图 4.15(a)所示的选项菜单,选择"设置"选项后,出现图 4.15(b)所示的通信方式选择对话框,供用户确定用哪一种方式与服务器通信。

(a) 选项菜单　　　　　　(b) 通信方式选择对话框

图 4.15　选择通信方式

首先进行通信方式选择对话框的布局(serverip.xml):

```xml
<?xml version = "1.0" encoding = "utf - 8"?>
<LinearLayout xmlns:android = "http://schemas.android.com/apk/res/android"
    android:layout_width = "fill_parent"
    android:layout_height = "wrap_content"
    android:orientation = "vertical" >
    <LinearLayout
        android:layout_width = "wrap_content"
        android:layout_height = "wrap_content"
        android:orientation = "horizontal"
        android:layout_gravity = "center_horizontal">
        <TextView
            android:layout_width = "wrap_content"
            android:layout_height = "wrap_content"
            android:text = "局域网服务器 IP: "/>
        <EditText
            android:id = "@ + id/etServerIP"
            android:layout_width = "wrap_content"
            android:layout_height = "wrap_content"
            android:ems = "8">
            <requestFocus />
```

```
                </EditText>
            </LinearLayout>
            <LinearLayout
                android:layout_width = "wrap_content"
                android:layout_height = "wrap_content"
                android:orientation = "horizontal"
                android:layout_gravity = "center_horizontal">
                <TextView
                    android:layout_width = "wrap_content"
                    android:layout_height = "wrap_content"
                    android:text = "互联网服务器 IP: "/>
                <EditText
                    android:id = "@ + id/etHttpServerIP"
                    android:layout_width = "wrap_content"
                    android:layout_height = "wrap_content"
                    android:ems = "8">
                    <requestFocus />
                </EditText>
            </LinearLayout>
            <RadioGroup
                android:layout_width = "wrap_content"
                android:layout_height = "wrap_content"
                android:orientation = "horizontal"
                android:layout_gravity = "center_horizontal">
                <RadioButton
                    android:id = "@ + id/rbTcpButton"
                    android:layout_width = "wrap_content"
                    android:layout_height = "wrap_content"
                    android:checked = "true"
                    android:text = "TCP 通信" />
                <RadioButton
                    android:id = "@ + id/rbHttpButton"
                    android:layout_width = "wrap_content"
                    android:layout_height = "wrap_content"
                    android:text = "HTTP 通信" />"
            </RadioGroup>
            <Button
                android:id = "@ + id/btnOK"
                android:layout_width = "fill_parent"
                android:layout_height = "wrap_content"
                android:layout_gravity = "center_horizontal"
                android:ems = "8"
                android:text = "确 定 " />
    </LinearLayout>
```

  与前面单独编写一个对话框文件的方式不一样,这次直接在 MainActivity. java 文件的重载 onOptionsItemSelected()函数中创建对话框对象,将它与上面的布局文件绑定,并将用户输入的 IP 地址及通信方式保存在全局变量 mAppInstance 中。

第
4
章

多个用户界面的程序设计

```java
@Override
public boolean onOptionsItemSelected(MenuItem item)
{   switch (item.getItemId()){
    case R.id.action_exit:
        onDestroy();
        break;
    case R.id.action_setting:
        //填写服务器 IP 地址,构造 IP 地址填写对话框
        final Dialog dialog = new Dialog(MainActivity.this);
        dialog.setContentView(R.layout.severip);
        dialog.setTitle("请输入服务器 IP 地址");
        dialog.setCancelable(true);
        Button btnOK = (Button)dialog.findViewById(R.id.btnOK);
        final RadioButton rbnTcp = (RadioButton)dialog.findViewById(R.id.rbTcpButton);
        final RadioButton rbnHttp = (RadioButton)dialog.findViewById(R.id.rbHttpButton);
        final EditText etServerIP = (EditText)dialog.findViewById(R.id.etServerIP);
        final EditText etHttpServerIP = (EditText)dialog.findViewById(R.id.etHttpServerIP);
        //根据程序中设置值初始化各控件的值
        etServerIP.setText(mAppInstance.g_ip);
        etHttpServerIP.setText(mAppInstance.g_http_ip);
        rbnTcp.setChecked(mAppInstance.g_communiMode == 1);
        rbnHttp.setChecked(mAppInstance.g_communiMode == 2);
        dialog.show();
        btnOK.setOnClickListener(new OnClickListener()
        {
            @Override
            public void onClick(View v) {
                mAppInstance.g_ip = etServerIP.getText().toString();
                mAppInstance.g_http_ip = etHttpServerIP.getText().toString();
                if (rbnTcp.isChecked())
                    mAppInstance.g_communiMode = 1;
                else if (rbnHttp.isChecked())
                    mAppInstance.g_communiMode = 2;
                dialog.dismiss();
            }
        });
        break;
    }
    return super.onOptionsItemSelected(item);
}
```

第5章　Android 数据存储与访问

5.1　简　单　存　储

5.1.1　SharedPreferences

SharedPreferences 是 Android 中最容易理解的数据存储技术,常用来存储一些轻量级的数据,采用 key-value(键值对)的方式保存数据,类似于 Web 程序的 Cookie,通常用来保存一些配置文件数据、用户名及密码等。

SharedPreferences 不仅能够保存数据,还能实现不同应用程序间的数据共享,支持三种访问模式:私有(MODE_PRIVATE)、全局读(MODE_WORLD_READABLE)、全局写(MODE_WORLD_WRITEABLE)。其中 MODE_PRIVATE 是默认模式,该模式下的配置文件只允许本程序和享有本程序 ID 的程序访问;MODE_WORLD_READABLE 模式允许其他应用程序读文件;MODE_WORLD_WRITEABLE 模式允许其他应用程序写文件。如果既要全局读又要全局写,可将访问模式设置为 MODE_WORLD_READABLE ＋MODE_WORLD_WRITEABLE。

除了定义 SharedPreferences 的访问模式,还要定义 SharedPreferences 的名称,该名称是 SharedPreferences 在 Android 文件系统中保存的文件名称,一般声明为常量字符串,以方便在代码中多次使用,如:

```
SharedPreferences sharedPreferences = getSharedPreferences("filename", MODE_PRIVATE);
```

其中,getSharedPreferences()为 Android 系统函数,通过它可获得 SharedPreferences 实例。

获取 SharedPreferences 实例后,通过 SharedPreferences.Editor 类对 SharedPreferences 实例进行修改,完成数据设置,最后调用 commit()函数保存数据。SharedPreferences 广泛支持各种基本数据类型,包括整型、布尔型、浮点型和长整形等,如:

```
SharedPreferences.Editor editor = sharedPreferences.edit();
editor.putString("Name", "Tom");
editor.putFloat("Height", 1.78f);
editor.commit();
```

如果需要从已保存的 SharedPreferences 中读取数据,同样调用 getSharedPreferences()函数,并在函数的第 1 个参数中指明需要访问的 SharedPreferences 名称,然后通过

get＜Type＞()函数获取保存在 SharedPreferences 中的键值对,如:

```
SharedPreferences mySdPferences = getSharedPreferences("filename", MODE_PRIVATE);
String name = mySdPferences.getString("Name", "Default Name");
float height = mySdPferences.getFloat("Height", 1.70f);
```

其中,get＜Type＞()函数的第 1 个参数是键值对的键名,第 2 个参数是无法获取键值时的默认值。

Android 系统为每个应用程序建立了与包同名的目录,用来保存应用程序产生的数据文件,包括普通文件、SharedPreferences 文件和数据库文件等。SharedPreferences 产生的文件就保存在/data/data/＜package name＞/shared_prefs 目录下。

5.1.2 使用 SharedPreferences 存储用户登录信息

SharedPreferences 使用方法比较简单,下面以一个例子来讲解 SharedPreferences 的用法。

【例 5-1】 演示使用 SharedPreferences 保存用户名和密码方法。

程序 SharedPreferencesDemo 演示了如何使用 SharedPreferences 保存用户名和密码的方法。用户输入用户名和密码后单击"保存"按钮,数据被保存在 SharedPreferences 文件中。以后每次程序重新启动后,会将保存的用户登录信息从 SharedPreferences 文件中读出并显示在输入框中,界面效果如图 5.1 所示。

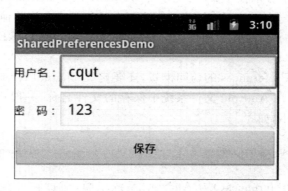

图 5.1　SharedPreferencesDemo 程序界面

该程序的 MainActivity.java 文件内容如下:

```
package edu.cqut.sharedpreferencesdemo;
import android.os.Bundle;
import android.app.Activity;
import android.content.Context;
import android.content.SharedPreferences;
import android.view.View;
import android.widget.Button;
import android.widget.EditText;
import android.widget.Toast;
```

```
public class MainActivity extends Activity
{
    SharedPreferences mySharedPreferences;
    Button saveButton;
    EditText editName,editPswrod;
    @Override
    protected void onCreate(Bundle savedInstanceState) {
        super.onCreate(savedInstanceState);
        setContentView(R.layout.activity_main);
        editName = (EditText)findViewById(R.id.editName);
        editPswrod = (EditText)findViewById(R.id.editPassword);
        saveButton = (Button)findViewById(R.id.button1);
        saveButton.setOnClickListener(new Button.OnClickListener()
        {
            @Override
            public void onClick(View v) {
                mySharedPreferences = getSharedPreferences("userInfo", Context.MODE_PRIVATE);
                SharedPreferences.Editor editor = mySharedPreferences.edit();
                editor.putString("usename", editName.getText().toString());
                editor.putString("password", editPswrod.getText().toString());
                editor.commit();
                Toast.makeText(MainActivity.this, "写入 Sharedpreferences 成功!",
                                Toast.LENGTH_LONG).show();
            }
        });
        mySharedPreferences = getSharedPreferences("userInfo", Context.MODE_PRIVATE);
        String usename = mySharedPreferences.getString("usename", "");
        String password = mySharedPreferences.getString("password", "");
        editName.setText(usename);
        editPswrod.setText(password);
    }
}
```

在本程序中,shared_prefs 目录中生成了一个名为 userInfo.xml 的文件。运行程序后,在开发环境中选择菜单的 Tools→Android→Android Device Monitor,弹出如图 5.2 所示的窗口,切换到 File Explorer 页面,可以看到 userInfo.xml 保存在/data/data/edu.cqut.sharepreferences demo/shared_prefs 目录下,文件大小为 144 字节,在 Linux 下的权限为-rw-rw----。

Linux 系统中文件权限分别描述了创建者、同组用户和其他用户对文件的操作限制。x 表示可执行,r 表示可读,w 表示可写,d 表示目录,-表示普通文件,图 5.2 中的"edu.cqut.sharedpreferencesdemo"的权限为 drwxr-x--x,表示目录、可被创建者读写及执行、被同组用户读及执行、其他用户只能执行;由于设置 mySharedPreferences 实例的权限为 MODE_PRIVATE,因此 userInfo.xml 的权限为仅创建者和同组用户具有读写文件的权限。

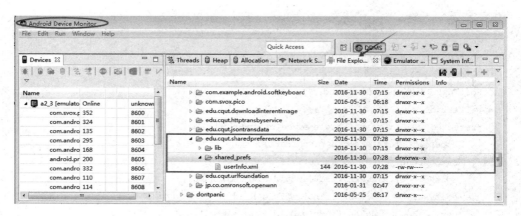

图 5.2　userInfo. xml 文件

5.2　文件存储

5.2.1　内部存储

除了使用 SharedPreferences 存取少量数据外,更多的是使用文件系统进行数据的存取。Android 系统允许应用程序创建仅能够自身访问的私有文件,文件保存在设备的内部存储器上,位于系统的/data/data/< package name >/files 目录中。Android 使用 Linux 的文件系统,支持标准 Java 的 IO 类和方法,存取文件主要使用数据流方式。

流是一个可被顺序访问的数据序列,是对计算机输入数据和输出数据的抽象,有输入流和输出流之分,输入流用来读取数据,输出流则相反,用来写入数据。常用的文件字节数据流有:

(1) FileInputStream:文件字节输入流;

(2) FileOutputStream:文件字节输出流。

为了能使用字节流,可以使用 openFileOutputStream ( )、openFileOutput ( ) 和 openFileInput()等函数。openFileOutputStream()的语法格式如下:

```
public FileOutputStream openFileOutput(String name, int mode)
```

其中,第 1 个参数是文件名称,不可以包含描述路径的斜杠;第 2 个参数是操作模式。Android 系统支持 4 种文件操作模式,如表 5.1 所示。函数的返回值是 FileOutputStream 类型。

表 5.1　文件操作模式

模　　式	说　　明
MODE_PRIVATE	私有模式,默认模式,文件仅能够被创建文件的程序访问,或具有相同 UID 的程序访问
MODE_APPEND	追加模式,如果文件已存在,则在文件的结尾添加新数据
MODE_WORLD_READABLE	全局读模式,允许任何程序读取私有文件
MODE_WORLD_WRITEABLE	全局写模式,允许任何程序写入私有文件

使用 openFileOutput()函数输出数据示例代码如下：

```
FileOutputStream fos = openFileOutput("fileDemo.txt", MODE_PRIVATE);
String text = "Some data";
fos.write(text.getBytes());
fos.flush();
fos.close();
```

由于 FileOutputStream 是字节流,因此对于字符串数据,需要先将其转换为字节数组,再使用 write()方法写入。如果写入的数据量较小,系统会把数据保存在数据缓冲区中,等数据量积累到一定程度后再一次性写入文件。因此,在调用 close()函数关闭文件前,务必使用 flush()函数将缓冲区内的所有数据写入文件,否则可能导致部分数据丢失。

openFileInput()函数语法格式为：

```
public FileInputStream openFileInput(String name)
```

参数为文件名,同样不允许包含描述路径的斜杠。使用 openFileInput()打开已有文件,并以二进制方式读取数据的示例代码如下：

```
FileInputStream fis = openFileInput("fileDemo.txt");
byte[] readBytes = new byte[fis.available()];
while (fis.read(readBytes) != -1){}
```

由于文件操作可能会遇到各种问题而导致操作失败,因此在代码中应使用 try/catch 捕获可能产生的异常。

5.2.2 外部存储

Android 外部存储设备一般指 Micro SD 卡,存储在 SD 卡上的文件称为外部文件。SD 卡使用 FAT(File Allocation Table)文件系统,不支持访问模式和权限控制。Android 模拟器支持 SD 卡的模拟,可以设置模拟器中 SD 卡的容量,模拟器启动后会自动加载 SD 卡。正确加载 SD 卡后,SD 卡中的目录和文件被映射到/mnt/sdcard 目录下。因为用户可以加载或者卸载 SD 卡,因此编程访问 SD 卡前要检测 SD 卡目录是否可用;如果不可用,说明设备中 SD 卡已经被卸载;如果可用,则直接使用标准的 java.io.File 类进行访问。

使用 SD 卡存取文件,需要在程序的 AndroidManifest.xml 中注册用户对 SD 卡的权限,分别是加载卸载文件系统权限和向外部存储器写入数据的权限,如：

```
<uses-permission android:name = "android.permission.MOUNT_UNMOUNT_FILESYSTEMS"/>
<uses-permission android:name = "android.permission.WRITE_EXTERNAL_STORAGE"/>
```

对 SD 卡进行读写操作可以用环境变量访问类 Environment 的下面两个方法：
(1) getExternalStorageState()：获取当前存储设备的状态。
(2) getExternalStorageDirectory()：获取 SD 卡的根目录。
示例代码如下：

Android 数据存储与访问

```
if(Environment.getExternalStorageState().equals(Environment.MEDIA_MOUNTED))
{
File path = Environment.getExternalStorageDirectory();         //获取 SD 卡目录路径
File sdfile = new File(path, "filename.txt");          //指定文件 filename.txt 在 SD 卡中的位置
//读写操作
…
}
```

上面代码中常量 Environment. MEDIA_MOUNTED 表示对 SD 卡具有读写权限。

下面以一个示例说明如何使用存储器存取文件。

【例 5-2】 演示使用输入输出流存储文件。

程序 FileStorageDemo 使用 FileOutputStream 和 FileInputStream 存取用户编写的字符串,其运行界面如图 5.3 所示。用户在编辑框中输入相应文字后单击相应按钮完成文字的保存和存储。

图 5.3　文件存储程序运行界面

程序 FileStorageDemo 的 MainActivity. java 文件内容如下:

```
package edu.cqut.filestoragedemo;
import java.io.File;
import java.io.FileInputStream;
import java.io.FileNotFoundException;
import java.io.FileOutputStream;
import java.io.IOException;
import android.os.Bundle;
import android.os.Environment;
import android.app.Activity;
import android.content.Context;
import android.view.View;
import android.widget.Button;
import android.widget.EditText;
```

```java
import android.widget.Toast;

public class MainActivity extends Activity
{
    EditText editText;                          //接收用户输入的字符串
    Button btnSave,btnRead, btnSaveSD, btnReadSD;
    String fileName = "test.txt";               //文件名称
    String str;                                 //要存取的字符串
    @Override
    protected void onCreate(Bundle savedInstanceState) {
        super.onCreate(savedInstanceState);
        setContentView(R.layout.activity_main);
        editText = (EditText)findViewById(R.id.editText);
        btnSave = (Button)findViewById(R.id.btnSave);
        btnSave.setOnClickListener(new mClick());
        btnRead = (Button)findViewById(R.id.btnRead);
        btnRead.setOnClickListener(new mClick());
        btnSaveSD = (Button)findViewById(R.id.btnSaveSD);
        btnSaveSD.setOnClickListener(new mClick());
        btnReadSD = (Button)findViewById(R.id.btnReadSD);
        btnReadSD.setOnClickListener(new mClick());
    }
    class mClick implements Button.OnClickListener{
        @Override
        public void onClick(View arg0) {
            if(arg0 == btnSave)                 //存储文件到内部存储器
                savefile();
            else if(arg0 == btnRead)            //从内部存储器读取文件
                readfile(fileName);
            else if(arg0 == btnSaveSD)          //存储文件到 SD 卡中
                saveSDfile();
            else if(arg0 == btnReadSD)          //从 SD 卡中读取文件
                readSDfile(fileName);
        }
    }
    void savefile()
    {
        str = editText.getText().toString();
        try{
            FileOutputStream f_out = openFileOutput(fileName, Context.MODE_PRIVATE);
            f_out.write(str.getBytes());
            Toast.makeText(MainActivity.this,"文件保存成功", Toast.LENGTH_LONG).show();
        }
        catch(FileNotFoundException e){
            e.printStackTrace();
        }
        catch(IOException e){
            e.printStackTrace();
        }
    }
```

```
void readfile(String fileName)
{
    byte[] buffer = new byte[1024];
    FileInputStream in_file = null;
    try{
        in_file = openFileInput(fileName);
        int bytes = in_file.read(buffer);
        str = new String (buffer,0,bytes);
        Toast.makeText(MainActivity.this, "文件内容: " + str, Toast.LENGTH_SHORT).show();
    }
    catch (FileNotFoundException e) {
        java.lang.System.out.print("文件不存在!");
    }
    catch (IOException e) {
        java.lang.System.out.print("IO 流错误");
    }
}
void saveSDfile()
{
    str = editText.getText().toString();
    Toast.makeText(MainActivity.this, "文件内容: " + str, Toast.LENGTH_LONG).show();
    if(Environment.getExternalStorageState().equals(Environment.MEDIA_MOUNTED))
    {
        File path = Environment.getExternalStorageDirectory();     //获取 SD 卡目录路径
        File sdfile = new File(path, fileName);
        try{
            FileOutputStream f_out = new FileOutputStream(sdfile);
            f_out.write(str.getBytes());
            Toast.makeText(MainActivity.this,"文件保存到 SD 卡成功",
                        Toast.LENGTH_LONG).show();
        }
        catch (FileNotFoundException e){
            e.printStackTrace();
        }
        catch (Exception e) {
            // TODO: handle exception
            e.printStackTrace();
        }
    }
}
void readSDfile(String fileName)
{
    if(Environment.getExternalStorageState().equals(Environment.MEDIA_MOUNTED))
    {
        File path = Environment.getExternalStorageDirectory();     //获取 SD 卡目录路径
        File sdfile = new File(path, fileName);
        try{
            FileInputStream in_file = new FileInputStream(sdfile);
            byte[] buffer = new byte[1024];
            int bytes = in_file.read(buffer);
```

```
                    str = new String(buffer,0,bytes);
                    Toast.makeText(MainActivity.this,"文件内容:" + str, Toast.LENGTH_LONG).show();
                }
                catch(FileNotFoundException e){
                    java.lang.System.out.print("文件不存在");
                }
                catch (Exception e) {
                    java.lang.System.out.print("IO 流错误");
                }
            }
        }
    }
```

为了保证程序正常运行,最后不要忘了在 AndroidManifest.xml 中注册用户对 SD 卡的权限。

```
< uses - permission android:name = "android.permission.MOUNT_UNMOUNT_FILESYSTEMS"/>
< uses - permission android:name = "android.permission.WRITE_EXTERNAL_STORAGE"/>
```

5.2.3 编写一个文件存储访问类

文件存储是很多程序经常用到的功能,这里编写一个文件存储访问类——DataFileAccess 类,该类囊括了文件操作的常用功能,可以将它用于程序中,从而简化开发流程。

```
import android.content.Context;
import android.content.res.Resources;
import android.os.Environment;
import android.os.StatFs;
import java.io.File;
import java.io.FileInputStream;
import java.io.FileOutputStream;
import java.io.IOException;
import java.io.InputStream;
import java.nio.charset.Charset;
public class DataFileAccess
{
    private Context mContext;
    private String mSDPath;              //SD 卡路径
    DataFileAccess(Context cont)
    {
        mContext = cont;
        mSDPath = Environment.getExternalStorageDirectory().getPath() + "/";
    }
    /** 判断 SD 卡是否存在?是否可以进行读写? */
    public boolean SDCardState()
    {
        if(Environment.getExternalStorageState().equals (Environment.MEDIA_MOUNTED))
```

```
            return true;
        else
            return false;
    }
    /** 获取 SD 卡文件路径 */
    public String SDCardPath()
    {
        if(SDCardState()){                    //如果 SD 卡存在并且可以读写
            mSDPath = Environment.getExternalStorageDirectory().getPath();
            return mSDPath;
        }
        else{
            return null;
        }
    }
    /** 获取 SD 卡可用容量大小(MB) */
    public long SDCardFree()
    {
        if(null!= SDCardPath()){
            StatFs statfs = new StatFs(SDCardPath());
            //获取 SD 卡的 Block 可用数
            long availaBlocks = statfs.getAvailableBlocks();
            //获取每个 block 的大小
            long blockSize = statfs.getBlockSize();
            //计算 SD 卡可用容量大小(MB)
            long SDFreeSize = availaBlocks * blockSize/1024/1024;
            return SDFreeSize;
        }
        else{
            return 0;
        }
    }
    /**
     * 在 SD 卡上创建目录
     * @param dirName,要创建的目录名
     * @return 创建得到的目录
     */
    public boolean createSDDir(String dirName)
    {
        String [] strSubDir = dirName.split("/");
        String strCurrentPath = mSDPath;
        for (int i = 0; i < strSubDir.length; i++) {
            strCurrentPath += "/" + strSubDir[i];
            File curDir = new File(strCurrentPath);
            if (!curDir.exists()) {      //当前目录不存在
                //创建目录
                boolean isCreated = curDir.mkdir();
                if (!isCreated) {         //目录创建失败
                    System.out.println(strCurrentPath + " 创建失败!");
                    return false;
```

```
            }
        }
    }
    return true;
}
/**
 * 删除 SD 卡上的目录
 * @param dirName
 */
public boolean delSDDir(String dirName)
{
    File dir = new File(mSDPath + "/" + dirName);
    return delDir(dir);
}
/**
 * 删除一个目录(可以是非空目录)
 * @param dir
 */
public boolean delDir(File dir)
{
    if (dir == null || !dir.exists() || dir.isFile())
        return false;
    for (File file : dir.listFiles())
    {
        if (file.isFile()) {
            file.delete();
        } else if (file.isDirectory()) {
            delDir(file);                 // 递归
        }
    }
    dir.delete();
    return true;
}
/**
 * 在 SD 卡上创建文件
 * @throws IOException
 */
public File createSDFile(String fileName) throws IOException
{
    File file = new File(mSDPath + "/" + fileName);
    System.out.println(mSDPath + "/" + fileName);
    file.createNewFile();
    return file;
}
/**
 * 判断文件是否已经存在
 * @param fileName, 要检查的文件名
 * @return boolean, true 表示存在,false 表示不存在
 */
public boolean isFileExist(String fileName)
```

```java
    {
        File file = new File(mSDPath + "/" + fileName);
        boolean isExisted = file.exists();
        return isExisted;
    }
    /**
     * 删除 SD 卡上的文件
     * @param fileName
     */
    public boolean delSDFile(String fileName)
    {
        File file = new File(mSDPath + fileName);
        if (file == null || !file.exists() || file.isDirectory())
            return false;
        file.delete();
        return true;
    }
    /**
     * 拷贝一个文件,srcFile 源文件,destFile 目标文件
     * @param path
     * @throws IOException
     */
    public boolean copyFileTo(File srcFile, File destFile) throws IOException
    {
        if (srcFile.isDirectory() || destFile.isDirectory())
            return false;                      // 判断是否是文件
        FileInputStream fis = new FileInputStream(srcFile);
        FileOutputStream fos = new FileOutputStream(destFile);
        int readLen = 0;
        byte[] buf = new byte[1024];
        while ((readLen = fis.read(buf)) != -1) {
            fos.write(buf, 0, readLen);
        }
        fos.flush();
        fos.close();
        fis.close();
        return true;
    }

    //该函数将文件存储到内部存储器的文件夹
    public void SaveFile(String fileName, byte[] fileData)
    {
            try {
                FileOutputStream fos = mContext.openFileOutput(fileName, Context.MODE_PRIVATE);
                fos.write(fileData);           //将 fileData 里的数据写入到输出流中
                fos.flush();                   //将输出流中所有数据写入文件
                fos.close();                   //关闭输出流
            }
            catch (Exception e) {
            }
    }
}
```

5.2.4 "移动点餐系统"中的文件操作

现在利用 Android 系统的文件存储向"移动点餐系统"添加如下功能：

（1）用 SharedPreferences 存取用户名；

（2）用内部存储器存取已登录用户的个人信息（用户名、密码、电话号码、地址）；

（3）将原来存储在项目 res/raw 目录中的菜品图片存储在 SD 卡上。

1. 使用 SharedPreferences 存取用户名

在 MainActivity 类中添加代码如下：

```
public class MainActivity extends Activity
{    …
    private static String mUserFileName = "UserInfo"; //定义 SharedPreferences 数据文件名称
    …
    //使用 SharedPreferences 读取用户名
    private String LoadUserPreferencesName()
    {
            int mode = Activity.MODE_PRIVATE;
            //获取 SharedPreferences 对象
            SharedPreferences usersetting = getSharedPreferences(mUserFileName, mode);
            String username = usersetting.getString("username", "");
            return username;
    }
    …
}
```

修改 MainActivity 类中的 myImageButtonListener 监听器，当用户单击"登录"按钮时，程序先从 SharedPreferences 中读取用户登录名，将其显示在登录对话框的"用户名"编辑框中。在登录过程中如果用户勾选"记住用户名"，则将用户名保存在 SharedPreferences 文件中，否则清除 SharedPreferences 中原有的用户名，即用空字符代替原有用户名。

```
public class myImageButtonListener implements View.OnClickListener
{
    @Override
    public void onClick(View v) {
        switch (v.getId())
        {
        …
        case R.id.imgBtnLogin:                      //用户未登录时该按钮才会出现
            //用户未登录,显示登录对话框让用户登录
            final LoginDialog loginDlg = new LoginDialog(MainActivity.this);
            //从 SharedPreferences 中载入用户名
            String holdName = LoadUserPreferencesName();
            loginDlg.DisplayUserName(holdName);
            loginDlg.show();
            //对话框销毁时的响应事件
            loginDlg.setOnDismissListener(new DialogInterface.OnDismissListener() {
                @Override
```

```java
            public void onDismiss(DialogInterface dialog) {
                switch (loginDlg.mBtnClicked)
                {
                case BUTTON_OK:                    //用户单击了"确定"按钮
                    MyApplication appInstance = (MyApplication)getApplication();
                    if (appInstance.g_user.mUserid.equals(loginDlg.mUserId) &&
                    appInstance.g_user.mPassword.equals(loginDlg.mPsword)) {
                        //用户登录成功
                        ...
                        //使用 SharedPreferences 保存用户名
                        int mode = Activity.MODE_PRIVATE;    //定义权限为私有
                        //(1)获取 SharedPreferences 对象
                        SharedPreferences usersetting =
                                        getSharedPreferences(mUserFileName, mode);
                        //(2)获得 Editor 类
                        SharedPreferences.Editor ed = usersetting.edit();
                        if (loginDlg.mIsHoldUserId){   //用户勾选"记住用户名"选项
                            //(3)添加用户名数据
                            ed.putString("username", appInstance.g_user.mUserid);
                        }
                        else {
                            //保存空的用户名(即清除用户名)
                            ed.putString("username", "");
                        }
                        ed.commit();                    //保存键值对
                        Toast.makeText(MainActivity.this, "登录成功!",
                                        Toast.LENGTH_LONG).show();
                    }
                    ...
                    break;
                case BUTTON_REGISTER:                    //用户单击了"注册"按钮
                    ...
                }
            }
        });
        return;
    ...
    }
  }
}
```

2. 使用内部存储器存取已登录用户的个人信息

将 DataFileAccess 类添加进项目，然后在 DataFileAccess 类中添加两个函数用来保存和读取用户信息，包括用户名、密码、电话和地址，用户信息以字节流的形式保存。

```java
public class DataFileAccess
{
    //该函数将用户信息保存到内部存储器的文件
    public void SaveUserInfotoFile(String fileName, MyUser user)
```

```
    {
        try {
            FileOutputStream fos = mContext.openFileOutput(fileName, Context.MODE_PRIVATE);
            //将用户名编码为UTF-8格式的字节数组
            byte [] idbuf = user.mUserid.getBytes(Charset.forName("UTF-8"));
            byte bufsize = (byte)idbuf.length;
            fos.write(bufsize);        //写入用户名字节长度
            fos.write(idbuf);          //将mUserid值,即用户名写入到输出流中

            byte [] psdbuf = user.mPassword.getBytes();
            bufsize = (byte)psdbuf.length;
            fos.write(bufsize);        //写入用户密码字节长度
            fos.write(psdbuf);         //将mPassword值,即用户密码写入到输出流中

            byte [] phonebuf = user.mUserphone.getBytes();
            bufsize = (byte)phonebuf.length;
            fos.write(bufsize);        //写入用户电话号码字节长度
            fos.write(phonebuf);       //将mUserphone值,即用户电话号码写入到输出流中

            byte[] addbuf = user.mUseraddress.getBytes(Charset.forName("UTF-8"));
            bufsize = (byte)addbuf.length;
            fos.write(bufsize);        //写入用户地址字节长度
            fos.write(addbuf);         //将mUseraddress值,即用户地址写入到输出流中

            fos.flush();               //将输出流中所有数据写入文件
            fos.close();               //关闭输出流
        }catch (Exception e) {}
    }
    //该函数将保存在内部存储器上的用户信息文件读出
    public MyUser ReadUserInfofromFile(String fileName)
    {
        MyUser userinfo = null;
        try {
            FileInputStream fis = mContext.openFileInput(fileName);
            int fileLen = fis.available();
            if (fileLen == 0)return null;
            userinfo = new MyUser();
            //读入用户名信息
            byte bufsize = (byte)fis.read();        //读入用户名长度
            byte[] idbuf = new byte[bufsize];
            fis.read(idbuf);           //读入用户名字节流
            userinfo.mUserid = new String(idbuf, "UTF-8");    //将字节数组解码为UTF-8
                                                              //格式的字符串

            //读入用户密码
            bufsize = (byte)fis.read();
            byte[] psdbuf = new byte[bufsize];
            fis.read(psdbuf);          //读入用户密码字节流
            userinfo.mPassword = new String(psdbuf);
            //读入用户电话
            bufsize = (byte)fis.read();
```

```
                    byte[ ] phonebuf = new byte[bufsize];
                    fis.read(phonebuf);        //读入用户电话字节流
                    userinfo.mUserphone = new String(phonebuf);
                    //读入用户地址
                    bufsize = (byte)fis.read();
                    byte[ ] addbuf = new byte[bufsize];
                    fis.read(addbuf);          //读入用户地址字节流
                    userinfo.mUseraddress = new String(addbuf, "UTF-8");
                } catch (Exception e) {}
                return userinfo;
        }
}
```

在 MainActivity 类中添加文件访问对象。

```
public class MainActivity extends Activity
{    ...
    //文件访问对象
    private DataFileAccess mDFA = new DataFileAccess(MainActivity.this);
    ...
}
```

在 MainActivity 类的 onCreate()函数中添加用户信息读入代码，这样每次程序启动时首先读入用户信息，用它来初始化用户全局变量 g_user。

```
@Override
protected void onCreate(Bundle savedInstanceState) {
    super.onCreate(savedInstanceState);
    setContentView(R.layout.activity_main);
    ...
    mAppInstance.g_user = mDFA.ReadUserInfofromFile("userinfo.txt");
     if (mAppInstance.g_user == null)
        mAppInstance.g_user = new MyUser();          //读入失败则创建新用户
    ...
}
```

当用户注册用户名，填写了注册信息后要将它们保存到内部文件中，为此修改 MainActivity 类中的 onActivityResult()函数如下。

```
@Override
protected void onActivityResult(int requestCode, int resultCode, Intent data) {
    super.onActivityResult(requestCode, resultCode, data);
    switch (requestCode){
    case REGISTERACTIVITY:
        if (resultCode == Activity.RESULT_OK){
            //获得 RegisterActivity 封装在 intent 中的数据
            MyUser userInfo = new MyUser();
            userInfo.mUserid = data.getStringExtra("user");
```

```
                userInfo.mPassword = data.getStringExtra("password");
                userInfo.mUserphone = data.getStringExtra("phone");
                userInfo.mUseraddress = data.getStringExtra("address");
                //将用户信息保存到默认文件夹中
                String filename = "userinfo.txt";
                mDFA.SaveUserInfotoFile(filename, userInfo);
                //从保存的用户信息文件中读入用户信息到全局变量 g_user
                mAppInstance.g_user = mDFA.ReadUserInfofromFile(filename);
                Toast.makeText(MainActivity.this, "已保存并读取!", Toast.LENGTH_LONG).show();
            }
            break;
        }
}
```

3. 将存储在项目 res/raw 目录中的菜品图片存储到 SD 卡上

首先,在 DataFileAccess 类中添加将资源文件复制到 SD 卡指定目录中的函数。

```
/**
 * 将 raw 文件夹中的资源文件复制到 SD 卡中的指定文件夹中
 * @param resFileId: raw 文件夹中的文件 id 号
 * @param strSDFileName:SD 卡中的文件路径,这里为相对路径
 */
public boolean CopyRawFilestoSD(int resFileId, String strSDFileName)
{
        Resources resources = mContext.getResources();          //获得资源对象
        InputStream inputStream = null;                          //二进制输入流
        try {
            File sdFile = new File(mSDPath + "/" + strSDFileName);
            sdFile.createNewFile();                              //创建新文件
            //判断 SD 文件是否存在、可写,且不是目录
            if (!(sdFile.exists() && sdFile.canWrite()) || sdFile.isDirectory())
                return false;
            //创建文件输出流
            FileOutputStream fos = new FileOutputStream(sdFile);
            //打开资源文件,获得二进制输入流
            inputStream = resources.openRawResource(resFileId);
            byte [] readerbuf = new byte[1024];                  //资源缓冲区
            int readLen = 0;
            while ((readLen = inputStream.read(readerbuf)) != -1) {
                fos.write(readerbuf, 0, readLen);
            }
            fos.flush();                                         //由缓冲区写入 SD 卡
            fos.close();
            inputStream.close();
        }catch (Exception e) {
            return false;
        }
        return true;
}
```

然后，在 MyApplication 类中添加一个全局变量用于指定菜品图片要保存在 SD 卡中的位置。

```
public class MyApplication extends Application                    //该类用于保存全局变量
{
    ...
    String g_imgDishImgPath = "Android/data/edu.cqut.mobileorderfood/img";   //菜品图片路径
}
```

最后，在 MainActivity 类中添加将菜品图片从 res/raw 目录复制到 SD 卡指定位置的函数。

```
private boolean CopyDishImagesFromRawToSD()
{
    if (mDFA.SDCardState())               //检查 SD 卡是否可用
    {
        //在 SD 卡中创建存放菜品图像的指定文件夹
        if (!mDFA.isFileExist(mAppInstance.g_imgDishImgPath)) {
            //文件夹不存在，创建文件夹
            mDFA.createSDDir(mAppInstance.g_imgDishImgPath);
        }
        //依次将 raw 文件夹中的菜品图像复制到 SD 卡的指定文件夹中
        String strDishImgName = mAppInstance.g_imgDishImgPath + "/" + "food01gongbaojiding.jpg";
        if (!(mDFA.isFileExist(strDishImgName)))
            //将 raw 文件夹中的 food01gongbaojiding.jpg 文件复制至 SD 卡指定文件夹中
            mDFA.CopyRawFilestoSD(R.raw.food01gongbaojiding, strDishImgName);
        strDishImgName = mAppInstance.g_imgDishImgPath + "/" + "food02jiaoyanyumi.jpg";
        if (!(mDFA.isFileExist(strDishImgName)))
            //将 raw 文件夹中的 food02jiaoyanyumi.jpg 文件复制至 SD 卡指定文件夹中
            mDFA.CopyRawFilestoSD(R.raw.food02jiaoyanyumi, strDishImgName);
        strDishImgName = mAppInstance.g_imgDishImgPath + "/" + "food03qingzhengwuchangyu.jpg";
        if (!(mDFA.isFileExist(strDishImgName)))
            //将 raw 文件夹中的 food03qingzhengwuchangyu.jpg 文件复制至 SD 卡指定文件夹中
            mDFA.CopyRawFilestoSD(R.raw.food03qingzhengwuchangyu, strDishImgName);
        strDishImgName = mAppInstance.g_imgDishImgPath + "/" + "food04yuxiangrousi.jpg";
        if (!(mDFA.isFileExist(strDishImgName)))
            //将 raw 文件夹中的 food04yuxiangrousi.jpg 文件复制至 SD 卡指定文件夹中
            mDFA.CopyRawFilestoSD(R.raw.food04yuxiangrousi, strDishImgName);
        return true;
    }
    return false;
}
```

最后，在 MainActivity 类的 onCreate()函数中调用 CopyDishImagesFromRawToSD()函数完成图片复制任务。

5.3 数据库存储

5.3.1 SQLite 简介

SQLite 是一款轻型的关系数据库,是由 D. RichardHipp 发布的开源嵌入式数据库,支持跨平台,最大支持 2048GB 数据,可被所有主流编程语言支持,目前已经在很多嵌入式产品中使用。它占用资源非常低,在嵌入式设备中,可能只需要几百 KB 的内存就够了。

SQLite 数据库管理工具很多,比较常用的有 SQLite Expert Professional,其强大的功能几乎可以在可视化环境下完成所有的数据库操作。另外,Mozilla Firefox——火狐浏览器的免费插件 SQLite Manager 也支持 SQLite 的可视化操作,这两个软件的运行界面如图 5.4 所示。

SQLite 的核心大约有 3 万行标准 C 代码,模块化的设计使这些代码非常易于理解。Android 集成了 SQLite 数据库,每个 Android 应用程序都可以使用该数据库。对于熟悉 SQL 语言的开发人员来说,在 Android 中使用 SQLite 也很简单。

Android 系统中,每个应用程序的 SQLite 数据库保存在各自的/data/data/< package name >/databases 目录中,默认情况下,所有数据库都是私有的,仅允许创建数据库的应用程序访问。

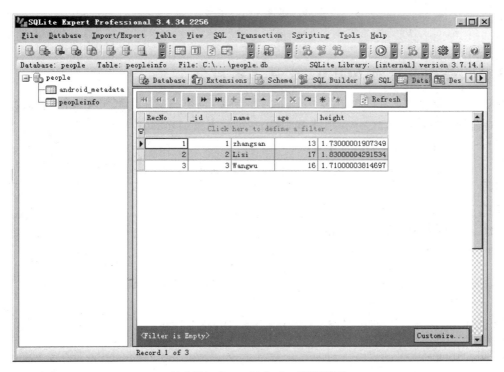

(a) SQLite Expert Professional运行界面

图 5.4 两款 SQLite 数据库可视化管理工具

Android 数据存储与访问

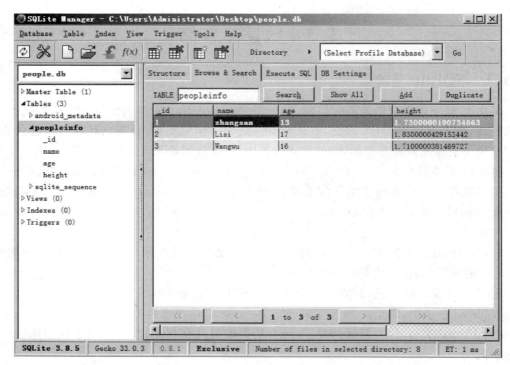

(b) SQLite Manager运行界面

图 5.4 （续）

5.3.2 管理和操作 SQLite 数据库的对象

Android 提供了一个名为 SQLiteDatebase 的类，该类封装了一些数据库的 API，使用它可以对数据库进行添加（Create）、查询（Retrieve）、更新（Update）和删除（Delete）。表 5.2 列出了 SQLiteDatebase 类的常用方法。

表 5.2　SQLiteDatebase 类常用方法

方　　　法	说　　明
openOrCreateDatabase(String path，SQLiteDatabase. CursorFactory factory)	打开或创建数据库
openDatabase(String path，SQLiteDatabase. CursorFactory factory，int flags)	打开指定的数据库
delete(String table，String whereClause，String[] whereArgs)	删除一条记录
insert(String table，String nullColumnHack，ContentValues values)	插入一条记录
query(String table，String[] columns，String selection，String[] selectionArgs，String groupBy，String having，String orderBy)	查询一条记录
update(String table，ContentValues values，String whereClause，String[] whereArgs)	修改记录
execSQL(String sql)	执行一条 SQL 语句
close()	关闭数据库

除了 SQLiteDatebase，还有一个类 SQLiteOpenHelper，是 SQLiteDatebase 的辅助类，主要用于创建数据库，并对数据库的版本进行管理。该类是一个抽象类，使用时一般是定义

一个类继承 SQLiteOpenHelper，并实现两个回调方法：OnCreate（SQLiteDatabase db）和 onUpgrade（SQLiteDatabse，int oldVersion，int newVersion）来创建和更新数据库。SQLiteOpenHelper 的方法见表 5.3。

表 5.3　SQLiteOpenHelper 类的常用方法

方　　　法	说　　　明
onCreate(SQLiteDatabase db)	首次生成数据库时调用该方法
onOpen(SQLiteDatabase db)	调用已经打开的数据库
onUpgrade(SQLiteDatabase db, int oldVersion, int newVersion)	升级数据库时调用
getWritableDatabase()	得到可写的数据库，返回 SQLiteDatabase 对象，然后通过对象进行数据库读取操作
getReadableDatabase()	得到可读的数据库，返回 SQLiteDatabase 对象，然后通过对象进行数据库读取操作
close()	关闭数据库，需要强调的是，在每次打开数据库后停止使用时调用，否则会造成数据泄露

5.3.3　数据操作

数据操作包括 3 个层次，依次为：

- 数据库操作：建立或删除数据库。
- 数据表操作：建立、修改及删除数据库中的数据表。
- 数据记录操作：对数据表中的数据记录添加、删除、修改和查询。

为了便于理解，我通过一个例子来说明 SQLite 的数据操作。

【例 5-3】　编写程序演示 SQLite 数据库操作。

建立 SQLiteDemo 的 Android 程序。在该程序中建立一个 people 数据库，该数据库中有一个 peopleinfo 的数据表，该表拥有 4 个字段，分别是 id（整型、主键）、姓名（字符串型）、年龄（整型）和身高（浮点型）。用户在程序中可以完成对数据库的常用操作，如图 5.5 所示。

为了实现以上功能，需要编写一个类 DBAdapter 完成数据库及表的建立、更新、删除操作，以及对表中记录的插入、更新、查询操作。

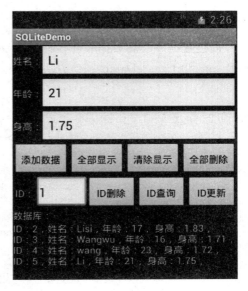

图 5.5　SQLiteDemo 运行效果

首先定义一个 People 类如下：

```
public class People {
    public int ID = -1;
```

```
    public String Name;
    public int Age;
    public float Height;
}
```

然后，定义一个数据库类如下：

```
import android.content.ContentValues;
import android.content.Context;
import android.database.Cursor;
import android.database.sqlite.SQLiteDatabase;
import android.database.sqlite.SQLiteException;
import android.database.sqlite.SQLiteOpenHelper;
import android.database.sqlite.SQLiteDatabase.CursorFactory;
public class DBAdapter
{   private static final String DB_NAME = "people.db";         //数据库名称
    private static final String DB_TABLE = "peopleinfo";       //数据表名称
    private static final int DB_VERSION = 1;                   //数据库版本号
    public static final String KEY_ID = "_id";                 //ID字段名称
    public static final String NAME = "name";                  //姓名字段名称
    public static final String AGE = "age";                    //年龄字段名称
    public static final String HEIGHT = "height";              //身高字段名称
    private SQLiteDatabase db;                                  //people 数据库
    private final Context context;
}
```

1. 创建及删除数据库、数据表

创建数据库及其数据表有多种方法，可以应用 SQLiteDatabase 对象 openDatabase()方法及 openOrCreateDatabase()方法，也可以使用 SQLiteHelper 的子类创建数据库，该方法示例如下。

```
/** 静态 Helper 类,用于建立、更新和打开数据库 */
//DBOpenHelper 作为访问 SQLite 的助手类,提供两方面功能:
//(1)通过 getReadableDatabase()和 getWritableDatabase()可以获得 SQLiteDatabase 对象
//(2)提供 onCreate()和 onUpgrade()两个回调函数,允许在创建和升级数据库时,进行自己的操作
  public static class DBOpenHelper extends SQLiteOpenHelper
  {
      //在 SQLiteOpenHelper 的子类中必须有该构造函数
       public DBOpenHelper (Context context, String db_name, CursorFactory factory, int
version)
      { super(context, db_name, factory, version);}
      //创建数据表的 SQL 语句
      private static final String DB_CREATE =
          "create table " + TABLE_NAME
          + " (" + KEY_ID + " integer primary key autoincrement, "//ID 号:整型主键字段
          + NAME + " text not null, "                              //姓名:字符串字段
          + AGE + " integer,"                                      //年龄:整型字段
          + HEIGHT + " float);";                                   //身高:浮点型字段
```

```
    @Override
    //该函数在第一次创建数据库时候执行,在第一次得到 SQLiteDatabase 对象的时候,才会调用
    public void onCreate(SQLiteDatabase _db) {
        _db.execSQL(DB_CREATE);
    }
    @Override
    public void onUpgrade(SQLiteDatabase _db, int _oldVersion, int _newVersion) {
        _db.execSQL("DROP TABLE IF EXISTS " + DB_TABLE);
        onCreate(_db);
    }
}
```

在 DBAdapter 类中添加 DBOpenHelper 类的成员变量及数据库创建、打开、关闭操作的函数。

```
public class DBAdapter
{
    ...
    private DBOpenHelper dbOpenHelper;
    public DBAdapter(Context _context) {
        context = _context;
    }
    /** 关闭数据库 */
    public void close() {
        if (db != null){
            db.close();
            db = null;
        }
    }
    /** 创建及打开数据库 */
    public void open() throws SQLiteException {
        //创建一个 DatabaseHelper 对象
        dbOpenHelper = new DBOpenHelper(context, DB_NAME, null, DB_VERSION);
        //只有调用了 DatabaseHelper 对象的 getReadableDatabase()或者 getWritableDatabase()
        //方法才会调用
        //DBOpenHelper 的 onCreate()方法
        try {
            db = dbOpenHelper.getWritableDatabase();
        }catch (SQLiteException ex) {
            db = dbOpenHelper.getReadableDatabase();
        }
    }
    /** 删除数据库 */
    public void delete() throws SQLiteException {
        context.deleteDatabase(DB_NAME);
    }
    /** 创建数据表 */
    public void create_table(String createTableSql) throws SQLiteException {
        db.execSQL(createTableSql);
```

```
    }
    /** 删除数据表 */
    public void create_table(String tableName) throws SQLiteException {
        db.execSQL("DROP TABLE IF EXISTS " + tableName);
    }
}
```

2. 数据记录操作

数据表中的列称为字段,每一行称为记录。对数据表中的数据进行操作处理,主要是对其记录进行操作处理。

对数据记录处理有两种方法,一种是编写一条对记录进行增、删、改、查的 SQL 语句,通过 execSQL()方法来执行。另一种是使用 Android 系统的 SQLiteDatabase 对象的相应方法进行操作。前者容易掌握,下面只介绍使用 SQLiteDatabase 对象操作数据记录的方法。

1) 增加记录

新增记录使用 SQLiteDatabase 对象的 insert()方法实现,方法原型为:

```
long insert(String table, String nullColumnHack, ContentValues values)
```

其参数含义如下。

- table:增加记录的数据表。
- nullColumnHack:空列的默认值,通常为 null。
- values:为 ContentValues 对象,即键值对的字段名称,键名为表中字段名,键值为要增加的记录数据值。通过 ContentValues 对象的 put()方法将数据存放到 ContentValues 对象中。
- 返回值:返回插入记录所在行的行号,如果插入失败返回-1。

下面是 DBAdapter 类中的插入记录的方法:

```
public long insert(People people)
{//生成 ContentValues 对象
 ContentValues newValues = new ContentValues();
 //向该对象当中插入键值对,其中键是列名,值是希望插入到这一列的值,值必须和键的类型匹配
 newValues.put(NAME, people.Name);
 newValues.put(AGE, people.Age);
 newValues.put(HEIGHT, people.Height);
 return db.insert(DB_TABLE, null, newValues);
}
```

2) 修改记录

修改记录使用 SQLiteDatabase 对象的 update()方法,方法原型为:

```
int update(String table, ContentValues values, String whereClause, String[] whereArgs)
```

其参数含义如下:

- table:修改记录的数据表。

- values：ContentValues 对象，存放已修改数据的对象。
- whereClause：修改数据的条件，相当 SQL 语句的 where 子句，null 表示更新所有记录。
- whereArgs：修改数据值的数组，null 表示更新整行。
- 返回值：返回修改记录个数。

下面是使用 update()函数修改记录的方法：

```
//相当于执行 SQL 语句中的 update 语句: update table_name SET XXCOL = XXX WHERE XXCOL = XX...
public long updateOneData(long id , People people)
{    ContentValues updateValues = new ContentValues();
     updateValues.put(NAME, people.Name);
     updateValues.put(AGE, people.Age);
     updateValues.put(HEIGHT, people.Height);
     return db.update(DB_TABLE, updateValues, KEY_ID + " = " + id, null);
}
```

3）删除记录

删除记录使用 SQLiteDatabase 对象的 delete()方法，方法原型为：

```
int delete(String table, String whereClause, String[] whereArgs)
```

其参数含义如下：
- table：删除记录的数据表。
- whereClause：删除数据的条件，相当 SQL 语句的 where 子句，null 表示删除所有记录。
- whereArgs：删除条件的数组。
- 返回值：返回删除记录的个数。

下面是 DBAdapter 类中的删除记录的方法：

```
public long deleteAllData()
{    return db.delete(DB_TABLE, null, null);
}
public long deleteOneData(long id)
{    return db.delete(DB_TABLE, KEY_ID + " = " + id, null);
}
```

4）查询记录

查询记录使用 SQLiteDatabase 对象的 query()方法，方法原型为：

```
Cursor query(String table, String[] columns, String selection, String[] selectionArgs,
             String groupBy, String having, String orderBy)
```

其参数含义如下：
- table：查询记录的数据表。
- columns：查询的字段，如为 null 表示所有字段。

- selection：查询条件，可以使用通配符"?"。
- selectionArgs：参数数组，用于替换查询条件中的"?"。
- groupBy：查询结果，按指定字段分组。
- having：限定分组的条件。
- orderBy：查询结果的排序条件。
- 返回值：返回查询结果。

用 query()方法查询的数据均封装在查询结果 Cursor 对象中，Cursor 相当于 SQL 语句中的 resultSet 结果集上的一个游标，可以在结果集中向前、向后移动，并能够获取结果集的属性名称和序号，具体的方法见表 5.4。

表 5.4　Cursor 类的公有方法

方　　法	说　　明
moveToFirst()	将游标移动到结果集的第一行记录
moveToLast()	将游标移动到结果集的最后一行记录
moveToNext()	将游标移动到结果集的下一行记录
moveToPrevious()	将游标移动到结果集的上一行记录
moveToPosition(int position)	将游标移动到结果集的指定位置
int getCount()	获得结果集的记录数
int getPosition()	获得游标的当前位置
int getColumnIndexOrThrow(String columnName)	返回指定属性名称的序号，如果属性不存在，则产生异常
String getColumnName(int columnIndex)	返回指定序号的属性名称
String[] getColumnNames()	返回属性名称的字符串数组
int getColumnIndex(String columnName)	返回指定属性名称的序号

下面是 DBAdapter 类中的查询记录的方法：

```
public People[] queryAllData()
{   Cursor results = db.query(DB_TABLE, new String[]{ KEY_ID, NAME, AGE, HEIGHT}, null,
            null, null, null, null);
    return ConvertToPeople(results);
}

public People[] queryOneData(long id)
{   Cursor results = db.query(DB_TABLE, new String[]{ KEY_ID, NAME, AGE, HEIGHT},
            KEY_ID + " = " + id, null, null, null, null);
    return ConvertToPeople(results);
}

private People[] ConvertToPeople(Cursor cursor)
{   int resultCounts = cursor.getCount();
    if (resultCounts == 0 || !cursor.moveToFirst())
        return null;
    People[] peoples = new People[resultCounts];
    for (int i = 0 ; i< resultCounts; i++)
```

```
    {   peoples[i] = new People();
        peoples[i].ID = cursor.getInt(0);
        peoples[i].Name = cursor.getString(cursor.getColumnIndex(KEY_NAME));
        peoples[i].Age = cursor.getInt(cursor.getColumnIndex(KEY_AGE));
        peoples[i].Height = cursor.getFloat(cursor.getColumnIndex(KEY_HEIGHT));
        cursor.moveToNext();              //将游标向下移动一位
    }
    return peoples;
}
```

最后,给出 SQLiteDemo 的 Activity 页面的代码——SQLiteDemoActivity.java 文件的内容,在该 Activity 中通过调用上面 DBAdapter 类的方法完成数据库的创建、更新及各项数据操作。

```
public class SQLiteDemoActivity extends Activity {
    private DBAdapter dbAdepter ;
    private EditText nameText;
    private EditText ageText;
    private EditText heightText;
    private EditText idEntry;
    private TextView labelView;
    private TextView displayView;
    @Override
    public void onCreate(Bundle savedInstanceState) {
        super.onCreate(savedInstanceState);
        setContentView(R.layout.main);
        nameText = (EditText)findViewById(R.id.name);
        ageText = (EditText)findViewById(R.id.age);
        heightText = (EditText)findViewById(R.id.height);
        idEntry = (EditText)findViewById(R.id.id_entry);
        labelView = (TextView)findViewById(R.id.label);
        displayView = (TextView)findViewById(R.id.display);
        Button addButton = (Button)findViewById(R.id.add);
        Button queryAllButton = (Button)findViewById(R.id.query_all);
        Button clearButton = (Button)findViewById(R.id.clear);
        Button deleteAllButton = (Button)findViewById(R.id.delete_all);
        Button queryButton = (Button)findViewById(R.id.query);
        Button deleteButton = (Button)findViewById(R.id.delete);
        Button updateButton = (Button)findViewById(R.id.update);
        addButton.setOnClickListener(addButtonListener);
        queryAllButton.setOnClickListener(queryAllButtonListener);
        clearButton.setOnClickListener(clearButtonListener);
        deleteAllButton.setOnClickListener(deleteAllButtonListener);
        queryButton.setOnClickListener(queryButtonListener);
        deleteButton.setOnClickListener(deleteButtonListener);
        updateButton.setOnClickListener(updateButtonListener);
        dbAdepter = new DBAdapter(this);
        dbAdepter.open();
    }
```

```
OnClickListener addButtonListener = new OnClickListener() {
    @Override
    public void onClick(View v) {
        People people = new People();
        people.Name = nameText.getText().toString();
        people.Age = Integer.parseInt(ageText.getText().toString());
        people.Height = Float.parseFloat(heightText.getText().toString());
        long colunm = dbAdepter.insert(people);
        if (colunm == -1 ){
            labelView.setText("添加过程错误!");
        } else {
            labelView.setText("成功添加数据,ID: " + String.valueOf(colunm));

        }
    }
};
OnClickListener queryAllButtonListener = new OnClickListener() {
    @Override
    public void onClick(View v) {
        People[] peoples = dbAdepter.queryAllData();
        if (peoples == null){
            labelView.setText("数据库中没有数据");
            return;
        }
        labelView.setText("数据库: ");
        String msg = "";
        for (int i = 0 ; i < peoples.length; i++){
            msg += peoples[i].toString() + "\n";
        }
        displayView.setText(msg);
    }
};
OnClickListener clearButtonListener = new OnClickListener() {
    @Override
    public void onClick(View v) {
        displayView.setText("");
    }
};
OnClickListener deleteAllButtonListener = new OnClickListener() {
    @Override
    public void onClick(View v) {
        dbAdepter.deleteAllData();
        String msg = "数据全部删除";
        labelView.setText(msg);
    }
};
OnClickListener queryButtonListener = new OnClickListener() {
    @Override
    public void onClick(View v) {
        int id = Integer.parseInt(idEntry.getText().toString());
```

```
                People[] peoples = dbAdepter.queryOneData(id);
                if (peoples == null){
                    labelView.setText("数据库中没有 ID 为" + String.valueOf(id) + "的数据");
                    return;
                }
                labelView.setText("数据库: ");
                displayView.setText(peoples[0].toString());
            }
        };
        OnClickListener deleteButtonListener = new OnClickListener() {
            @Override
            public void onClick(View v) {
                long id = Integer.parseInt(idEntry.getText().toString());
                long result = dbAdepter.deleteOneData(id);
                String msg = "删除 ID 为" + idEntry.getText().toString() + "的数据" + (result >
0?"成功":"失败");
                labelView.setText(msg);
            }
        };
        OnClickListener updateButtonListener = new OnClickListener() {
            @Override
            public void onClick(View v) {
                People people = new People();
                people.Name = nameText.getText().toString();
                people.Age = Integer.parseInt(ageText.getText().toString());
                people.Height = Float.parseFloat(heightText.getText().toString());
                long id = Integer.parseInt(idEntry.getText().toString());
                long count = dbAdepter.updateOneData(id, people);
                if (count == -1 ){
                    labelView.setText("更新错误!");
                } else {
                    labelView.setText("更新成功,更新数据" + String.valueOf(count) + "条");

                }
            }
        };
    }
```

5.3.4 用数据库管理"移动点餐系统"中的菜单

"移动点餐系统"中的 SQLite 菜单数据库名称为 dishes.db,其中包含一个数据表 dishinfo 存储菜品信息,该表拥有 4 个字段,分别是_id(菜品 ID,整型,主键)、name(菜名,字符串型)、imgname(菜品图片名,字符串型)、price(价格,浮点型)。注意,数据库中保存的不是菜品图片,而是菜品图片的文件名,图片仍然保存在 SD 卡中,访问图片时根据程序中设置的图片目录及数据库中的文件名进行查找。

为了在"移动点餐系统"中使用 SQLite 数据库存储菜单,采用以下步骤修改程序,粗体部分为增加或者修改内容。

（1）在 Dish 类中增加一个成员变量保存图片文件的名称。

```
public class Dish
{
    public int mId = -1;              //菜品 ID
    public String mName;              //菜名
    public int mImage;               //菜品图像
    public String mImageName;        //菜品图像的文件名
    public float mPrice;             //价格
}
```

（2）修改主页面 MainActivity 类中的 FillDishesList()方法，在输出的 ArrayList＜Dish＞列表的各 Dish 元素中增加存储菜品图像文件名的部分。

```
private ArrayList＜Dish＞ FillDishesList()
{
    String imgPath = mDFA.SDCardPath() + "/" + mAppInstance.g_imgDishImgPath + "/";
    ArrayList＜Dish＞ theDishesList = new ArrayList＜Dish＞();
    Dish theDish = new Dish();
    //添加菜品
    theDish.mId = 1001;
    theDish.mName = "宫保鸡丁";
    theDish.mPrice = (float) 20.0;
    theDish.mImage = (R.raw.food01gongbaojiding);
    theDish.mImageName = imgPath + "food01gongbaojiding.jpg";
    theDishesList.add(theDish);

    theDish = new Dish();
    theDish.mId = 1002;
    theDish.mName = "椒盐玉米";
    theDish.mPrice = (float) 24.0;
    theDish.mImage = (R.raw.food02jiaoyanyumi);
    theDish.mImageName = imgPath + "food02jiaoyanyumi.jpg";
    theDishesList.add(theDish);

    theDish = new Dish();
    theDish.mId = 1003;
    theDish.mName = "清蒸武昌鱼";
    theDish.mPrice = (float) 48.0;
    theDish.mImage = (R.raw.food03qingzhengwuchangyu);
    theDish.mImageName = imgPath + "food03qingzhengwuchangyu.jpg";
    theDishesList.add(theDish);

    theDish = new Dish();
    theDish.mId = 1004;
    theDish.mName = "鱼香肉丝";
    theDish.mPrice = (float) 20.0;
    theDish.mImage = (R.raw.food04yuxiangrousi);
    theDish.mImageName = imgPath + "food04yuxiangrousi.jpg";
```

```
        theDishesList.add(theDish);
        return theDishesList;
    }
```

（3）将前面的数据库管理类 DBAdapter 添加到本程序中，根据 dishes. db 内容对该类
进行修改，使之适合菜品数据库。

```
public class DBAdapter
{
    private static final String DB_NAME = "dishes.db";
    private static final String DB_TABLE = "dishinfo";
    private static final int DB_VERSION = 1;
    public static final String KEY_ID = "_id";
    public static final String KEY_NAME = "name";
    public static final String KEY_IMGNAME = "imgname";
    public static final String KEY_PRICE = "price";
    private SQLiteDatabase db;
    private final Context context;
    private DBOpenHelper dbOpenHelper;
    public DBAdapter(Context _context)
    { context = _context;
    }
    /** Close the database */
    public void close()
    {   if (db != null)
        {   db.close();
            db = null;
        }
    }
    /** Open the database */
    public void open() throws SQLiteException
    {   dbOpenHelper = new DBOpenHelper(context, DB_NAME, null, DB_VERSION);
        try {
            db = dbOpenHelper.getWritableDatabase();
        }catch (SQLiteException ex) {
            db = dbOpenHelper.getReadableDatabase();
        }
    }
    public long insert(Dish dish)
    { ContentValues newValues = new ContentValues();
        newValues.put(KEY_ID, dish.mId);
        newValues.put(KEY_NAME, dish.mName);
        newValues.put(KEY_IMGNAME, dish.mImageName);
        newValues.put(KEY_PRICE, dish.mPrice);
        return db.insert(DB_TABLE, null, newValues);
    }
    public ArrayList < Dish > queryAllData()
    {   Cursor results = db.query(DB_TABLE, new String[] { KEY_ID, KEY_NAME,
                        KEY_IMGNAME, KEY_PRICE}, null, null, null, null, null);
```

```
        return ConvertToDishes(results);
    }
    public Dish queryOneData(long id)
    {   Cursor results = db.query(DB_TABLE, new String[] { KEY_ID, KEY_NAME,
            KEY_IMGNAME, KEY_PRICE}, KEY_ID + " = " + id, null, null, null, null);
        return ConertToDish(results);
    }
    private Dish ConertToDish(Cursor cursor)
    {
        int resultCounts = cursor.getCount();
        if (resultCounts == 0 || !cursor.moveToFirst()){
            return null;
        }
        Dish theDish = new Dish();
        theDish.mId = cursor.getInt(0);
        theDish.mName = cursor.getString(cursor.getColumnIndex(KEY_NAME));
        theDish.mImageName = cursor.getString(cursor.getColumnIndex(KEY_IMGNAME));
        theDish.mPrice = cursor.getFloat(cursor.getColumnIndex(KEY_PRICE));
        return theDish;
    }
    private ArrayList < Dish > ConvertToDishes(Cursor cursor)
    {   int resultCounts = cursor.getCount();
        if (resultCounts == 0 || !cursor.moveToFirst()){
            return null;
        }
        ArrayList < Dish > dishes = new ArrayList < Dish >();
        for (int i = 0 ; i< resultCounts; i++){
            Dish theDish = new Dish();
            theDish.mId = cursor.getInt(0);
            theDish.mName = cursor.getString(cursor.getColumnIndex(KEY_NAME));
            theDish.mImageName = cursor.getString(cursor.getColumnIndex(KEY_IMGNAME));
            theDish.mPrice = cursor.getFloat(cursor.getColumnIndex(KEY_PRICE));
            dishes.add(theDish);
            cursor.moveToNext();
        }
        return dishes;
    }
    public long deleteAllData()
    {   return db.delete(DB_TABLE, null, null);
    }
    public long deleteOneData(long id)
    {   return db.delete(DB_TABLE, KEY_ID + " = " + id, null);
    }
    public long updateOneData(long id , Dish dish)
    {   ContentValues updateValues = new ContentValues();
        updateValues.put(KEY_NAME, dish.mName);
        updateValues.put(KEY_IMGNAME, dish.mImageName);
        updateValues.put(KEY_PRICE, dish.mPrice);
        return db.update(DB_TABLE, updateValues, KEY_ID + " = " + id, null);
    }
```

```java
/** 静态 Helper 类,用于建立、更新和打开数据库 */
private static class DBOpenHelper extends SQLiteOpenHelper
{
    public DBOpenHelper(Context context, String name, CursorFactory factory, int version)
    {
        super(context, name, factory, version);
    }
    private static final String DB_CREATE = "create table " +
        DB_TABLE + " (" + KEY_ID + " integer primary key, " +
        KEY_NAME + " text not null, " + KEY_IMGNAME + " text," + KEY_PRICE + " float);";
    @Override
    public void onCreate(SQLiteDatabase _db)
    { _db.execSQL(DB_CREATE);
    }
    @Override
    public void onUpgrade(SQLiteDatabase _db, int _oldVersion, int _newVersion)
    { _db.execSQL("DROP TABLE IF EXISTS " + DB_TABLE);
        onCreate(_db);
    }
}
/** 创建菜品数据库 */
//将保存在内存 dishes 数组中的菜单保存在菜品数据库中
public boolean FillDishTable(ArrayList < Dish > dishes)
{
        int s = dishes.size();          //得到列表元素个数
        for (int i = 0; i < s; i++)
        {   Dish theDish = dishes.get(i);
            if (insert(theDish) == -1)
                return false;
        }
        return true;
}
/** 取出菜品数据库中的数据 */
//将保存在菜品数据库中的数据输出成 ArrayList < Map < String, Object >>格式的数据
public ArrayList < Map < String, Object >> getDishData()
{
    //将菜品从数据库中填充进 ArrayList 列表
    ArrayList < Dish > dishes = queryAllData();
    ArrayList < Map < String, Object >> fooddata = new ArrayList < Map < String,Object >>();
    //再将菜品从 ArrayList 中填充进 foodinfo 列表
    int s = dishes.size();              //得到菜品数量
    for (int i = 0; i < s; i++)
    {   Dish theDish = dishes.get(i);       //得到当前菜品
        Map < String, Object > map = new HashMap < String, Object >();
        map.put("dishid", theDish.mId);
        map.put("image", theDish.mImageName);
        map.put("title", theDish.mName);
        map.put("price", theDish.mPrice);
        fooddata.add(map);
    }
```

```
        return fooddata;
    }
}
```

然后在 MyApplication 类中添加一个数据库管理的成员变量。

```
public class MyApplication extends Application        //该类用于保存全局变量
{
    …
    public DBAdapter g_dbAdepter = null;            //数据库辅助对象
}
```

(4) 在 MainActivity 类的 onCreate()方法中添加将菜单保存进 dishes.db 数据库中的代码。为了便于和前面的代码衔接,这里没有采用直接将菜品信息填充进数据库的方法,而是仍沿袭以前代码将菜品保存在 ArrayList < Dish >列表中,然后再由 ArrayList < Dish >列表填充进数据库中。

```
@Override
protected void onCreate(Bundle savedInstanceState)
{ …
    mAppInstance.g_orders = new ArrayList < Order >();    //创建订单列表
    CopyDishImagesFromRawToSD();                          //将 RAW 文件夹中的菜品图像复制到
                                                          //SD 卡的指定文件夹中

    mAppInstance.g_dbAdepter = new DBAdapter(this);
    mAppInstance.g_dbAdepter.open();
    mAppInstance.g_dbAdepter.deleteAllData();             //清除原有菜品数据
    ArrayList < Dish > dishes = FillDishesList();         //将菜品列表保存在内存 dishes 表中
    //将菜品从 dishes 表中填充进数据库
    mAppInstance.g_dbAdepter.FillDishTable(dishes);
}
```

(5) 修改程序的 CaipinActivity 类的 onCreate()方法,让菜单列表从菜品数据库中加载。

```
@Override
protected void onCreate(Bundle savedInstanceState)
{   …
    final MyApplication appInstance = (MyApplication)getApplication();
    mfoodinfo = appInstance.g_dbAdepter.getDishData();
}
```

第 6 章　Android 系统的广播与服务

6.1　广　播　消　息

6.1.1　广播概述

Android 中的广播和传统意义上的广播有很多相似之处。之所以叫广播是因为发送者只负责"说"而不管接收者"听不听"。其实,广播就是一种单向通知。在 Android 中发送者和接收者可以是应用程序或者 Android 系统,广播消息的内容可以是应用程序的数据信息,也可以是系统的消息,例如网络连接变化、电池电量变化或系统设置变化等。Android 中的广播机制如图 6.1 所示。

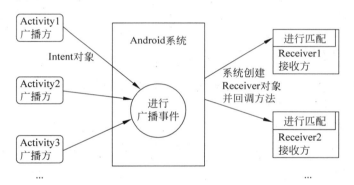

图 6.1　Android 广播机制

如图 6.1 所示,在 Android 系统中注册了许多广播接收器(接收方),当某一个应用程序或系统(发送方)产生了一个事件,它就会在 Android 中进行事件广播,Android 系统向每一个接收方发送广播,每一个接收方根据自己的 Intent 过滤器筛选广播,只接收处理与自己匹配的广播消息。

Android 广播消息分为以下三类。

(1) 普通广播:该广播是完全异步的,可以在同一时刻被所有广播接收方接收到,消息传递的效率比较高,但缺点是接收方不能将处理结果传递给下一个接收方,并且无法终止广播的传播。

(2) 有序广播:有序广播是按照接收方声明的优先级别进行,该声明在 intent-filter 元素的 android:priority 属性中,数值越大优先级别越高,取值范围为 $-1000 \sim 1000$,也可以通过 IntentFilter 对象的 setPriority()方法进行设置。接收方依次接收广播,同时前面的接收方有权结束广播的传播。例如,A 的级别高于 B,B 的级别高于 C,那么,广播先传给 A,再传给 B,最后传给 C。A 得到广播后,可以往广播里存入数据,当广播传给 B 时,B 可以从广播中得到 A 存入的数据。

(3) 粘性广播:粘性广播在发送后就一直存在于系统的消息容器里面,等待对应的接收方去接收处理,如果暂时没有接收方接收处理这个广播,则广播一直在消息容器里面处于等待状态。

6.1.2 发送广播

Android 中发送广播消息使用的是 Intent 组件,其步骤是:首先创建一个 Intent 对象,然后向 Intent 中添加执行的动作、传递的数据等信息,最后调用相应的发送方法发送 Intent 对象。Android 中发送广播的方法共有三种,分别对应着三种广播消息:sendBroadcast(发送普通广播);sendOrderedBroadcast(发送有序广播);sendStickyBroadcast(发送粘性广播)。最后值得注意的是,在标识 Intent 的执行动作时,必须要使用一个全局唯一的字符串,通常使用应用程序包的名称。下面为发送一个带有额外数据的普通广播消息的代码:

```
Intent intent = new Intent();              //创建 Intent 对象
intent.setAction("cqut.edu.Broadcast");    //使用包名标识执行动作
intent.putExtra("参数", "参数值");          //用键值对的方式传递值
sendBroadcast(intent);                     //发送广播
```

6.1.3 接收广播

应用程序想要接收广播,必须先定义一个广播接收器。广播接收器可以通过继承 BroadcastReceiver 类实现,该类是系统封装的接收器类。如果想要在接收到广播后处理相关事件,还需要重载其 onReceiver() 方法,在该方法中实现对广播事件的处理。当程序接收到与之匹配的广播消息时,会自动启动 BroadcastReceiver 开始接收和处理广播。下面是实现广播接收器的代码:

```
public class MyBroadcastReceiver extends BroadcastReceiver {
    //继承 BroadcastReceiver
    @Override
    public void onReceive(Context context, Intent intent) {
        if(intent.getAction().equals("cqut.edu.Broadcast")){
            //相应事件的处理
        }
    }
}
```

注意:Android 规定 BroadcastReceiver 类中的 onReceiver() 方法必须在 5s 内执行完成,否则系统会认为该组件失去响应,并会提示用户强行关闭组件,所以在处理耗时的事件时需要考虑另开线程。

最后,需要注册该广播接收器,广播接收器的注册有两种方式:一种是代码注册,另一种是在配置文件 AndroidManifest.xml 里面注册。

（1）在相应的代码中注册接收器的方法如下：

```
MyBroadcastReceiver receiver = new MyBroadcastReceiver();        //创建广播接收器
//创建过滤器并设置想要接收广播的动作
IntentFilter intentFilter = new IntentFilter("cqut.edu.Broadcast");
registerReceiver(receiver, intentFilter);                        //注册接收器
```

最后在应用程序结束时还要取消注册广播：

```
unregisterReceiver(receiver)
```

（2）在配置文件中注册接收器的方法如下：

```
< receiver android:name = ".MyBroadcastReceiver">
    <!—这里设置了优先级 -->
    < intent - filter android:priority = "1000">
        <! -- 设置想要接收广播的动作,可设置多个 -->
            < action android:name = "cqut.edu.Broadcast"/>
    </intent - filter >
</receiver >
```

　　两种注册方式的区别：代码注册的接收器不是常驻型接收器,也就是说当应用程序结束后该接收器也就失效了。在配置文件中注册的接收器,不管程序有没有运行,只要有广播发送过来,程序的广播接收器就会被系统调用自动运行。接下来通过一个小实例具体演示广播的使用方法。

图 6.2　Broadcast 运行效果

　　【例 6-1】　演示 Android 的广播发送与接收。

　　程序 Broadcast 演示如何发送和接收广播,包括接收来自 Android 系统的广播消息。程序运行效果如图 6.2 所示。

　　首先,创建一个 MyBroadcastReceiver.java 文件,该文件中定义一个广播接收器。

```
import android.content.BroadcastReceiver;
import android.content.Context;
import android.content.Intent;
public class MyBroadcastReceiver extends BroadcastReceiver
{   //外部电源连接的动作(系统定义的字符串)
    String action_1 = "android.intent.action.ACTION_POWER_CONNECTED";
    //外部电源断开的动作(系统定义的字符串)
    String action_2 = "android.intent.action.ACTION_POWER_DISCONNECTED";
    //本应用发送的广播动作(自定义的字符串)
    String action_3 = "cqut.edu.broadcast";
    @Override
    public void onReceive(Context context, Intent intent)
```

```
    {   //判断接收到的广播 .
        if(intent.getAction().equals(action_1)){
            MainActivity.update("系统广播：外部电源连接");
        }
        if(intent.getAction().equals(action_2)){
            MainActivity.update("系统广播：外部电源断开");
        }
        if(intent.getAction().equals(action_3)){
            MainActivity.update("接收到本应用发送的广播消息");
        }
    }
}
```

然后，在 MainActivity.java 中添加广播发送代码，当用户单击"发送广播"按钮后发送广播。

```
public class MainActivity extends Activity
{   public String action = "cqut.edu.broadcast";          //广播执行的动作
    public Button button = null;
    public static TextView textView = null;
    @Override
    protected void onCreate(Bundle savedInstanceState) {
        super.onCreate(savedInstanceState);
        setContentView(R.layout.activity_main);
        textView = (TextView)findViewById(R.id.textview);
        button = (Button)findViewById(R.id.button);

        button.setOnClickListener(new OnClickListener() {
            @Override
            public void onClick(View v) {
                Intent intent = new Intent();              //创建 Intent 对象
                intent.setAction(action);                  //设置执行动作
                MainActivity.this.sendBroadcast(intent);   //发送广播
            }
        });
    }
    //将接收到的广播消息显示出来
    public static void update(String string){
        String text = textView.getText().toString();
        String newText = text + "\n" + string;
        textView.setText(newText);
    }
}
```

最后，在文件 AndroidManifest.xml 中注册接收器（代码中粗体部分）。

```
<?xml version = "1.0" encoding = "utf－8"?>
<manifest xmlns:android = "http://schemas.android.com/apk/res/android"
    package = "edu.cqut.broadcast"
```

```
            android:versionCode = "1"
            android:versionName = "1.0" >
        < uses - sdk
            android:minSdkVersion = "8"
            android:targetSdkVersion = "17" />
        < application
            android:allowBackup = "true"
            android:icon = "@drawable/ic_launcher"
            android:label = "@string/app_name"
            android:theme = "@style/AppTheme" >
            < activity
                android:name = "edu.cqut.broadcast.MainActivity"
                android:label = "@string/app_name" >
                < intent - filter >
                    < action android:name = "android.intent.action.MAIN" />
                    < category android:name = "android.intent.category.LAUNCHER" />
                </ intent - filter >
            </activity>
            < receiver android:name = ".MyBroadcastReceiver" >
                < intent - filter >
                    < action android:name = "android.intent.action.ACTION_POWER_CONNECTED"/>
                    < action android:name = "android.intent.action.ACTION_POWER_DISCONNECTED"/>
                    < action android:name = "cqut.edu.broadcast"/>
                </ intent - filter >
            </ receiver >
        </ application >
    </manifest>
```

对于广播消息来说,Action 属性就是广播的执行动作。理论上来说,Action 可以为任意字符串,而与 Android 系统应用有关的 Action 字符串以静态字符串常量的形式定义在 Intent 类中,包含多种,如呼入、呼出电话,接收短信等。表 6.1 列出了一些常见的标准广播常量。

表 6.1　常见标准广播

常　　量	意　　义
android.intent.action.ANSWER	呼入电话
android.intent.action.Send	发送邮件
android.provider.Telephony.SMS_RECEIVED	接收短信
android.intent.action.ACTION_POWER_CONNECTED	外部电源连接
android.intent.action.ACTION_POWER_DISCONNECTED	外部电源断开
android.intent.action.BATTERY_LOW	电池电量低
android.intent.action.BOOT_COMPLETED	系统启动

6.1.4　用广播来告知用户登录情况

在"移动点餐系统"中,当用户登录或者注销时,改用广播的方式通知用户的登录结果,包括"已登录""未登录""注销"和"用户名或者密码错误"4 种。下面来修改程序。

首先新建一个 LoginLogoutBroadcastReceiver. java 文件，在其中定义一个广播接收器类。

```java
public class LoginLogoutBroadcastReceiver extends BroadcastReceiver
{
    public static final String BROADCAST_LOGINED = "edu.cqut.MobileOrderFood.Logined";
    public static final String BROADCAST_UNLOGINED = "edu.cqut.MobileOrderFood.Unlogined";
    public static final String BROADCAST_LOGOUT = "edu.cqut.MobileOrderFood.Logout";
    public static final String BROADCAST_USERORPSDEOR = " edu. cqut. MobileOrderFood.
UserOrPsdEor";
    private static String mUserFileName = "UserInfo";  //定义 SharedPreferences 数据文件名称
    @Override
    public void onReceive(Context context, Intent intent)
    {   //接收的登录广播，并根据要求保存用户名
        if (intent.getAction().equals(BROADCAST_UNLOGINED))
            Toast.makeText(context, "未登录,请先登录!", Toast.LENGTH_SHORT).show();
        else if (intent.getAction().equals(BROADCAST_LOGOUT))
            Toast.makeText(context, "已注销,使用请重新登录!", Toast.LENGTH_SHORT).show();
        else if (intent.getAction().equals(BROADCAST_USERORPSDEOR))
            Toast.makeText(context, "用户名或者密码错误!", Toast.LENGTH_SHORT).show();
        else if (intent.getAction().equals(BROADCAST_LOGINED))   //保存用户名
        {   //从 intent 中取得传进来的值
            String username = intent.getStringExtra("username");
            //使用 SharedPreferences 保存用户名
            int mode = Activity.MODE_PRIVATE;                    //定义权限为私有
            //(1)获取 SharedPreferences 对象
            SharedPreferences usersetting = context.getSharedPreferences(mUserFileName, mode);
            //(2)获得 Editor 类
            SharedPreferences.Editor ed = usersetting.edit();
            //(3)添加用户名数据
            ed.putString("username", username);
            //(4)保存键值对
            ed.commit();
            Toast.makeText(context, "登录成功!", Toast.LENGTH_LONG).show();
        }
    }
}
```

然后，在 AndroidManifest. xml 文件中注册 LoginLogoutBroadcastReceiver 接收器。

```xml
<manifest xmlns:android = "http://schemas.android.com/apk/res/android"
    ...>
    <application
        ...
        <receiver android:name = "LoginLogoutBroadcastReceiver">
            <intent-filter>
                <action android:name = "edu.cqut.MobileOrderFood.Unlogined" />
                <action android:name = "edu.cqut.MobileOrderFood.Logout"/>
                <action android:name = "edu.cqut.MobileOrderFood.UserOrPsdEor"/>
```

```
                    <action android:name = "edu.cqut.MobileOrderFood.Logined"/>
                </intent-filter>
            </receiver>
        </application>
</manifest>
```

最后,在 MainActivity 类的按钮监听器中添加发送广播的代码。

```
public class MainActivity extends Activity
{   ...
    public static final String BROADCAST_LOGINED = "edu.cqut.MobileOrderFood.Logined";
    public static final String BROADCAST_UNLOGINED = "edu.cqut.MobileOrderFood.Unlogined";
    public static final String BROADCAST_LOGOUT = "edu.cqut.MobileOrderFood.Logout";
     public static final String BROADCAST_ USERORPSDEOR = "edu.cqut.MobileOrderFood.
UserOrPsdEor";
    public class myImageButtonListener implements View.OnClickListener
    {
        @Override
        public void onClick(View v) {
            switch (v.getId())
            {
            case R.id.imgBtnRest:
                if (!mAppInstance.g_user.mIslogined) {
                    //用户未登录,广播消息提示用户登录
                    Intent intent = new Intent(BROADCAST_UNLOGINED);
                    sendBroadcast(intent);
                }
                else {
                    ...
                }
                return;
            case R.id.imgBtnTakeout:
                if (!mAppInstance.g_user.mIslogined) {
                    //用户未登录,广播消息提示用户登录
                    Intent intent = new Intent(BROADCAST_UNLOGINED);
                    sendBroadcast(intent);
                }
                else {
                    ...
                }
                return;
            case R.id.imgBtnLogin://用户未登录时该按钮才会出现
                //用户未登录,显示登录对话框让用户登录
                final LoginDialog loginDlg = new LoginDialog(MainActivity.this);
                //从 SharedPreferences 中载入用户名
                String holdName = LoadUserPreferencesName();
                loginDlg.DisplayUserName(holdName);
                loginDlg.show();
                //对话框销毁时的响应事件
```

第
6
章

Android 系统的广播与服务

```java
            loginDlg.setOnDismissListener(new DialogInterface.OnDismissListener() {
                @Override
                public void onDismiss(DialogInterface dialog) {
                    switch (loginDlg.mBtnClicked)
                    {
                    case BUTTON_OK:        //用户单击了"确定"按钮
                        MyApplication appInstance = (MyApplication)getApplication();
                        if (appInstance.g_user.mUserid.equals(loginDlg.mUserId) &&
                            appInstance.g_user.mPassword.equals(loginDlg.mPsword)) {
                            //用户登录成功
                            ...
                            //广播提示用户登录成功,并根据用户要求保存用户名
                            Intent intent = new Intent(BROADCAST_LOGINED);
                            if (loginDlg.mIsHoldUserId)
                            //传递用户名
                                intent.putExtra("username", appInstance.g_user.mUserid);
                            else
                                intent.putExtra("username", "");        //传递空的用户
                                                                        //名(清除)
                            sendBroadcast(intent);
                        }
                        else {
                            //广播消息提示用户名或者密码错误
                            Intent intent = new Intent(BROADCAST_USERORPSDEOR);
                            sendBroadcast(intent);
                        }
                        break;
                    case BUTTON_REGISTER:        //用户单击了"注册"按钮
                        ...
                    }
                }
            });
            return;
        case R.id.imgBtnUserInfo:
            if (!mAppInstance.g_user.mIslogined) {
                //用户未登录,广播消息提示用户登录
                Intent intent = new Intent(BROADCAST_UNLOGINED);
                sendBroadcast(intent);
            }
            else {
                ...
            }
            return;
        case R.id.imgBtnLogout:                    //用户登录后该按钮才会出现
            ...
            //广播消息提示用户已注销
            Intent intent = new Intent(BROADCAST_LOGOUT);
            sendBroadcast(intent);
```

```
                        return;
                }
            }
        }
    }
```

6.2　服务简介

因为手机硬件性能和屏幕尺寸的限制,Android 系统在同一时间只允许一个应用程序的一个界面与用户进行交互。因此,Android 系统就需要一种能使应用程序在不与用户交互的情况下执行某些操作的机制。该机制允许在没有用户界面的情况下,使程序能够长时间在后台运行,实现应用程序的后台服务功能,并能够处理事件和数据更新。

Android 系统提供 Service 组件,不直接与用户交互,能够长时间在后台运行。在实际应用中,有很多程序使用了 Service,最常见的就是 MP3 播放器。在用户单击播放键并关闭播放界面后,音乐仍然可以持续播放,这就是 Service 组件实现的后台播放功能。

Android 中的 Service 有如下几个特点:它无法与用户直接交互;必须由用户或者其他程序启动;其运行优先级比处于前台的应用低,但比后台的其他应用高,这就决定了当系统因为缺少内存而销毁某些没被利用的资源时,它被销毁的概率很小。

6.2.1　Service 生命周期

Service 有着和 Activity 相似的生命周期,但在某些细节上还是有很大的不同。在 Service 生命周期中共有 onCreate()、onStart()、onBind()、onUnBind()、onRebind()、onDestroy() 这几种回调方法。因为没有用户界面,所以比 Activity 的生命周期少了 onResume()、onPause() 以及 onStop() 方法。

Service 的整个生命周期,和 Activity 一样从 onCreate() 开始,到 onDestroy() 结束。一般在 onCreate() 中执行初始化的操作,onDestroy() 中释放所用到的资源。例如,在后台播放音乐的 Service 的 onCreate() 中创建一个用于播放音乐的线程,在 onDestroy() 中销毁这个线程。

Service 的活动生命周期会因为 Service 使用方式的不同而不同。由于 Service 有两种使用方式——启动方式和绑定方式,因此活动生命周期也有两种情况。

在启动方式中,当使用者通过调用 startService() 方法使用服务时,活动生命周期是从 onStart() 开始,然后一直到使用者调用 stopService() 方法结束。在绑定方式中,当使用者通过调用 bindService() 方法使用服务时,活动生命周期是从 onBind() 开始,到 onUnbind() 结束,即使用者调用 unbindService() 解除绑定。详细的 Service 生命周期如图 6.3 所示,两种不同的使用方式决定了服务的生命周期的不同,但是这两种服务过程并非完全对立的,有时候需要将两种方式结合起来使用。

6.2.2　Service 使用方式

在 6.2.1 节中已经知道了 Service 有两种使用方式,下面来看看如何具体实现它们。

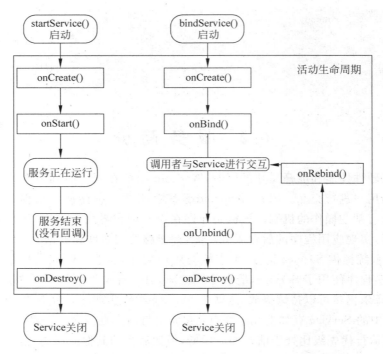

图 6.3　Service 生命周期

1. 以启动的方式使用 Service

（1）创建 Intent 对象，并指定要使用的服务与使用者。

```
Intent intent = new Intent(this, Service.class);
```

（2）调用 startService() 方法使用服务。

```
startService(intent);
```

启动服务的指令发出后，系统会首先判断 Service 是否被创建，如果没有被创建，则会先调用 Service 的 onCreate() 方法创建服务，再调用 onStart() 方法，如果已经创建了，则直接调用 Service 的 onStart() 方法。也就是说当使用者多次调用 startService() 方法时，服务不会被多次创建，但是会导致多次调用 onStart()。每个服务只能创建一次。使用 startService() 启动服务，只能通过 stopService() 来结束，如果是调用者自己直接退出而没有调用 stopService()，Service 会一直在后台运行。

2. 以绑定的方式使用 Service

以绑定方式使用 Service，是通过 Service 的 onBind() 函数得到 Service 对象后，利用该对象来使用 Service。由于 onBind() 函数的返回值必须符合 IBinder 接口（IBinder 是用于进程内部和进程间调用的轻量级接口，定义了与远程对象交互的抽象协议，使用时通过继承 Binder 的方法实现），所以以绑定方式使用 Service 需要继承 Binder，具体方法如下。

```
public class MyService extends Service
{
```

（1）继承 Binder 并实现 getService()函数：

```
private IBinder mybinder = new MyBinder();
public class MyBinder extends Binder{
    public MyService getService(){
    return MyService.this;          //返回 MyService 类的对象
}
```

（2）重载 Service 的 onBind()函数设置返回值：

```
    @Override
    public IBinder onBind(Intent intent){
        return mybinder;
    }
}
```

（3）创建 ServiceConnection 对象用于监听连接：

```
private ServiceConnection serviceConnection = new ServiceConnection()
{   @Override
    public void onServiceConnected(ComponentName className, IBinder service) {
        //参数 service 为服务文件中声明的 IBinder 对象
        myservice = ((MyService.MyBinder)service).getService();
        //myservice 为服务使用者文件中的服务对象
    }
    @Override
    public void onServiceDisconnected(ComponentName className) {
        myservice = null;          //断开连接时服务不可用
    }
};
```

（4）创建 Intent 对象并调用 bindService()方法：

```
Intent intent = new Intent(this, Service.class);
bindService(intent, serviceConnection, Context.BIND_AUTO_CREATE);
```

启动者通过 bindService()绑定服务，该函数的第一个参数为 Intent 对象；第三个参数 Context.BIND_AUTO_CREATE 意为只要绑定存在就创建服务；第二个参数为 Service-Connection 对象，创建该对象要重载它的 onServiceConnected()和 onServiceDisconnected()方法来进行连接成功或者是断开连接的处理。

因为用绑定的方法使用服务是通过服务对象实现的，所以该方法除了正常使用服务外，还可以使用服务中的公有方法和属性。最后启动者想要结束服务只需调用 unbindService()方法，并将 ServiceConnection 对象传递给该方法。但需要注意的是，解绑成功后系统并不会调

第 6 章

Android 系统的广播与服务

用 onServiceDisconnected()，因为 onServiceDisconnected()仅在意外断开绑定时才被调用。

（5）解除绑定：

```
unbindService(serviceConnection);
```

6.3 本 地 服 务

本地服务的调用者和服务者都在同一个程序中，是不需要跨进程就可以实现服务的调用。本地服务涉及服务的建立、启动和停止，服务的绑定和取消绑定，以及如何在线程中实现服务。

6.3.1 服务的管理

服务的管理主要是指服务的启动和停止，在介绍如何启动和停止服务前，先来了解服务的代码实现。

首先在工程文件的 src 文件夹中新建一个类并继承 android. app. Service，之后系统会自动重载 onBind()方法。为了使 Service 具有实际意义，通常还要手动重载 onCreate()、onStart()、onDestroy()方法。Android 系统在第一次创建 Service 时，会自动调用 onCreate()方法，该方法通常用于完成必要的初始化操作。onDestroy()是在 Service 关闭前调用，通常用于释放被占用资源，onStart()函数会在 Service 启动前调用，启动者传给 Service 的参数都存放在 onStart()函数的 intent 参数中。不是所有的 Service 都需要重载这三个方法，可以根据实际情况选择需要重载的函数。下面是一个 Service 的代码。

```java
public class myService extends Service
{
    @Override
    public void onCreate() {
        super.onCreate();
    }
    @Override
    public void onStart(Intent intent, int startId) {
        super.onStart(intent, startId);
    }
    @Override
    public void onDestroy() {
        super.onDestroy();
    }
    @Override
    public IBinder onBind(Intent intent) {
        return null;
    }
}
```

完成 Service 类后，必须在配置文件中注册这个 Service。注册 Service 十分重要，如果

Service 没有注册,程序运行到启动 Service 的代码时系统会抛出异常。在 AndroidManifest. xml 中注册上面的 myService 服务的代码如下:

```
< service android:name = ".myService"></service>
```

使用< service >标签注册服务,其中的 android:name 表示 Service 类的名称,一定要与建立的 Service 名称一样,否则注册会失效。

完成 Service 的代码并注册后,下面说明如何启动和停止 Service。Service 的启动和 Activity 的启动一样有两种方式:显式启动和隐式启动。

显式启动需要在 Intent 中指明 Service 所在的类并调用 startService()方法启动 Service,示例代码如下:

```
Intent intent = new Intent(this, service.class);
 startService(intent);
```

隐式启动则需要在注册 Service 时,声明 Intent-filter 的 action 属性,示例代码如下:

```
< service android:name = ". AudioService">
        < intent – filter >
            < action android:name = "edu. cqut. playmedia. AudioService"/>
        </ intent – filter >
</ service >
```

隐式启动 Service 时,不用在 Intent 中声明 Service 所在类,而是设置 Intent 的 action 属性,隐式启动上面注册的 AudioService 服务的代码如下:

```
Intent intent = new Intent();
intent. setAction("edu. cqut. playmedia. AudioService");
startService(intent);
```

如果服务和调用服务的组件在同一个应用程序,既可以使用显式启动,也可以使用隐式启动,但如果服务和调用者不在同一个应用程序,那么只能使用隐式启动。

无论是隐式还是显式启动,最后结束 Service 的方式都是一样的,将启动 Service 的 Intent 对象传给 stopService()函数即可。

接下来通过两个示例来认识两种启动方式具体是如何实现的。

【例 6-2】 使用服务显示启动的方式计算两个整数的和。

程序 SumService 将用户输入的两个整数作为参数传给后台服务,后台服务计算两数的和并将计算结果传回给前台 Activity 并显示在 UI 上,程序运行效果如图 6.4 所示。

图 6.4 SumService 运行效果

Android 系统的广播与服务

首先在 src 文件夹下建立 SumService. java 文件,在其中定义 SumService 服务。

```java
public class SumService extends Service
{
    @SuppressWarnings("deprecation")
    @Override
    public void onStart(Intent intent, int startId) {
        super.onStart(intent, startId);
        //从 intent 中取出参数
        int a = Integer.parseInt(intent.getStringExtra("num1"));
        int b = Integer.parseInt(intent.getStringExtra("num2"));
        //调用求和函数
        Sum(a, b);
    }
    public void Sum(int a, int b){
        //将结果返回主页面
        MainActivity.update(a + b);
    }
    @Override
    public IBinder onBind(Intent intent) {
        return null;
    }
}
```

然后,在程序的配置文件 AndroidMainActivity. xml 中注册上面的服务。

```xml
<?xml version = "1.0" encoding = "utf - 8"?>
< manifest xmlns:android = "http://schemas. android. com/apk/res/android"
    ...>
    < application
        ...
        < service android:name = ". SumService"></ service >
    </application >
</manifest >
```

最后,在 MainActivity. java 文件中调用服务完成相应任务。

```java
public class MainActivity extends Activity {
    public EditText num1 = null;              //接收用户输入的数字 1
    public EditText num2 = null;              //接收用户输入的数字 2
    public Button sum_bu = null;              //"求和"按钮
    public static TextView sum_tv = null;     //显示计算结果
    public Intent sumService = null;
    @Override
    protected void onCreate(Bundle savedInstanceState) {
        super. onCreate(savedInstanceState);
        setContentView(R. layout. activity_main);
        num1 = (EditText)findViewById(R. id. num1);
        num2 = (EditText)findViewById(R. id. num2);
```

```
        sum_bu = (Button)findViewById(R.id.sum_bu);
        sum_tv = (TextView)findViewById(R.id.sum_tv);
        //实例化 Intent 对象并指明服务所在类
        sumService = new Intent(this, SumService.class);
        //设置监听器
        sum_bu.setOnClickListener(new View.OnClickListener()
        {
            @Override
            public void onClick(View v) {
                //得到输入的两个数
                String a = num1.getText().toString().trim();
                String b = num2.getText().toString().trim();
                //将要传递的参数以键值对的形式存入 Intent 中
                sumService.putExtra("num1", a);
                sumService.putExtra("num2", b);
                //启动服务
                startService(sumService);
            }
        });
    }
    //用于服务传回参数的函数
    public static void update(int s){
        String text = "两数的和为: " + s;
        sum_tv.setText(text);
    }
    @Override
    protected void onDestroy() {
        super.onDestroy();
        stopService(sumService);
    }
}
```

【例 6-3】 使用服务隐式启动的方式播放 MP3。

程序 PlayMedia 的用户界面中共有两个按钮,一个"播放"按钮,一个"停止"按钮,当用户单击"播放"按钮时会启动后台服务,播放位于项目 res/raw 文件夹中的 wlb01.mp3 文件,单击"停止"按钮后停止后台的播放服务。本实例采用隐式启动,运行界面如图 6.5 所示。

图 6.5 PlayMedia 界面效果

Android 系统的广播与服务

该程序使用了 Android 系统提供的针对多媒体格式的 API，这些 API 位于 android. media 包中，其中 MediaPlayer 类主要用于控制音频、视频文件或流媒体播放。MediaPlayer 类的常用方法见表 6.2。

表 6.2　MediaPlayer 类的常用方法

方　　法	说　　明	方　　法	说　　明
create()	创建多媒体播放器	release()	释放 MediaPlayer 对象
getCurrentPosition()	获得当前播放位置	reset()	重置 MediaPlayer 对象
getDuration()	获得播放文件的时间	seekTo()	指定播放文件的播放位置
isLooping()	是否循环播放	setVolume()	设置音量
isPlaying()	是否正在播放	start()	开始播放
pause()	暂停	stop()	停止播放
prepare()	准备播放文件，进行同步处理		

下面来实现该程序。首先建立 AudioService. java 文件，在其中定义 AudioService 服务：

```java
import android.app.Service;
import android.content.Intent;
import android.os.IBinder;
import android.media.MediaPlayer;                //支持流媒体,用于播放音频和视频
public class AudioService extends Service
{
    private MediaPlayer mediaPlayer;             //定义 MediaPlayer 对象,用于播放 MP3
    @Override
    public IBinder onBind(Intent intent) {
        return null;
    }
    @Override
    public void onCreate() {
        super.onCreate();
        //通过音频数据源创建 MediaPlayer 对象
        this.mediaPlayer = MediaPlayer.create(this, R.raw.wlb01);
        this.mediaPlayer.start();               //开始播放
    }
    @Override
    public void onDestroy() {
        super.onDestroy();
        this.mediaPlayer.stop();                //停止播放
        this.mediaPlayer.release();             //释放 MediaPlayer 对象
    }
}
```

然后，在程序的配置文件 AndroidMainActivity.xml 中注册上面的服务：

```
<?xml version = "1.0" encoding = "utf - 8"?>
< manifest xmlns:android = "http://schemas.android.com/apk/res/android"
    ...>
    < application
        ...
        < service android:name = ".AudioService">
            < intent - filter >
                < action android:name = "edu.cqut.playmedia.AudioService"/>
            </ intent - filter >
        </ service >
    </ application >
</ manifest >
```

因为是隐式启动，所以注册代码中设置了 intent-filter 过滤器（粗体部分）。

最后，在 MainActivity.java 文件中调用服务完成相应任务。

```
public class MainActivity extends Activity
{    String strServiceName = "edu.cqut.playmedia.AudioService";
    @Override
    protected void onCreate(Bundle savedInstanceState) {
        super.onCreate(savedInstanceState);
        setContentView(R.layout.activity_main);
        Button btnPlay = (Button)findViewById(R.id.btnPlay);
        Button btnStop = (Button)findViewById(R.id.btnStop);
        btnPlay.setOnClickListener(clickListener);
        btnStop.setOnClickListener(clickListener);
    }
    private OnClickListener clickListener = new OnClickListener() {
            @Override
            public void onClick(View v) {
                switch (v.getId()) {
                case R.id.btnPlay:
                    startService(new Intent(strServiceName));    //隐式启动服务
                    break;
                case R.id.btnStop:
                    stopService(new Intent(strServiceName));    //停止服务
                    break;
                default:
                    break;
                }
            }
        };
}
```

该程序播放音乐过程中，如果用户单击"停止"按钮则音乐停止。但是，如果是直接按
Android 系统的返回键，程序虽然退出了，但播放中的音乐并不会停止，这也说明了 Service
是位于系统后台运行的，在没有主动结束服务前是不会自己停止的。

6.3.2 多线程服务

在 Android 系统中,如果用户界面失去响应超过 5s 后,系统就会提示用户是否需要强行关闭该应用程序。因此,当需要在程序中做一些比较耗时的操作(如下载文件等),最好的办法是在后台服务中另开一个线程用于处理该耗时操作,这样既不会让用户界面失去响应,同时在界面跳转后服务中的线程也不会受影响。需要注意的是,后台服务很容易被误认为是运行在另外的线程上的,其实并不是这样。后台服务虽然没有界面,但仍然是主线程的一部分。

Android 系统中采用 Java 中的方法建立和使用线程,可以创建一个类来实现 Runnable 接口。Runnable 接口是 Java 中实现线程的接口,其中只提供了一个抽象方法 run() 的声明,任何实现线程的类都必须实现该接口,有两种方式,一种是直接新建一个 Runnable 对象,第二种是新建一个类并实现 Runnable。这两种方法都要重载 Runnable 的 run() 方法,run() 方法中的代码就是线程的执行部分。示例代码如下:

```
private Runnable runnable = new Runnable() {
    @Override
    public void run() {
        //线程执行部分
    }
};
```

或者

```
public class runnable implements Runnable
{
    @Override
    public void run() {
        //线程执行部分
    }
}
```

然后,创建 Thread 对象,并将 Runnable 对象作为参数传递给它。在 Thread 的构造函数中,第一个参数用于表示线程组,第二个参数是需要执行的 Runnable 对象,第三个参数是线程的名称,如:

```
Thread thread = new Thread(null, runnable, "MaxThread");
```

最后调用 Thread 对象 start() 方法就可以启动线程,如:

```
thread.start();
```

Thread 类中封装了很多用于操作线程的方法,一些常见的方法如表 6.3 所示。

表 6.3　Thread 类的常用方法

方　　法	作　　用
public final String getName()	返回线程的名称
public void start()	启动线程,如果线程已启动,则产生 IllegalStartException 异常
public final void stop()	结束线程
public final void suspend()	挂起一个线程,如果当前线程不能修改这个线程,将会产生 SecurityException 异常
public final resume()	恢复挂起的线程,如果当前线程不能修改这个线程,将会产生 SecurityException 异常
public final boolean isAlive()	判断当前线程是否正在运行,若是返回 true,否则返回 false
public void interrupt()	通知线程结束,通常和 isInterrupted()函数一起使用
public static boolean isInterrupted()	判断线程是否中断,如果用户调用 interrupt()函数,该函数会返回 true
public static void sleep(long time)	使调用该方法的线程休眠 time ms
public final void join()	暂停当前线程的运行,等待调用该方法的线程结束后再继续执行本线程

由于 Android 不允许在子线程中直接更新用户界面,更新用户界面的操作只可以在主线程中执行。为了使子线程中的数据更新到用户界面,Android 系统提供了多种解决方法,其中,最常用的方法是使用 Handler 消息传递机制。

Handler 允许将 Runnable 对象发送到线程的消息队列中,每个 Handler 对象都绑定到一个单独线程和消息队列上。当用户建立一个新的 Handler 对象,可以通过 post()方法将 Runnable 对象从后台线程发送到绑定线程的消息队列,当 Runnable 对象通过消息队列后,这个 Runnable 对象就会被执行。示例代码如下:

```java
public static Handler handler = new Handler();
//更新函数,可以根据实际情况添加参数
public static void UpdateUI(int param1, int param2) {
    handler.post(new Runnable() {
        public void run() {
            //在这里写更新 UI 的代码
        }
    });
}
```

在上面的代码中,首先创建一个静态的 Handler 对象,然后再创建一个静态的函数,在该函数中调用 post()方法发送一个 Runnable 对象。因为该函数是静态的,所以后台的线程就可以直接在线程中调用该函数,同时将更新用户界面的数据通过该函数的参数(如 param1、param2)进行传递。在函数的 Runnable 对象中添加更新 UI 的代码。

接下来通过一个具体的示例进一步了解线程的使用和在线程中更新用户界面的方法。

【例 6-4】　使用线程比较产生的随机数大小。

程序 ThreadService 在后台服务中创建了一个线程,该线程会每隔 2s 产生两个随机数并比较它们的大小,将结果显示在用户界面中,程序运行效果如图 6.6 所示。

图 6.6   ThreadService 运行效果

首先建立 MaxService. java 文件,在其中定义 MaxService 服务,其中粗体部分是关于线程和 Runnable 接口的代码。

```java
import android.app.Service;
import android.content.Intent;
import android.os.IBinder;
public class MaxService extends Service
{   //声明线程
    private Thread thread = null;
    @Override
    public void onCreate() {
        super.onCreate();
        //创建服务时创建线程对象
        thread = new Thread(null, background, "MaxThread");
    }
    @SuppressWarnings("deprecation")
    @Override
    public void onStart(Intent intent, int startId) {
        super.onStart(intent, startId);
        //服务开始时启动线程
        if(!thread.isAlive())
            thread.start();
    }
    @Override
    public void onDestroy() {
        super.onDestroy();
        //服务销毁时结束线程
        if(thread.isAlive())
            thread.interrupt();
    }
    private Runnable background = new Runnable()
    {
        @Override
        public void run() {
            try{
                //使用循环一直运作
                while(!Thread.interrupted()){
                    //产生两个 100 以内的随机数
                    int a = (int)(Math.random() * 100);
```

```
                    int b = (int)(Math.random() * 100);
                    //比较两数的大小
                    int c = compare(a, b);
                    //调用主 Activity 的更新界面函数,将计算结果更新到 UI 界面
                    MainActivity.UpdateUI(c,a,b);
                    //休眠 2s
                    Thread.sleep(2000);
                }
            } catch (InterruptedException e) {
                e.printStackTrace();
            }
        }
    };
    //比较两数的大小函数
    public int compare(int a, int b) { return a > b ? a : b; }
    @Override
    public IBinder onBind(Intent intent) {
        return null;
    }
}
```

然后,在 MainActivity.java 文件中调用服务,以及将服务中线程的数据通过 Handler 的 Post()方法更新到主界面中。

```
public class MainActivity extends Activity {
    public Button start = null;
    public Button stop = null;
    public static TextView out = null;
    private Intent serviceIntent = null;
    //产生的随机数和最大值
    public static int num1;
    public static int num2;
    public static int max;
    //定义用于将更新界面的 Runnable 对象发送到 UI 线程中的 Handler 对象
    public static Handler handler = null;
    //Button 监听器
    private OnClickListener Listener = new OnClickListener() {
        @Override
        public void onClick(View v) {
            switch (v.getId()) {
            case R.id.start_bu:
                //启动服务
                startService(serviceIntent);
                break;
            case R.id.stop_bu:
                //停止服务
                stopService(serviceIntent);
                    break;
            default:
```

Android 系统的广播与服务

```
                    break;
                }
            }
        };
        @Override
        protected void onCreate(Bundle savedInstanceState) {
            super.onCreate(savedInstanceState);
            setContentView(R.layout.activity_main);
            start = (Button)findViewById(R.id.start_bu);
            stop = (Button)findViewById(R.id.stop_bu);
            out = (TextView)findViewById(R.id.tv);
            //创建启动服务的 Intent
            serviceIntent = new Intent(this, MaxService.class);
            //实例化 Handler
            handler = new Handler();
            //设置监听器
            start.setOnClickListener(Listener);
            stop.setOnClickListener(Listener);
        }
        @Override
        protected void onDestroy() {
            super.onDestroy();
            //activity 销毁时结束服务
            stopService(serviceIntent);
        }
        //更新 UI 的函数
        public static void UpdateUI(int c, int a, int b) {
            //得到返回的参数
            num1 = a;
            num2 = b;
            max = c;
            //将更新界面的消息发送到消息队列让主线程处理
            handler.post(new Runnable() {
                public void run() {
                    out.setText("产生的随机数为: " + num1 + "、" + num2 + ",最大值为: " + max);
                }
            });
        }
    }
```

最后,别忘了在配置文件 AndroidManifest.xml 文件中注册 MaxService 服务。

```
<service android:name = ".MaxService"></service>
```

6.3.3 服务的绑定

通过前面的学习已经知道了服务还有一种绑定的使用方式,这种方式具体是如何实现的,下面通过一个实例来学习。

【例 6-5】 使用服务绑定的方式播放 MP3。

程序 PlayMedio_BindService 采用绑定方式使用服务，播放位于项目 res/raw 文件夹中的 wlb01.mp3 文件，用户单击"播放"按钮后程序会播放音乐，单击"停止"按钮后停止播放。播放过程中用户可以随时暂停及继续播放，也可以拖动播放进度条到指定位置播放，最后，用户通过 Android 的菜单键调出菜单栏，选择"退出"菜单来停止播放并退出程序。程序运行界面如图 6.7 所示。

图 6.7 PlayMedio_BindService 运行效果

还是先给出 AudioService.java 文件中 AudioService 服务的定义。

```java
import android.app.Service;
import android.content.Intent;
import android.media.MediaPlayer;
import android.os.Binder;
import android.os.IBinder;
import android.widget.Toast;
public class AudioService extends Service
{
    private MediaPlayer mediaPlayer;
    private final IBinder mBinder = new LocalBinder();

    public class LocalBinder extends Binder
    {
        AudioService getService() {
            //返回 AudioService 类的对象
            return AudioService.this;
        }
    }
    @Override
    public IBinder onBind(Intent intent) {
        Toast.makeText(this, "本地绑定: AudioService", Toast.LENGTH_SHORT).show();
        return mBinder;
    }
    @Override
    public boolean onUnbind(Intent intent) {
        Toast.makeText(this, "本地绑定解除: AudioService", Toast.LENGTH_SHORT).show();
        return super.onUnbind(intent);
    }
    @Override
    public void onDestroy() {
        if (this.mediaPlayer.isPlaying())
            this.mediaPlayer.stop();
        this.mediaPlayer.release();
        super.onDestroy();
    }
```

Android 系统的广播与服务

```
@Override
public void onCreate() {
    super.onCreate();
    this.mediaPlayer = MediaPlayer.create(this, R.raw.wlb01);
}
public boolean isPlay() {
    return this.mediaPlayer.isPlaying();
}
public void stop() {
    mediaPlayer.pause();
    mediaPlayer.seekTo(0);                    //将播放位置置于开始处
}
public void play() {
    mediaPlayer.start();
}
public void pause() {
    mediaPlayer.pause();
}
public void seekTo(int current) {
    //指定播放位置(以 ms 为单位)
    mediaPlayer.seekTo(current);
}
public int getDuration() {
    return mediaPlayer.getDuration();          //获得播放文件的时间
}
public int getCurrentPosition() {
    return mediaPlayer.getCurrentPosition();
}
}
```

在 MainActivity.java 文件中通过调用服务进行 MP3 的播放和控制。

```
import android.os.Bundle;
import android.os.Handler;
import android.os.IBinder;
import android.app.Activity;
import android.content.ComponentName;
import android.content.Context;
import android.content.Intent;
import android.content.ServiceConnection;
import android.view.Menu;
import android.view.MenuItem;
import android.view.View;
import android.view.View.OnClickListener;
import android.widget.*;
import android.widget.SeekBar.OnSeekBarChangeListener;


public class MainActivity extends Activity
{
```

```java
    private AudioService audioService = null;
    private SeekBar audio_seekbar;                //播放进度条
    private Button audio_play_pause;              //"播放/暂停"按钮
    private Button audio_stop;                    //"停止"按钮
    private Handler handler = new Handler();
    private boolean isUpdateSeekbar = true; //是否更新播放进度条

    @Override
    protected void onCreate(Bundle savedInstanceState) {
        super.onCreate(savedInstanceState);
        setContentView(R.layout.activity_main);
        this.audio_seekbar = (SeekBar)findViewById(R.id.audio_seekbar);
        this.audio_play_pause = (Button)findViewById(R.id.audio_play_pause);
        this.audio_stop = (Button)findViewById(R.id.audio_stop);
        final Intent serviceIntent = new Intent(this, AudioService.class);
        bindService(serviceIntent, mConnection, Context.BIND_AUTO_CREATE);
        setListener();                            //设置各按钮的监听器
        handler.post(updateThread);
    }
    @Override
    protected void onStart() {
        super.onStart();
    }
    @Override
    protected void onDestroy() {
        isUpdateSeekbar = false;
        super.onDestroy();
    }
    private ServiceConnection mConnection = new ServiceConnection() {
        @Override
        public void onServiceConnected(ComponentName name, IBinder service) {
            audioService = ((AudioService.LocalBinder)service).getService();
        }
        @Override
        public void onServiceDisconnected(ComponentName name) {
            audioService = null;
        }
    };
    @Override
    public boolean onCreateOptionsMenu(Menu menu) {
        getMenuInflater().inflate(R.menu.main, menu);
        return true;
    }
    @Override
    public boolean onOptionsItemSelected(MenuItem item) {
        switch (item.getItemId()) {
        case R.id.action_exit:
            //取消服务绑定
            unbindService(mConnection);
            audioService = null;
            finish();
            return true;
        default:
```

Android 系统的广播与服务

```java
                return false;
            }
        }
    private void setListener()
    {
            audio_seekbar.setOnSeekBarChangeListener(new OnSeekBarChangeListener()
            {
            @Override
            public void onProgressChanged(SeekBar seekBar, int progress, boolean fromUser) { }
            @Override
            public void onStartTrackingTouch(SeekBar seekBar) { }
            @Override
            public void onStopTrackingTouch(SeekBar seekBar) {
                if (audioService != null) {
                    try {
                        audioService.seekTo(seekBar.getProgress());
                    } catch (Exception e) {
                        e.printStackTrace();
                    }
                }
            }
        });
        audio_play_pause.setOnClickListener(new OnClickListener()
        {
            @Override
            public void onClick(View arg0) {
                if (audioService != null) {
                    if (audioService.isPlay()) {
                        audioService.pause();
                        audio_play_pause.setText("播放");
                    }
                    else {
                        audioService.play();
                        audio_play_pause.setText("暂停");
                    }
                }
            }
        });
        audio_stop.setOnClickListener(new OnClickListener()
        {
            @Override
            public void onClick(View v) {
                if (audioService != null) {
                    //停止播放
                    audioService.stop();
                    //设置播放暂停按钮文字为"播放"
                    audio_play_pause.setText("播放");
                }
            }
        });
    }
    private Runnable updateThread = new Runnable()
    {
```

```
        @Override
        public void run() {
            if (audioService != null) {
                try {
                    audio_seekbar.setMax(audioService.getDuration()); //设置进度条的范围
                    audio_seekbar.setProgress(audioService.getCurrentPosition());
                                                                    //设置滑块位置
                }
                catch (Exception e) {
                    e.printStackTrace();
                }
            }
            //使得线程能够循环进行
            if (isUpdateSeekbar)
                handler.post(updateThread);
        }
    };
}
```

　　该程序需要在 MainActivity 中调用 AudioService 中的方法来控制播放器,因此必须用绑定的方式使用服务。为什么要用绑定的方式呢? 因为调用 AudioService 中的方法,在 MainActivity 中必须要有一个 AudioService 的对象,因此在 Activity 中定义了一个 AudioService 类型的 audioService 成员变量,然后,bindService()方法将启动的服务通过 mConnection 对象与 audioService 对象进行绑定,以便于通过它调用 AudioService 中的方法。mConnection 对象类型为 ServiceConnection,通过重载其中的 onServiceConnected()和 onServiceDisconnected()方法实现 audioService 和启动的服务的连接与断开。

　　为了使进度条能随音乐播放自动前进,这里使用了 Runnable 接口。在 Runnable 接口的 run()函数中进行滑块位置的更新,然后通过 Handler 对象的 post()方法将更新线程循环加入到主线程中,实现自动更新的目的。

6.3.4　在"移动点餐系统"中用服务方式初始化菜单

　　本节将"移动点餐系统"中初始化菜单的工作交给服务来完成,包括在内存中生成菜单列表,将列表的内容更新进系统的 SQLite 数据库中两项任务。先给出在 InitDishesService.java 文件中的 Service 定义。

```
public class InitDishesService extends Service
{
    @Override
    public IBinder onBind(Intent arg0) {
        return null;
    }
    @Override
    public void onCreate() {
        super.onCreate();
        MyApplication appInstance = (MyApplication)getApplication();
        appInstance.g_dbAdepter = new DBAdapter(this);
```

```java
            appInstance.g_dbAdepter.open();
    }
    @Override
    public void onDestroy() {
        super.onDestroy();
    }
    @Override
    public void onStart(Intent intent, int startId) {
        super.onStart(intent, startId);
        MyApplication appInstance = (MyApplication)getApplication();
        appInstance.g_dbAdepter.deleteAllData();          //清除原有菜品数据
        DataFileAccess mDFA = new DataFileAccess(getApplicationContext());
        ArrayList < Dish > dishes = FillDishesList(mDFA.SDCardPath(), appInstance);
                                                          //填充菜品列表
        //将菜品列表填充进数据库
        appInstance.g_dbAdepter.FillDishTable(dishes);
    }
    private ArrayList < Dish > FillDishesList(String SDCardPath, MyApplication appInstance)
    {
        String imgPath = SDCardPath + "/" + appInstance.g_imgDishImgPath + "/";
        ArrayList < Dish > theDishesList = new ArrayList < Dish >();
        Dish theDish = new Dish();
        //添加菜品
        theDish.mId = 1001;
        theDish.mName = "宫保鸡丁";
        theDish.mPrice = (float) 20.0;
        theDish.mImage = (R.raw.food01gongbaojiding);
        theDish.mImageName = imgPath + "food01gongbaojiding.jpg";
        theDishesList.add(theDish);

        theDish = new Dish();
        theDish.mId = 1002;
        theDish.mName = "椒盐玉米";
        theDish.mPrice = (float) 24.0;
        theDish.mImage = (R.raw.food02jiaoyanyumi);
        theDish.mImageName = imgPath + "food02jiaoyanyumi.jpg";
        theDishesList.add(theDish);

        theDish = new Dish();
        theDish.mId = 1003;
        theDish.mName = "清蒸武昌鱼";
        theDish.mPrice = (float) 48.0;
        theDish.mImage = (R.raw.food03qingzhengwuchangyu);
        theDish.mImageName = imgPath + "food03qingzhengwuchangyu.jpg";
        theDishesList.add(theDish);

        theDish = new Dish();
        theDish.mId = 1004;
        theDish.mName = "鱼香肉丝";
        theDish.mPrice = (float) 20.0;
        theDish.mImage = (R.raw.food04yuxiangrousi);
        theDish.mImageName = imgPath + "food04yuxiangrousi.jpg";
        theDishesList.add(theDish);
```

```
        return theDishesList;
    }
}
```

然后,在 MainActivity 类的 onCreate()函数中用显式启动的方式启动 InitDishesService,完成菜单初始化工作。

```
@Override
protected void onCreate(Bundle savedInstanceState)
{   super.onCreate(savedInstanceState);
    setContentView(R.layout.activity_main);
    mAppInstance = (MyApplication)getApplication();
    mAppInstance.g_context = getApplicationContext();
    ...
    mAppInstance.g_orders = new ArrayList<Order>();      //创建订单列表
    CopyDishImagesInRawToSD();            //将 RAW 文件夹中的菜品图像复制到 SD 卡的指定文件夹中
    //显示启动初始化点餐菜单服务,初始化点餐菜单
    final Intent serviceIntent = new Intent(this, InitDishesService.class);
    startService(serviceIntent);
    ...
}
```

6.4 远 程 服 务

远程服务的调用者和服务在不同的进程中,需要跨进程才能实现服务的调用。远程服务同样涉及服务的建立、启动和停止,不同之处在于需要使用 Android 系统的接口定义语言 AIDL(Android Interface Definition Language)描述远程服务,并使用 Parcelable 接口传递用户自定义的数据。

6.4.1 进程间的通信

Android 系统中的应用程序之间出于安全的原因其进程是彼此隔离的,每个应用程序在各自的进程中运行,进程之间传递数据和对象需要使用 Android 支持的进程间通信(Inter-Process Communication,IPC)机制,该机制在 Android 系统中采用 Intent 和远程服务的方式实现,使得应用程序具有更好的独立性和鲁棒性。

Android 系统允许应用程序使用 Intent 启动 Activity 和 Service,同时 Intent 可以传递数据,是一种简单、高效、易于使用的 IPC 机制。Android 系统的另一种 IPC 机制就是远程服务,服务和调用者在不同的两个进程中,调用过程需要跨越进程才能实现。

远程服务一般按照下面三个步骤实现。

(1) 使用 AIDL 语言定义远程服务的接口;

(2) 根据 AIDL 语言定义的接口在具体的 Service 类中实现接口中定义的方法和属性;

(3) 在需要调用远程服务的组件中通过相同的 AIDL 接口文件,调用远程服务。

183

第 6 章

Android 系统的广播与服务

6.4.2 服务的创建与调用

Android 系统中进程间不能直接访问相互的内存空间，为了使数据能在不同进程间传递，必须转换成能穿越进程边界的系统级原语，同时，在数据完成进程边界穿越后还要转换回原有格式。

AIDL 是 Android 系统自定义的接口描述语言，可以简化进程间数据格式转换和数据交换的代码，通过定义 Service 内部的公共方法，允许在不同进程的调用者和 Service 间相互传递数据。AIDL 语言的语法和 Java 语言的接口定义非常相似，创建和调用远程服务都要使用 AIDL 语言，其过程分为以下几步：

（1）使用 AIDL 语言定义远程服务的接口；

（2）通过继承 Service 类实现远程服务；

（3）绑定和使用远程服务。

下面还是以播放 MP3 为例来讲述其具体用法。

【例 6-6】 编程实现远程调用 MP3 播放 Service，实现 MP3 的播放管理。

该示例的功能与例 6.5 完全一样，不同之处在于 AudioService 服务和该服务的调用者位于不同的项目中。其中，AudioService 服务位于项目 PlayMedia_RemoteService，而 MP3 的播放页面位于项目 PlayMedia_RemoteServiceCaller，如图 6.8 所示。

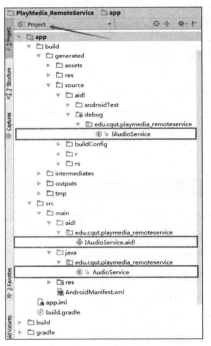
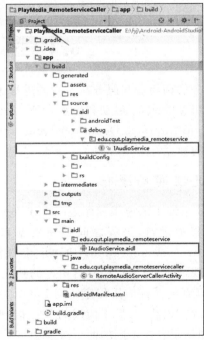

(a) 服务方项目结构   (b) 服务调用方项目结构

图 6.8 服务方和服务调用方项目结构

1. 使用 AIDL 语言定义远程服务的接口

首先在 playmedia_remoteservice 项目的 src 目录下使用 AIDL 语言定义 AudioService 的服务接口，服务接口文件名为 IAudioService.aidl，使用的包名称与 Android 项目所使用

的相同,代码如下:

```
package edu.cqut.playmedia_remoteservice;        //区分大小写,和该文件所在包名一致
interface IAudioService
{
    boolean isPlay();                            //是否正在播放
    void stop();                                 //停止
    void play();                                 //播放
    void pause();                                //暂停
    void seekTo(long current);                   //拖动位置
    long getDuration();                          //时长
    long getCurrentPosition();                   //当前位置
}
```

使用 Android Studio 编辑 IAudioService. aidl 文件,当保存文件后,Android Studio 根据 AIDL 文件生成 java 接口文件 IAudioService. java,如图 6.8(a)所示。

IAudioService. java 文件根据 IAudioService. aidl 的定义,生成了一个内部静态类 Stub。Stub 继承了 Binder 类,并实现了 IAudioService 接口。双击图 6.8(a)中的 IAudioService. java 文件,即图中的 [I][b] **IAudioService** 图标,打开该文件。然后切换到 Structure 视图,即出现图 6.9 所示的该类结构图。从图 6.9 可知,在 Stub 类中还包含一个重要的静态类 Proxy,可以认为 Stub 类用来实现本地服务,Proxy 类用来实现远程服务调用,该类作为 Stub 的内部类是出于方便使用的目的。

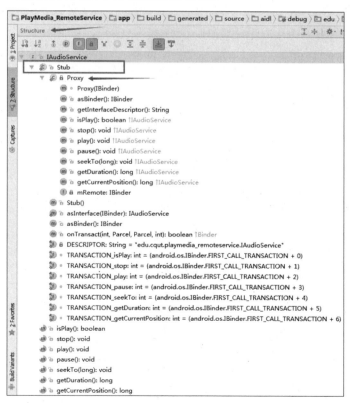

图 6.9　IAudioService. java 文件结构

Android 系统的广播与服务

2. 通过继承 Service 类实现远程服务

实现远程服务需要建立一个继承 android. app. Service 的服务类，并在该类中通过 onBind()方法返回 IBinder 对象，调用者使用返回的 IBinder 对象访问远程服务。IBinder 对象的建立通过使用 IAudioService. java 内部的 Stub 类实现，并逐一实现在 IAudioService. aidl 接口文件中定义的函数。playmedia_remoteservice 项目的 src 目录中上述服务类 AudioService. java 文件内容如下。

```java
import android.app.Service;
import android.content.Intent;
import android.media.MediaPlayer;
import android.os.IBinder;
import android.os.RemoteException;
import android.widget.Toast;

public class AudioService extends Service
{
    private MediaPlayer mediaPlayer;
    //此处的 IAudioService.Stub 类用于实现 IAudioService.aidl 中定义的控制方法
    IAudioService.Stub stub = new IAudioService.Stub()
    {
        @Override
        public void stop() throws RemoteException {
            mediaPlayer.pause();
            mediaPlayer.seekTo(0);
        }
        @Override
        public void seekTo(long current) throws RemoteException {
            //指定播放位置(以 ms 为单位)
            mediaPlayer.seekTo((int)current);
        }
        @Override
        public void play() throws RemoteException {
            mediaPlayer.start();
        }
        @Override
        public void pause() throws RemoteException {
            mediaPlayer.pause();
        }
        @Override
        public boolean isPlay() throws RemoteException {
            return mediaPlayer.isPlaying();
        }
        @Override
        public long getDuration() throws RemoteException {
            return mediaPlayer.getDuration();
        }
        @Override
        public long getCurrentPosition() throws RemoteException {
```

```
            return mediaPlayer.getCurrentPosition();
        }
    };
    @Override
    public IBinder onBind(Intent arg0) {
        Toast.makeText(this, "远程绑定:AudioService", Toast.LENGTH_SHORT).show();
        return this.stub;
    }
    @Override
    public boolean onUnbind(Intent intent) {
        Toast.makeText(this, "远程绑定解除:AudioService", Toast.LENGTH_SHORT).show();
        return super.onUnbind(intent);
    }
    @Override
    public void onCreate() {
        super.onCreate();
        this.mediaPlayer = MediaPlayer.create(this, R.raw.wlb01);
    }
    @Override
    public void onDestroy() {
        if (this.mediaPlayer.isPlaying())
            this.mediaPlayer.stop();
        this.mediaPlayer.release();
        super.onDestroy();
    }
}
```

在 AudioService 类的 onBind()方法中将 stub 返回给远程调用者。在图 6.8(a)中可以看到,项目中只有远程服务的类文件 AudioService. java 和接口文件 IAudioService. aidl,没有任何显示用户界面的 Activity 文件,因此运行 playmedia_remoteservice 程序不会有任何用户界面出现。

playmedia_remoteservice 项目的 AndroidManifest. xml 文件中只有 AudioService 的注册,代码如下:

```
<?xml version = "1.0" encoding = "utf - 8"?>
< manifest xmlns:android = "http://schemas.android.com/apk/res/android"
    package = "edu.cqut.playmedia_remoteservice"
    android:versionCode = "1"
    android:versionName = "1.0" >
    < uses - sdk
        android:minSdkVersion = "8"
        android:targetSdkVersion = "17" />
    < application
        android:allowBackup = "true"
        android:icon = "@drawable/ic_launcher"
        android:label = "@string/app_name"
        android:theme = "@style/AppTheme" >
        < service
```

Android 系统的广播与服务

```
            android:name = ".AudioService"
            android:process = ":remote" >
            < intent - filter >
                < action android:name = "edu.cqut.playmedia_remoteservice.AudioService" />
            </ intent - filter >
        </ service >
    </ application >
</ manifest >
```

注意：< intent-filter >中的"edu.cqut.playmedia_remoteservice.AudioService"是远程调用 AudioService 的标识，调用者使用 Intent.setAction()函数将标识加入 Intent 中，然后隐式启动或绑定服务。

3. 绑定和使用远程服务

PlayMedia_RemoteServiceCaller 示例说明如何调用 PlayMedia_RemoteService 程序中的远程服务，其界面仍然采用程序 PlayMedio_BindService 的界面（如图 6.7 所示）。用户可以绑定远程服务，也可以取消服务绑定。在绑定服务后，调用 PlayMedia_RemoteService 中的 AudioService 服务进行 MP3 播放与控制。

应用程序在调用远程服务时，需要具有相同的 Proxy 类和签名调用函数，这样才能使数据在调用者处打包后在远程服务处正确拆包，反之亦然。因此，调用者需要使用与远程服务端相同的 AIDL 文件。PlayMedia_RemoteServiceCaller 示例中在 edu.cqut.playmedia_remoteservice 包下引入与 PlayMedia_RemoteService 相同的 AIDL 文件 IAudioService.aidl，所以在 app\buildgenerated\source\aidl\debug\edu.cqut.palymedia_remoteser vice 目录下会自动生成相同的 IAudioService.java 文件，如图 6.8(b)所示。

PlayMedia_RemoteServiceCaller 项目中的 RemoteAudioServerCallerActivity.java 是 Activity 文件，远程服务的绑定和使用方法与 PlayMedia_BindService 项目相似。不同之处主要包括两处：一是在类中使用 IAudioService 声明远程服务对象作为成员变量；二是在 ServiceConnection 的重载方法 onServiceConnected()中通过 IAudioService.Stub.asInterface()方法实现获取服务的实例。下面是 RemoteAudioServerCallerActivity 类的内容。

```java
public class RemoteAudioServerCallerActivity extends Activity
{
    private IAudioService iAudioService;
    private SeekBar audio_seekbar;
    private Button audio_play_pause, audio_stop;
    private Handler handler = new Handler();
    private boolean isUpdateSeekbar = true;
    @Override
    protected void onCreate(Bundle savedInstanceState)
    { super.onCreate(savedInstanceState);
        setContentView(R.layout.activity_remote_audio_server_caller);
        this.audio_seekbar = (SeekBar)findViewById(R.id.audio_seekbar);
        this.audio_play_pause = (Button)findViewById(R.id.audio_play_pause);
        this.audio_stop = (Button)findViewById(R.id.audio_stop);
```

```java
        final Intent serviceIntent = new Intent();
        serviceIntent.setAction("edu.cqut.playmedia_remoteservice.AudioService");
        bindService(serviceIntent, mConnection, Context.BIND_AUTO_CREATE);
    setListener();
    handler.post(updateThread);
}
@Override
protected void onDestroy() {
        isUpdateSeekbar = false;
    super.onDestroy();
}
private void setListener()
{
    audio_seekbar.setOnSeekBarChangeListener(new OnSeekBarChangeListener()
    {   @Override
        public void onProgressChanged(SeekBar seekBar, int progress,boolean fromUser) {}
        @Override
        public void onStartTrackingTouch(SeekBar seekBar) {}
        @Override
        public void onStopTrackingTouch(SeekBar seekBar) {
            if (iAudioService != null) {
                try {
                    iAudioService.seekTo(seekBar.getProgress());
                } catch (Exception e) {
                    e.printStackTrace();
                }
            }
        }
    });
    audio_play_pause.setOnClickListener(new OnClickListener()
    {   @Override
        public void onClick(View arg0) {
            if (iAudioService != null) {
                try {
                    if (iAudioService.isPlay()) {
                        iAudioService.pause();
                        audio_play_pause.setText("播放");
                    }
                    else {
                        iAudioService.play();
                        audio_play_pause.setText("暂停");
                    }
                } catch (RemoteException e) {
                    e.printStackTrace();
                }
            }
        }
    });
    audio_stop.setOnClickListener(new OnClickListener()
    {   @Override
```

```java
            public void onClick(View v) {
                if (iAudioService != null) {
                    try {
                        iAudioService.stop();
                    } catch (RemoteException e) {
                        // TODO Auto-generated catch block
                        e.printStackTrace();
                    }
                    audio_play_pause.setText("播放");
                }
            }
        });
    }
    private ServiceConnection mConnection = new ServiceConnection()
    {   @Override
        public void onServiceConnected(ComponentName name, IBinder service) {
            iAudioService = IAudioService.Stub.asInterface(service);
        }
        @Override
        public void onServiceDisconnected(ComponentName name) {
            iAudioService = null;
        }
    };
    @Override
    public boolean onCreateOptionsMenu(Menu menu) {
        getMenuInflater().inflate(R.menu.remote_audio_server_caller, menu);
        return true;
    }
    @Override
    public boolean onOptionsItemSelected(MenuItem item) {
        switch (item.getItemId()) {
        case R.id.action_exit:
            //取消服务绑定
            unbindService(mConnection);
            iAudioService = null;
            finish();
            return true;
        default:
            return false;
        }
    }
    private Runnable updateThread = new Runnable()
    {
        @Override
        public void run() {
            if (iAudioService != null) {
                try {
                    audio_seekbar.setMax((int)iAudioService.getDuration());
                    audio_seekbar.setProgress((int)iAudioService.getCurrentPosition());
                }
```

```
                    catch (Exception e) {
                        e.printStackTrace();
                    }
                }
                //使得线程能够循环进行
                if (isUpdateSeekbar)
                    handler.post(updateThread);
            }
        };
    }
```

　　绑定服务时,首先通过 setAction()方法声明服务标识,然后调用 bindService()绑定服务。服务标识必须与远程服务在 AndroidManifest. xml 文件中声明的服务标识完全相同,因此这里的服务标识为 edu. cqut. playmedia_remoteservice. AudioService,与 AudioService 在 PlayMedia_RemoteService 项目的 AndroidManifest. xml 文件中声明的服务标识一致。

Android 系统的广播与服务

第7章　网络编程基础

7.1　网络编程基本知识

随着移动互联网的日益深入发展,Android 程序早已摆脱了传统的单机应用,更多是面向网络的移动应用。因此,网络编程已成为 Android 程序设计不可或缺的重要部分。网络编程主要指通信编程,通信既可以在 Android 设备之间进行,也可以在 Android 设备与 PC 服务器或者 Web 服务器之间进行,通信方式既有适用于无线局域网 TCP/UDP 套接字通信,也有适用于移动互联网的 HTTP 通信,还有应用于个人微型局域网的蓝牙通信等。本章将围绕上述三方面的通信进行详细介绍。

7.1.1　网络通信模型及结构

1. C/S 模型

C/S(Client/Server)模型也叫作 C/S 结构,即客户机/服务器结构,它是在分散式、集中式和分布式系统的基础之上发展出来的,当前的大多数通信网络都是这种模型。

C/S 模型将一个网络事务处理分为两部分:一部分是客户端(Client),主要负责处理界面和业务逻辑,并为用户提供网络请求服务的接口,如数据查询请求;另一部分是服务器端(Server),一般以数据处理能力较强的数据库管理系统作为后台,负责接收和处理用户对服务的请求,并将这些服务透明地提供给用户。C/S 模型一般采用两层结构,如图 7.1 所示。

从程序实现角度说,客户端和服务器端间的通信,先由服务器端启动 Server 进程,然后等待客户端的请求服务;客户端启动 Client 进程向服务器申请服务。服务器处理完一个客户端请求信息后又继续等待其他客户端的请求,周而复始地以这样一种方式进行。

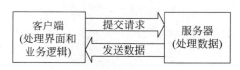

图 7.1　C/S 模型工作示意图

在这种结构中,服务器硬件需要足够强的处理能力,才能满足客户的要求。

C/S 模型的技术较为成熟,其特点是交互性强,具有安全的存取模式,网络通信量低,响应速度快,利于处理大量的数据,可以充分利用两端硬件环境的优势,将任务合理分配到客户端和服务器端来实现,既适用于实际应用程序,又适用于统一的计算和处理。但是它也有缺点,即是该模型的程序为针对性开发,不能灵活变更,维护和管理的难度比较大。通常只局限于小型局域网,不利于扩展。

2. B/S 模型

B/S(Browse/Server)模型即浏览器/服务器模式,也叫 B/S 结构。它只安装维护一个服务器(Server),而客户端采用浏览器(Browse)运行软件。B/S 模型是随着 Internet 技术的兴起,对 C/S 模型的变化和改进。它和 C/S 并没有本质区别,是 C/S 模型的一种特例,特殊在于这种模型必须使用超文本传送协议(Hyper Text Transfer Protocol,HTTP)。

B/S 结构采用的是三层客户/服务器结构,在数据管理层(Server)和用户界面层(Client)增加了一层结构,称为中间件(Middleware),使整个体系分为了三层。三层结构是伴随着中间件技术的成熟而兴起的,核心概念是利用中间件将应用分别表示为表示层、业务逻辑层和数据存储层三个不同的处理层,如图 7.2 所示。

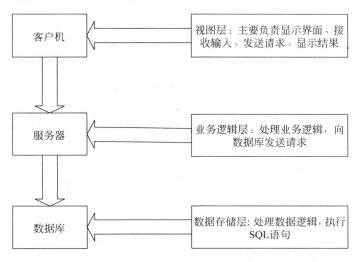

图 7.2 B/S 模型工作示意图

中间件作为构造三层结构的基础平台,提供了如下的主要功能:负责客户机与服务器、服务器与服务器之间的连接和通信;实现应用与数据库之间的高效连接;提供一个三层结构应用的开发、运行、部署和管理的平台。这种三层结构在层与层之间相互独立,任一层的改变都不会影响其他层的功能。

在 B/S 体系结构系统中,用户通过浏览器向分布在网络上的许多服务器发出请求,服务器对浏览器的请求进行处理,将用户所需信息返回到浏览器。而其余的工作(如数据请求、加工、结果返回以及动态网页生成、对数据库的访问和应用程序的执行等)全部由服务器完成。从这里就可以看出,B/S 结构相对于 C/S 结构是一个非常大的进步。

B/S 的主要特点是分布性强、维护方便、开发简单且共享性强,如一台计算机可以访问任意一个 Web 服务器,用户只需要知道服务器的网址即可访问,不需要针对不同服务器分别提供专门的客户端软件。但 B/S 体系的缺点在于数据存在安全性问题,对服务器要求过高,数据传输慢,软件个性化特点明显降低,而且实现复杂的应用构造有较大困难。

综上所述,两种模式各有利弊。C/S 适用于特定范围,如局域网。而 B/S 则可以弥补 C/S 在应用平台上的不足,其可扩展性和高灵活性显示它将是未来的发展方向。

网络编程基础

7.1.2 TCP/IP 网络模型及协议

1. TCP/IP 网络架构

TCP/IP 网络架构也称为 TCP/IP(Transmission Control Protocol/Internet Protocol，传输控制协议/网际协议)参考模型。它是全球互联网工作的基础，该架构将网络功能从上至下划分为：应用层、传输层、网际层和网络接口层，每一层的功能由一系列网络协议进行体现，图 7.3 给出了 TCP/IP 网络架构各层的功能及支撑协议。

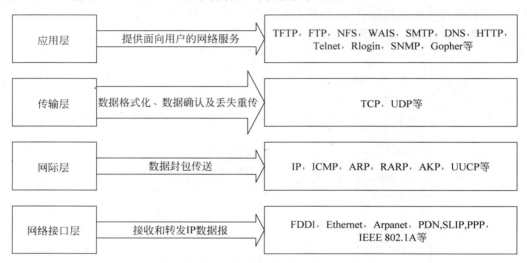

图 7.3 TCP/IP 网络架构各层的功能及支撑协议

TCP/IP 网络架构采用自顶而下的分层结构，每一层都需要下一层所提供的服务来满足自己的需求，本层协议生成的数据封装在下一层协议的数据中进行传输，因此各层间的协议有依赖关系。TCP/IP 模型各层的主要功能如下。

（1）应用层：即最高层，提供面向用户的网络服务，负责应用程序之间的沟通，主要协议有简单邮件传输协议(SMTP)、文件传输协议(FTP)、超文本传输协议(HTTP)、域名系统(DNS)、网络远程访问协议(Telnet)等。

（2）传输层：位于第 3 层，完成多台主机间的通信，提供节点间的数据传送及应用程序间的通信服务，也称为"端到端"通信，通过在通信的实体间建立一条逻辑链路，屏蔽了 IP 层的路由选择和物理网络细节。传输层的功能主要是数据格式化、数据确认及丢失重传等。该层协议有传输控制协议(TCP)和用户数据报协议(UDP)，提供不同的通信质量和需求的服务。

（3）网际层：位于第 2 层，也称为网络互联层或 Internet 层，由于该层最重要的协议是 IP 协议，所以也称为 IP 层。该层负责提供基本的数据封包传送功能，在它上面传输的数据单元叫 IP 数据报，或 IP 分组。网际层让每个 IP 数据报都能够到达目的主机，但是它不检查数据报是否被正确接收。

网际层的本质是使用 IP 将各种不同的物理网络互联，组成一个传输 IP 数据报的虚拟网络，实现不同网络的互联功能，该层协议除了 IP 协议外，还有 Internet 控制报文协议(ICMP)和 Internet 组管理协议(IGMP)。

（4）网络接口层：该层位于协议架构的最底层，负责接收 IP 数据报并发送到其下的物理网络,或从网络上接收物理帧,抽取 IP 数据报转交给网际层。这里的物理网络指各种实际传输数据的局域网或广域网。

2. TCP 协议

TCP 是一种面向连接的、可靠的、基于字节流的传输层通信协议。面向连接意味着两个使用 TCP 的进程(客户和服务器)在交换数据之前必须先建立好连接,然后才能开始传输数据。建立连接时采用客户-服务器模式,其中主动发起连接建立的进程叫作客户(Client),被动等待连接建立的进程叫作服务器(Server)。

TCP 提供全双工的数据传输服务,这意味着建立了 TCP 连接的主机双方可以同时发送和接收数据。这样,接收方收到发送方消息后的确认可以在反方向的数据流中进行捎带。"端到端"的 TCP 通信意味着 TCP 连接发生在两个进程之间,一个进程发送数据,只有一个接收方,因此 TCP 不支持广播和组播。

TCP 连接面向字节流,字节流意味着用户数据没有边界。例如,发送进程在 TCP 连接上发送了 2 个 512 字节的数据,接收方接收到的可能是 2 个 512 字节的数据,也可能是 1 个 1024 字节的数据。因此,接收方若要正确检测数据的边界,必须由发送方和接收方共同约定,并且在用户进程中按这些约定来实现。

TCP 接收到数据包后,将信息送到更高层的应用程序,如 FTP 的服务程序和客户程序。应用程序处理后,再轮流将信息送回传输层,传输层再将它们向下传送到网际层,最后到接收方。

3. UDP 协议

UDP 与 TCP 位于同一层,但与 TCP 不同,UDP 协议提供的是一种无连接的、不可靠的传输层协议,只提供有限的差错检验功能。它在 IP 层上附加了简单的多路复用功能,提供端到端的数据传输服务。设计 UDP 的目的是为了以最小的开销在可靠的或者是对数据可靠性要求不高的环境中进行通信,由于无连接,UDP 支持广播和组播,这在多媒体应用中是非常有用的。

4. IP 协议

IP(网际)协议是 TCP/IP 模型的心脏,也是网络层最重要的协议。

网际层接收来自网络接口层的数据包,并将数据包发送到传输层;相反,也将传输层的数据包传送到网络接口层。IP 协议主要包括无连接数据报传送,数据报路由器选择以及差错处理等功能。

由于网络拥挤、网络故障等问题可能导致数据报无法顺利通过传输层。IP 协议具有有限的报错功能,不能有效处理数据报延迟、不按顺序到达和数据报出错,所以 IP 协议需要与另外的协议配套使用,包括地址解析协议 ARP、逆地址解析协议 RARP、因特网控制报文协议 ICMP、因特网组管理协议 IGMP 等。IP 数据报中含有源地址(发送它的主机地址)和目的地址(接收它的主机地址)。

IP 协议对于网络通信而言有着重要的意义。由于网络中的所有计算机都安装了 IP 软件,使得许许多多的局域网构成了庞大而严密的通信系统,才形成了如今的 Internet。其实,Internet 并非一个真实存在的网络,而是一个虚拟网络,只不过是利用 IP 协议把世界上所有愿意接入 Internet 的计算机局域网络连接起来,使之能够相互通信。

7.1.3 网络程序通信机制

1. 端口

主机之间的通信,看起来只要知道了 IP 地址就可以实现,其实不然,真正完成通信功能的不是两台计算机,而是两台计算机上的进程。IP 地址只能标识到某台主机,而不能标识计算机上的进程。如果要标识进程,完成通信,需要引入新的地址空间,这就是端口(Port)。

端口有两种意义:一是指物理端口,例如 ADSL Modem、集线器、交换机、路由器上连接其他设备的接口,如 RJ-45 端口、SC 端口等;二是逻辑端口,即进程标识,如 HTTP 的 80 端口、FTP 的 21 端口等。本书提到的端口都是指逻辑端口。定义端口是为了解决与多个应用进程同时进行通信的问题。端口地址由两字节的二进制数表示。端口号范围为 0~65 535。由于 TCP/IP 传输层的两个协议 TCP 和 UDP 是独立的两个软件模块,因此各自的端口号也互相独立。端口号的分配规则如下:

(1) 端口 0:不使用,或者作为特殊的使用。

(2) 端口 1~255:保留给特定的服务。

(3) 端口 256~1023:保留给其他服务。

(4) 端口 1024~4999:可以用作任意客户的端口。

(5) 端口 5000~65 535:可以用作用户的服务器端口。

一个完整的网间通信需要两个进程组成,并且只能使用同一种高层协议,因此可以用一个 5 元组来标识:<协议、本地地址、本地端口号、远地地址、远地端口号>。

2. 套接字

套接字是支持 TCP/IP 网络通信的基本操作单元,是不同主机间的进程进行双向通信的端点,使用套接字便于区分不同应用程序进程间的网络通信和连接。如图 7.4 所示,有三台建立了通信连接的主机。对通信的一对主机来说,套接字包括发送方 IP、发送方端口号、接收方 IP、接收方端口号、协议 5 部分。

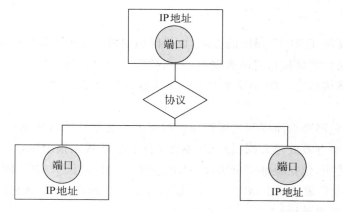

图 7.4 套接字概况图

3. 基于套接字的网络进程通信机制

网络进程与单机进程之间的不同是前者可以在网络上和其他主机中的进程互通信息。在同一台计算机中,两个进程之间通信,只需要两者知道系统为它们分配的进程号(Process

ID)就可以实现通信。但是网络情况下,进程通信变得复杂得多。首先,要解决如何识别网络中的不同主机;其次,不同的主机上的系统独立运行,进程号的分配策略也不同。套接字屏蔽了 TCP/IP 协议栈的复杂性,使得在网络编程者看来,两个网络进程间的通信实质上就是它们各自所绑定的套接字之间的通信。这时,通信的网络进程间至少需要一对套接字,分别运行于服务端和客户端。根据连接启动方式及本地套接字连接目标,套接字之间的连接可分为服务监听、客户端请求、连接确认三个步骤。图 7.5 给出了 TCP 协议下的网络进程通信的步骤。

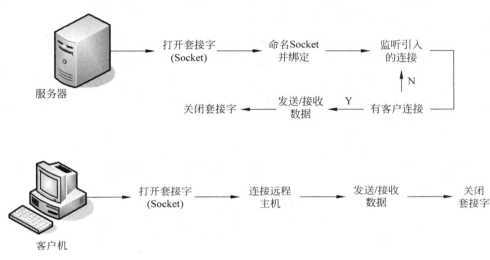

图 7.5 使用套接字传输数据

7.2 在 Android 系统中操作 WiFi

7.2.1 WifiManager 类

WiFi 是一种高频无线电信号技术,通过它可以将个人电脑、手持设备(如 Pad、手机)等终端以无线方式互相连接。作为一种广泛使用的无线局域网通信技术,WiFi 在移动网络平台的应用中常常被使用。

Android 系统提供了一个 WifiManager 类用于简单的 WiFi 操作,使用 WifiManager 可以在应用中打开与关闭 WiFi,同时还可以获取 WiFi 当前的状态信息。WifiManager 类提供了 5 种描述 WiFi 当前状态的常量,如表 7.1 所示。

表 7.1 **WifiManager 类提供的 WiFi 状态表**

常　　量	状　　态
WifiManager. WIFI_STATE_ENABLING	表示 WiFi 正在打开
WifiManager. WIFI_STATE_ENABLED	表示 WiFi 可用
WifiManager. WIFI_STATE_DISABLED	表示 WiFi 不可用
WifiManager. WIFI_STATE_DISABLING	表示 WiFi 正在关闭
WifiManager. WIFI_STATE_UNKNOWN	表示 WiFi 状态未知

7.2.2 在 Android 中控制 WiFi

在 Android 应用中控制 WiFi,主要是对 WifiManager 对象进行操作。具体操作分为如下几个步骤:

(1) 在 AndroidManifest.xml 文件中为应用程序添加权限:

```
<! -- 允许应用程序改变网络连接状态 -->
< uses - permission android:name = "android.permission.CHANGE_NETWORK_STATE"/>
<! -- 允许应用程序改变 WiFi 连接状态 -->
< uses - permission android:name = "android.permission.CHANGE_WIFI_STATE"/>
<! -- 允许应用程序获取网络的状态信息 -->
< uses - permission android:name = "android.permission.ACCESS_NETWORK_STATE"/>
<! -- 允许应用程序获得 WiFi 的状态信息 -->
< uses - permission android:name = "android.permission.ACCESS_WIFI_STATE"/>
```

(2) 得到 WifiManager 对象。

```
WifiManager wifiManager = (WifiManager)Context.getSystemService(Service.WIFI_SERVICE);
```

其中 Context 为当前 Activity 对象,getSystemService 是 Android 中的一个很重要的 API,它是 Activity 的一个方法,根据传入的参数来获取相应的服务对象。

(3) 打开 WiFi 网卡。

```
wifiManager.setWifiEnabled(true);
```

(4) 关闭 WiFi 网卡。

```
wifiManager.setWifiEnabled(false);
```

(5) 获取当前 WiFi 网卡状态。

```
wifiManager.getWifiState()
```

getWifiState 方法的返回值对应表 7.1 中的数据。这里只对 WiFi 操作做简单的介绍,具体如何使用将在例 7-1 中演示。

7.2.3 WifiInfo 类

Android 中用于 WiFi 操作的类除了 WifiManager 类外,还有 WifiInfo 类。该类主要用于在 WiFi 网卡连通后获取 WiFi 的相关信息,主要包括:MAC 地址、IP 地址、连接速度、网络信号等。WifiInfo 对象的获取主要通过调用 WifiManager 类的 getConnectionInfo()方法得到。具体代码如下:

```
WifiInfowifiInfo = wifiManager.getConnectionInfo();
```

得到 WifiInfo 对象后,可以通过表 7.2 的方法得到想要获取的信息。

表 7.2　WifiInfo 类的常用方法

方　　法	功　　能
getBSSID()	获取 BSSID
getHiddenSSID()	获得 SSID 是否被隐藏
getIpAddress()	获取整数形式的 IP 地址
getNetworkId()	获取网络 ID
getLinkSpeed()	获得连接的速度
getMacAddress()	获得 Mac 地址
getSSID()	获得 SSID
getSupplicanState()	返回具体客户端状态的信息

7.2.4　WiFi 下获取 IP 与 MAC 地址

本节将通过一个示例的讲解深入地了解 WifiManager 与 WiFiInfo 的使用方法。

【例 7-1】　编程实现 Android 手机上 WiFi 操作。

程序 MyWiFi 演示了打开、关闭 WiFi,以及获得 WiFi 状态的功能实现。其运行效果如图 7.6 所示。

结合案例,WiFi 基本操作编程方法介绍如下。注意:由于虚拟机不提供 WiFi 功能,所以本例只可以在实体机上运行。

图 7.6　MyWifi 运行效果

1. 声明权限

为了使用 WiFi,首先要在 AndroidManifest.xml 文件中根据应用情况声明如下权限:

```
<! -- 允许应用程序改变网络连接状态 -->
< uses - permission android:name = "android.permission.CHANGE_NETWORK_STATE"/>
<! -- 允许应用程序改变 WiFi 连接状态 -->
< uses - permission android:name = "android.permission.CHANGE_WIFI_STATE"/>
<! -- 允许应用程序获取网络的状态信息 -->
< uses - permission android:name = "android.permission.ACCESS_NETWORK_STATE"/>
<! -- 允许应用程序获得 WiFi 的状态信息 -->
< uses - permission android:name = "android.permission.ACCESS_WIFI_STATE"/>
```

2. 设置布局文件

程序的 activity_main.xml 文件内容如下:

```
< LinearLayout xmlns:android = "http://schemas.android.com/apk/res/android"
    xmlns:tools = "http://schemas.android.com/tools"
    android:layout_width = "match_parent"
    android:layout_height = "match_parent"
    android:orientation = "vertical"
```

网络编程基础

```
        tools:context = ".MainActivity" >
        < TextView
            android:id = "@ + id/tvWifiState"
            android:layout_width = "match_parent"
            android:layout_height = "wrap_content"
            android:textSize = "15sp"
            android:text = "WiFi 状态: " />
    < LinearLayout
        android:layout_width = "match_parent"
        android:layout_height = "wrap_content"
        android:orientation = "horizontal"
        android:paddingTop = "10dp">
        < TextView
            android:layout_width = "120dp"
            android:layout_height = "wrap_content"
            android:textSize = "15sp"
            android:text = "本机 IP 地址: " />"
        < TextView
            android:id = "@ + id/tvIPAddress"
            android:layout_width = "wrap_content"
            android:layout_height = "wrap_content"
            android:textSize = "15sp"/>
    </LinearLayout >
    < LinearLayout
        android:layout_width = "match_parent"
        android:layout_height = "wrap_content"
        android:orientation = "horizontal"
        android:paddingTop = "10dp">
        < TextView
            android:layout_width = "120dp"
            android:layout_height = "wrap_content"
            android:textSize = "15sp"
            android:text = "本机 MAC 地址: " />
        < TextView
            android:id = "@ + id/tvMACAddress"
            android:layout_width = "wrap_content"
            android:layout_height = "wrap_content"
            android:textSize = "15sp"/>
    </LinearLayout >
    < LinearLayout
        android:layout_width = "match_parent"
        android:layout_height = "wrap_content"
        android:orientation = "horizontal"
        android:paddingTop = "10dp">
        < TextView
            android:layout_width = "120dp"
            android:layout_height = "wrap_content"
            android:textSize = "15sp"
            android:text = "SSID: " />
        < TextView
```

```
            android:id = "@ + id/tvSSID"
            android:layout_width = "wrap_content"
            android:layout_height = "wrap_content"
            android:textSize = "15sp"/>
    </LinearLayout>
    <LinearLayout
        android:layout_width = "match_parent"
        android:layout_height = "wrap_content"
        android:orientation = "horizontal"
        android:paddingTop = "10dp">
        <TextView
            android:layout_width = "120dp"
            android:layout_height = "wrap_content"
            android:textSize = "15sp"
            android:text = "连接速度: " />
        <TextView
            android:id = "@ + id/tvLinkSpeed"
            android:layout_width = "wrap_content"
            android:layout_height = "wrap_content"
            android:textSize = "15sp"/>
    </LinearLayout>
    <Button
        android:id = "@ + id/btnEnableWiFi"
        android:layout_width = "match_parent"
        android:layout_height = "wrap_content"
        android:text = "开启 WiFi 网卡" />
    <Button
        android:id = "@ + id/btnDisableWiFi"
        android:layout_width = "match_parent"
        android:layout_height = "wrap_content"
        android:text = "关闭 WiFi 网卡" />
</LinearLayout>
```

3. 各项功能的实现

定义一个类用于记录 WiFi 下的设备 IP 地址、MAC 地址、网络的 SSID 及连接速度。

```
public class MyWifiInfo
{
    public int WifiState;
    public String IPAddress;
    public String MacAddress;
    public String SSID;
    public   int LinkSpeed;
}
```

在 MainActivity.java 文件的 MainActivity 类中定义如下成员：

```
import android.net.wifi.WifiInfo;
import android.net.wifi.WifiManager;
```

网络编程基础

```
import android.os.Bundle;
import android.os.Handler;
import android.app.Activity;
import android.content.Context;
import android.view.View;
import android.widget.Button;
import android.widget.TextView;
public class MainActivity extends Activity
{
    private static TextView tvWifiState;            //显示 WiFi 状态
    private static TextView tvIPAddress;            //显示 IP 地址
    private static TextView tvMACAddress;           //显示 MAC 地址
    private static TextView tvSSID;                 //显示网络 SSID
    private static TextView tvLinkSpeed;            //显示连接速度
    private Button btnEnableWiFi, btnDisableWiFi;   //打开、关闭 WiFi 按钮
    private WifiManager wifiManager = null;         //WiFi 管理对象
    private static MyWifiInfo myWiFi = null;        //记录 WiFi 信息的对象
    private Thread myWifiInfoThread = null;         //查询 WiFi 状态信息的线程
    private static Handler handler = new Handler(); //用于将状态信息更新到界面 UI 线程中
}
```

1）WiFi 的开启和关闭

在 MainActivity 类的按钮监听器中实现 WiFi 的开关操作。

```
Button.OnClickListener buttonListener = new Button.OnClickListener() {
    @Override
    public void onClick(View v) {
        switch (v.getId()) {
        case R.id.btnEnableWiFi:
            wifiManager = (WifiManager)MainActivity.this.getSystemService(Context.WIFI_
SERVICE);
            wifiManager.setWifiEnabled(true);       //开启 Wifi
            break;
        case R.id.btnDisableWiFi:
            wifiManager = (WifiManager)MainActivity.this.getSystemService(Context.WIFI_
SERVICE);
            wifiManager.setWifiEnabled(false);      //关闭 Wifi
            break;
        }
    }
};
```

2）WiFi 状态检测

使用多线程方式检查 WiFi 状态，这样可以保持跟踪 WiFi 的状态，为了将状态信息更新到主界面控件，使用 Handler 对象将后台的更新线程发送到 UI 线程的消息队列。

```
//获取 WiFi 信息
public MyWifiInfo getMyWifiInfo(Context context)
```

```java
{
    MyWifiInfo myWfInfo = new MyWifiInfo();
    //获得 WiFi 管理对象
    WifiManager wifi = (WifiManager)context.getSystemService(Context.WIFI_SERVICE);
    //获得 WiFi 连接状态
    myWfInfo.WifiState = wifi.getWifiState();
    if (myWfInfo.WifiState == 3) //WIFI_STATE_ENABLED
    {
        //获得 WiFi 信息对象
        WifiInfo info = wifi.getConnectionInfo();
        //获得 SSID
        myWfInfo.SSID = info.getSSID();
        //获得本地 IP 地址
        int ipAddress = info.getIpAddress();
        myWfInfo.IPAddress = intToIp(ipAddress);
        //获得本地 MAC 地址
        myWfInfo.MacAddress = info.getMacAddress();
        //获得网络速度
        myWfInfo.LinkSpeed = info.getLinkSpeed();
    }
    return myWfInfo;
}
//将整数的 IP 地址转换为点分十进制表示的 IP 地址
public String intToIp(int i)    {
    return (i & 0xFF) + "." + ((i >> 8) & 0xFF) + "." + ((i >> 16) & 0xFF) + "." + ((i >> 24) & 0xFF);
}
//查询 WiFi 状态的线程
private Runnable inquireWork = new Runnable()
{
    @Override
    public void run()
    {
        try {
            while (!Thread.interrupted())    {
                //查询 WiFi 状态及信息
                MyWifiInfo theWFInfo = getMyWifiInfo(MainActivity.this);
                //将查询后的 WiFi 状态更新到主界面控件
                MainActivity.UpdateWifiInfo(theWFInfo);
                Thread.sleep(1000);        //休眠 1s
            }
        }catch (InterruptedException e) {
            e.printStackTrace();
        }
    }
};
public static void UpdateWifiInfo(MyWifiInfo object) {
    myWiFi = object;
    handler.post(RefreshWiFiInfoCtrl);        //用 Post()方法将更新控件的线程发送给主线程
}
```

```java
//对主线程中的控件进行更新的线程
private static Runnable RefreshWiFiInfoCtrl = new Runnable()
{
    @Override
    public void run() {
        if (myWiFi.WifiState == 0)              //WIFI_STATE_DISABLING
            tvWifiState.setText("WIFI 状态：正在关闭...");
        else if (myWiFi.WifiState == 1)         //WIFI_STATE_DISABLED
            tvWifiState.setText("WIFI 状态：关闭");
        else if (myWiFi.WifiState == 2)         //WIFI_STATE_ENABLING
            tvWifiState.setText("WIFI 状态：正在打开...");
        else if (myWiFi.WifiState == 3)         //WIFI_STATE_ENABLED
            tvWifiState.setText("WIFI 状态：打开");
        else //WIFI_STATE_UNKNOWN
            tvWifiState.setText("WIFI 状态：未知");

        if (myWiFi.WifiState == 3)
        {
            tvIPAddress.setText(myWiFi.IPAddress);
            tvMACAddress.setText(myWiFi.MacAddress);
            tvSSID.setText(myWiFi.SSID);
            tvLinkSpeed.setText(Integer.toString(myWiFi.LinkSpeed) + "Mbps");

        }
        else
        {
            tvIPAddress.setText("");
            tvMACAddress.setText("");
            tvSSID.setText("");
            tvLinkSpeed.setText("");
        }
    }
};
```

最后，在 MainActivity 类的 onCreate()函数中创建 WiFi 查询线程，在 onStart()函数中启动查询线程，在 onDestory()函数中销毁查询线程。

```java
@Override
protected void onCreate(Bundle savedInstanceState) {
    super.onCreate(savedInstanceState);
    setContentView(R.layout.activity_main);
    tvWifiState = (TextView)findViewById(R.id.tvWifiState);
    tvIPAddress = (TextView)findViewById(R.id.tvIPAddress);
    tvMACAddress = (TextView)findViewById(R.id.tvMACAddress);
    tvSSID = (TextView)findViewById(R.id.tvSSID);
    tvLinkSpeed = (TextView)findViewById(R.id.tvLinkSpeed);
    btnEnableWiFi = (Button)findViewById(R.id.btnEnableWiFi);
    btnDisableWiFi = (Button)findViewById(R.id.btnDisableWiFi);

    btnEnableWiFi.setOnClickListener(buttonListener);
```

```java
        btnDisableWiFi.setOnClickListener(buttonListener);
        //创建查询 WiFi 状态的线程
        myWifiInfoThread = new Thread(null, inquireWork, "InquireWiFiThread");
    }
    @Override
    protected void onDestroy() {
        super.onDestroy();
        myWifiInfoThread.interrupt();            //终止线程
    }
    @Override
    protected void onStart() {
        super.onStart();
        //启动线程
        if (!myWifiInfoThread.isAlive()) {
            myWifiInfoThread.start();
        }
    }
}
```

网络编程基础

第 8 章   Socket 编程

8.1   套　接　字

在 TCP/IP 通信协议中,套接字(Socket)就是 IP 地址与端口号的组合。在网络通信中,可以通过 IP 地址在网络中找到目的主机,通过端口号在主机中找到正在运行的网络程序。网络通信,准确地说,不是两台计算机之间在通信,而是两台计算机上执行的网络程序之间在通信。因此套接字就相当于正在运行的网络程序在网络中的门牌号码,通过套接字两个网络程序间就可以相互收发数据。

Java 语言使用 TCP/IP 通信协议的套接字机制。Java 中的套接字类提供了在一台主机上运行的应用程序与另一台主机上运行的应用程序之间进行连接通信的功能。

8.1.1   建立 TCP 套接字

TCP(传输控制协议)是一种面向连接的、可靠的、基于字节流的网络通信协议。在使用 TCP 协议进行网络通信时,首先要建立连接。在建立连接时,会有一方请求建立连接,另一方同意建立连接。通常将请求建立连接的一方称为客户端,将同意建立连接的一方称为服务器。

要通过网络进行通信,至少需要一对套接字,一个运行于服务器,称为 ServerSocket,一个运行于客户端,称为 Socket。因此,在使用 TCP 协议编写 Android 网络通信应用时,在服务器端创建一个 ServerSocket 类的对象,并指定该对象监听的端口号,然后调用 serversocket.accept()方法进行监听。accept()方法是一个阻塞方法,在没有接收到客户端发送的数据时程序会一直阻塞,不会继续运行,直到有客户端的数据被接收时,该方法会返回一个 Socket 类的对象,通过该对象就可以得到输入流(inputstream),输入流中的内容就是客户端发送的内容。客户端要发送数据时,创建一个 Socket 类的对象,并指定服务器的 IP 地址和端口号,然后根据该对象得到一个输出流(outputstream),最后将要发送的内容写入输出流中完成发送。最后,服务器在接收完数据后调用 close()方法关闭套接字,结束监听并释放资源。图 8.1 是使用 Java 进行 TCP 通信的流程示意图。

有的读者可能会疑惑,上述操作中并未提建立连接,那么没有建立连接怎么可以传输数据呢? 其实连接的建立在创建 Socket 对象后 Java 就替我们完成了,不需要再手动建立连接。

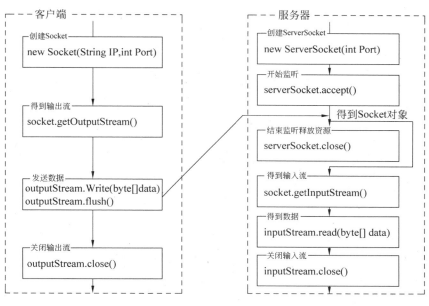

图 8.1　TCP 通信流程示意图

　　在上述过程中值得注意的两点是：首先，当客户端在发送数据时，服务器一定要已经开始监听；其次，由于网络通信是耗时的操作，因此应该尽量避免在主线程中进行。

8.1.2　建立 UDP 套接字

　　UDP（用户数据报协议）是一种无连接的、不可靠的、面向报文的网络通信协议。使用 UDP 协议进行网络通信时，数据直接被整个打包成一个数据包，数据包上标有接收方端口号，依照端口号数据包就被传送到目的主机上的应用程序。同时 UDP 协议并不保证数据传输的可靠性，它只尽它最大能力交付。在使用 UDP 通信协议的应用程序中，将发送数据的一方称为客户端，将接收数据的一方称为服务器。

　　在使用 UDP 协议编写 Android 网络通信应用时，服务器首先创建一个 DatagramSocket 类对象，并指定接收端口号，然后创建一个空的 DatagramPacket 类对象用于接收数据包，最后调用 DatagramSocket 类的 receive() 方法接收数据包。receive() 方法也是一个阻塞方法，当没有数据包传入时，程序会一直等待，一旦有数据包传入，该方法就会将数据包读入 DatagramPacket 类对象中，通过调用 DatagramPacket 类对象的 getData() 方法得到数据包中的数据。客户端在发送数据前首先也要建立一个 DatagramSocket 类对象，然后将接收方地址、端口号和数据封装在 DatagramPacket 类对象中，通过 DatagramPacket 类的 send() 方法将数据包发送出去。图 8.2 是 UDP 通信流程示意图。

　　UDP 协议虽然没有顺序保证和流量控制字段，而且可靠性较差，但正因为 UDP 协议控制选项较少，在数据传输过程中延迟小、数据传输效率高，适用于对可靠性要求不高但要求传输效率的应用程序。

Android 移动网络程序设计案例教程——Android Studio 版

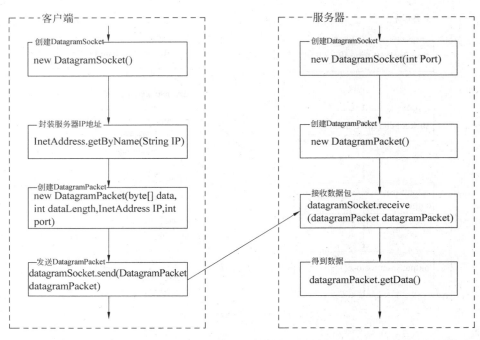

图 8.2　UDP 通信流程示意图

8.2　TCP 传输编程

8.2.1　Socket 类与 ServerSocket 类

8.1 节中粗略地介绍了使用 TCP 协议进行编程的流程,在本节中将详细介绍以上编程方法。下面介绍 TCP 传输编程中两个重要的类:Socket 与 ServerSocket。

当客户程序需要与服务器程序进行通信时,客户程序需要创建一个 Socket 对象,即流套接字。首先介绍 Socket 类的几个常见的构造方法:

(1) Socket(InetAddress address,int port):创建一个流套接字并将其连接到指定 IP 地址的指定端口号。参数 address 为服务器 IP 地址;参数 port 为服务器监听端口号。

(2) Socket(String host,int port)创建一个流套接字并将其连接到指定主机的指定端口号。参数 host 为服务器主机名;参数 port 为服务器监听端口号。

成功创建了一个 Socket 对象后,就可以调用 Socket 类中的各种方法进行网络操作了。表 8.1 中详细介绍了 Socket 类的方法。

ServerSocket 类使用在服务器端,用于监听和响应客户端的连接请求,并接收客户端发送的数据。ServerSocket 类常用构造方法如下:

(1) ServerSocket(int port)创建绑定到指定端口的服务器套接字。参数 port 为指定的端口号,若为零,则表示使用任何空闲端口。

(2) ServerSocket(int port,int backlog)创建绑定到指定端口的服务器套接字,同时指定可接收的最大连接请求。参数 port 含义同上,参数 backlog 表示连接请求队列长度。如果队列已满,则拒绝再到达的连接请求。

表 8.1　Socket 类的常用方法

方　　法	功　　能
public InetAddress getInetAddress()	返回 Socket 对象连接的远程 IP 地址,如果套接字是未连接的,则返回 null
public InetAddress getLocalAddress()	返回 Socket 对象绑定的本地 IP 地址,如果尚未绑定,则返回 InetAddress. anyLocalAddress
public InputStream getInputStream()	为当前 Socket 对象创建字节输入流
public OutputStream getOutputStream()	为当前 Socket 对象创建字节输出流
public boolean isClose()	判断当前 Socket 对象是否关闭
public boolean isConnected()	判断当前 Socket 对象是否连接
public void close()	关闭当前 Socket 对象,同时关闭它的 InputStream 与 OutputStream 流
public int getPort()	获取创建 Socket 时指定的远程主机端口号
public void setReceiveBufferSize(int size)	设置接收缓冲区大小
public int getReceiveBufferSize()	返回接收缓冲区的大小
public void setSendBufferSize(int size)	设置发送缓冲区大小
public int getSendBufferSize()	返回发送缓冲区的大小

ServerSocket 对象只用于监听和响应客户端的连接,要想提取连接进来的客户端的数据,还需使用 ServerSocket 类中封装的方法。表 8.2 中详细介绍了 ServerSocket 类中的方法。

表 8.2　ServerSocket 类中的方法

方　　法	功　　能
public Socket accept()	在服务器端的指定端口监听客户端发来的连接请求,并与之建立连接。此方法在连接传入前一直处于阻塞状态
public InetAddress getInetAddress()	返回服务器的 IP 地址。如果套接字是未绑定的,则返回 null
public int getLocalPort()	返回此服务器套接字监听的端口号。如果套接字是未绑定的,则返回－1
public void close()	关闭此套接字。在 accept() 中所有当前阻塞线程都将会抛出 SocketException 异常
public boolean isClose()	返回服务器套接字的关闭状态

8.2.2　使用 TCP 套接字传输数据

经过 8.2.1 节的学习,相信大家对 TCP 应用编程有了大概的了解,本节将通过一个文字传输示例让大家具体掌握用 TCP 套接字传输数据的方法。

【例 8-1】　用 TCP 传输文字:客户端向服务器端发送文字消息,服务器端接收后在屏幕上显示出来,运行结果如图 8.3 所示。

本示例分为服务器与客户端两部分,首先介绍服务器程序。服务器项目名为 TCPserver。由于服务器只用于接收消息,所以其布局文件十分简单,只是用了一个充满全屏的 ListView 控件。服务器程序的 MainActivity. java 文件如下:

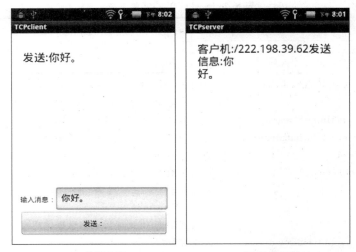

(a) 发送文字　　　　　　　　(b) 显示文字

图 8.3　TCP 传输文字程序运行效果

```java
import java.io.IOException;
import java.nio.charset.Charset;
import java.io.InputStream;
import java.net.ServerSocket;
import java.net.Socket;
import java.util.ArrayList;
import java.util.List;
import android.os.Bundle;
import android.os.Handler;
import android.annotation.SuppressLint;
import android.app.Activity;
import android.widget.ArrayAdapter;
import android.widget.ListView;

@SuppressLint("NewApi")
public class MainActivity extends Activity
{
    public ListView listView = null;                    //用于显示接收到的消息
    public Handler handler = null;   //使用 Handler 消息传递机制解决子线程更新主线程界面的问题
    public ServerSocket serverSocket = null;            //监听套接字
    public Thread listener = null;                      //监听子线程
    public List<String> list = null;                    //用于存放接收到的消息字符串
    public ArrayAdapter<String> adapter = null;         //listView 适配器
    public String information = null, ip = null;         //当前接收到的消息与发送方的 IP 地址

    @Override
    protected void onCreate(Bundle savedInstanceState)
    {   super.onCreate(savedInstanceState);
        setContentView(R.layout.activity_main);
```

```java
            listView = (ListView)findViewById(R.id.listview);
            list = new ArrayList<String>();
            adapter = new ArrayAdapter<String>(this, android.R.layout.simple_list_item_1, list);
            listView.setAdapter(adapter);                    //为 listView 添加适配器
            handler = new Handler();                         //实例化 handler
            try{
                serverSocket = new ServerSocket(4567);       //实例化套接字,设置监听端口号为 4567
            }
            catch (IOException e) {
                e.printStackTrace();
            }
            listener = new Thread(backgroundworke);          //创建监听线程
            listener.start();                                //启动线程
    }
    @SuppressWarnings("deprecation")
    @Override
    protected void onDestroy()
    {   super.onDestroy();
        try {
            serverSocket.close();                            //在 Activity 销毁时关闭套接字,释放资源
        }
        catch (IOException e) {
            e.printStackTrace();
        }
        finally {
            listener.stop();                                 //在 Activity 销毁时结束线程
         }
    }
    //更新界面
    public void UpData(String str1, String str2)
    {
        information = str1;
        ip = str2;
        handler.post(updatalist);                            //handler 将 updatalist 消息发送到主线程
    }
    @SuppressLint("NewApi")
    public Runnable backgroundworke = new Runnable()
    {
        @Override
        public void run() {
            try{
                while(true){                                 //循环监听
                    Socket socket = serverSocket.accept();   //等待连接
                    //从当前 Socket 中得到输入流
                    InputStream inputStream = socket.getInputStream();
                    byte[] data = new byte[1024];
                    inputStream.read(data);                  //把消息读取到字节数组中
                    //将字节数组转化为字符串
                    String str1 = new String(data,Charset.forName("UTF-8"));
                    //从 Socket 中得到 IP 地址
```

```
                            String str2 = socket.getInetAddress().toString();
                            //调用更新函数将接收到的消息与发送方的 IP 地址传出
                            UpData(str1, str2);
                            inputStream.close();        //关闭输入流
                    }
                }
                catch (IOException e) {
                        e.printStackTrace();
                }
        }
    };
    public Runnable updatalist = new Runnable()
    {
        @Override
        public void run() {
            list.add("客户机:" + ip + "发送信息:" + information);    //向显示列表中添加一项
            adapter.notifyDataSetChanged();          //适配器重新加载,显示更新后的列表
        }
    };
}
```

客户端程序项目名为 TCPclient,布局文件 activity_main.xml 内容如下:

```xml
<RelativeLayout xmlns:android = "http://schemas.android.com/apk/res/android"
xmlns:tools = "http://schemas.android.com/tools"
android:layout_width = "match_parent"
android:layout_height = "match_parent"
android:paddingBottom = "@dimen/activity_vertical_margin"
android:paddingLeft = "@dimen/activity_horizontal_margin"
android:paddingRight = "@dimen/activity_horizontal_margin"
android:paddingTop = "@dimen/activity_vertical_margin"
tools:context = ".MainActivity" >
<Button
    android:id = "@ + id/button"
    android:layout_width = "fill_parent"
    android:layout_height = "wrap_content"
    android:layout_alignParentBottom = "true"
    android:text = "@string/output"/>
<RelativeLayout
    android:id = "@ + id/relativeout"
    android:layout_width = "fill_parent"
    android:layout_height = "wrap_content"
    android:layout_above = "@id/button">
    <TextView
        android:id = "@ + id/textview"
        android:layout_width = "wrap_content"
        android:layout_height = "wrap_content"
        android:layout_centerVertical = "true"
        android:text = "@string/input"/>
```

```
        < EditText
            android:id = "@ + id/edittext"
            android:layout_width = "fill_parent"
            android:layout_height = "wrap_content"
            android:layout_toRightOf = "@id/textview"/>
    </RelativeLayout>
    < ListView
        android:id = "@ + id/listview"
        android:layout_width = "fill_parent"
        android:layout_height = "fill_parent"
        android:layout_above = "@id/relativeout"/>
</RelativeLayout>
```

客户端程序 TCPclient 的 MainActivity. java 内容如下：

```
import java.io.IOException;
import java.nio.charset.Charset;
import java.io.OutputStream;
import java.net.Socket;
import java.net.UnknownHostException;
import java.util.ArrayList;
import java.util.List;
import android.os.Bundle;
import android.view.View;
import android.widget.ArrayAdapter;
import android.widget.Button;
import android.widget.EditText;
import android.widget.ListView;
import android.annotation.SuppressLint;
import android.app.Activity;

public class MainActivity extends Activity
{
    private final String ServerIP = "172.20.185.12";     //服务器 IP 地址
    private final int port = 4567;                        //端口号
    public Socket socket = null;                          //发送套接字
    public Button button = null;                          //单击按钮
    public EditText editText = null;                      //输入框
    public ListView listView = null;                      //显示列表
    public List < String > list = null;
    public ArrayAdapter < String > adapter = null;
    public Thread transmission = null;                    //发送线程

    @Override
    protected void onCreate(Bundle savedInstanceState) {
        super.onCreate(savedInstanceState);
        setContentView(R.layout.activity_main);

        button = (Button)findViewById(R.id.button);
```

```
editText = (EditText)findViewById(R.id.edittext);
listView = (ListView)findViewById(R.id.listview);
list = new ArrayList<String>();
adapter = new ArrayAdapter<String>(this, android.R.layout.simple_list_item_1, list);
listView.setAdapter(adapter);                      //为 listView 添加配适器
//为按钮添加单击事件
button.setOnClickListener(new View.OnClickListener() {
    @Override
    public void onClick(View v) {
        Transmission = new Thread(backgroundWorker);
        transmission.start();                      //启动发送线程
        String string = editText.getText().toString().trim();
        if(!string.equals(null)){
            list.add("发送:" + string);            //将发送的消息加入到列表
            adapter.notifyDataSetChanged();        //配适器重新加载,显示当前列表
        }
    }
});
}
public Runnable backgroundWorker = new Runnable() {
    @Override
    public void run() {
        //从输入框中得到要发送的消息
        String string = editText.getText().toString().trim();
        if(!string.equals(null)) {
            try {
                //创建套接字,并指定发送 IP 地址和端口号
                socket = new Socket(ServerIP, port);
                //从 Socket 中得到输出流
                OutputStream outputStream = socket.getOutputStream();
                //将输入消息转变为字节数组
                byte[] data = string.getBytes(Charset.forName("UTF-8"));
                outputStream.write(data);          //发送消息
                outputStream.flush();
                outputStream.close();              //关闭输出流
            }
            catch (UnknownHostException e){
                e.printStackTrace();
            } catch (IOException e) {
                e.printStackTrace();
            }
        }
    }
};
}
```

最后,在程序的 AndroidManifest.xml 文件中加入程序运行所需要的网络操作系统权限:

```
< uses - permission android:name = "android.permission.ACCESS_NETWORK_STATE"/>
< uses - permission android:name = "android.permission.ACCESS_WIFI_STATE"/>
< uses - permission android:name = "android.permission.INTERNET"/>
```

使两个手机处于同一个局域网,将客户端程序中的成员变量 ServerIP 改为服务器程序所在手机的 IP 地址,启动服务器程序,在客户端的输入框中输入要发送的消息并单击"发送"按钮,服务器就能接收到客户端发送的消息。

8.2.3 使用 TCP 进行手机文件传输

TCP 是面向流的。面向流是指无保护消息边界的,如果发送端连续发送数据,接收端有可能在一次接收动作中会接收两个或者更多的数据包。

举个例子来说,如果发送端连续发送三个数据包,大小分别是 1KB、2KB、4KB,这三个数据包都已经到达接收端缓冲区中,如果使用 UDP 协议,无论接收缓冲区多大,都必须有三次接收动作才能把所有数据包接收完。而使用 TCP 协议,只要把接收缓冲区大小设置为 7KB 以上,就能够一次将所有数据包接收下来,即只需进行一次接收动作。

这是由于 TCP 协议把数据当作一串数据流,所以它不知道消息的边界,即独立的消息之间是如何分隔开的。这便会造成消息的混乱,也就是说不能保证一个 Send 方法发出的数据被一个 Receive 方法读取。例如,客户端发送的消息是:第一次发送 abcde,第二次发送 12345,服务器方接收的可能是 abcde12345,即一次性接收完;也可能是第一次接收 abc,第二次接收 de123,第三次接收 45。

针对这个问题,一般有 3 种解决方案:发送和接收定长的消息,把消息的尺寸与消息一块发送,使用特殊的标记来区分消息间隔。

下面通过一个具体的例子——手机文件传输,来说明如何使用上面方法解决接收方接收发送方连续发送的数据。

【例 8-2】 编写基于 TCP 协议的手机文件传输程序。

本程序分为发送端程序 FileSend_TCP 与接收端程序 FileAccept_TCP。接收端使用后台服务来监听与接收文件,并将收到的文件存储在 SD 卡中。发送端程序调用 Android 系统内置的相册,让用户选取图片文件。

先来看发送端程序 FileSend_TCP。发送端启用一个线程(SendThread)发送图片,为了帮助接收端对接收数据定界,数据组织为"文件名:文件长度:文件内容"。这样,接收方收到数据后可以根据":"对各部分数据进行划分,通过文件长度对接收文件的内容定界。

FileSend_TCP 的 MainActivity.java 文件主要内容如下:

```
@SuppressLint("NewApi")
public class MainActivity extends Activity
{
    public String AcceptIP = "222.198.39.29";          //接收方 IP 地址
    public int LocalListenPort = 4567;                  //发送端口号
    public Thread SendThread = null;                    //发送线程
    public File file = null;                            //选择发送的文件
    public String FilePath = null;                      //选择发送文件的路径
    public Uri fileUri = null;
```

```java
public TextView textView = null;
public Button button1 = null;
public Button button2 = null;
@Override
protected void onCreate(Bundle savedInstanceState) {
    super.onCreate(savedInstanceState);
    setContentView(R.layout.activity_main);
    textView = (TextView)findViewById(R.id.textview);
    button1 = (Button)findViewById(R.id.button1);
    button2 = (Button)findViewById(R.id.button2);
    textView.setText("请选择文件.");

    button1.setOnClickListener(new View.OnClickListener() {
        @Override
        public void onClick(View v) {
            //隐式启动系统内置的相册 Activity
            Intent i = new Intent();
            i.setType("image/*");
            i.setAction(Intent.ACTION_GET_CONTENT);
            startActivityForResult(i, 10);
        }
    });
    button2.setOnClickListener(new View.OnClickListener() {
        @Override
        public void onClick(View v) {
            //启动发送线程
            SendThread = new Thread(sendRunnable);
            SendThread.start();
        }
    });
}
@Override
protected void onActivityResult(int requestCode, int resultCode, Intent data) {
    super.onActivityResult(requestCode, resultCode, data);
    if(requestCode == 10){
        //根据 Activity 的返回值,得到文件名与文件的路径
        fileUri = data.getData();
        FilePath = MainActivity.getRealFilePath(this, fileUri);
        //根据文件的 URI 得到文件的路径地址
        file = new File(FilePath);
        textView.setText("已选择文件: " + FilePath);
    }
}
//根据文件的 URI 得到文件的路径地址
public static String getRealFilePath( final Context context, final Uri uri ) {
    if ( null == uri )
     return null;
    final String scheme = uri.getScheme();
    String data = null;
    if ( scheme == null )
```

```java
            data = uri.getPath();
        else if ( ContentResolver.SCHEME_FILE.equals( scheme ) ) {
            data = uri.getPath();
        }
        else if ( ContentResolver.SCHEME_CONTENT.equals( scheme ) ) {
            Cursor cursor = context.getContentResolver().query( uri, new String[]
            { ImageColumns.DATA }, null, null, null );
            if ( null != cursor ){
                if ( cursor.moveToFirst() ){
                    int index = cursor.getColumnIndex( ImageColumns.DATA );
                    if ( index > - 1 ){
                        data = cursor.getString( index );
                    }
                }
                cursor.close();
            }
        }
    return data;
}
public Runnable sendRunnable = new Runnable()
{
    @Override
    public void run() {
        Socket socket;
        try {
            socket = new Socket(AcceptIP, LocalListenPort);
            //创建套接字,指定接收端 IP 地址与端口号
            OutputStream outputStream = socket.getOutputStream();   //得到输出流
            FileInputStream fis = new FileInputStream(file);
            int count = fis.available();
            byte[] filedata = new byte[count];
            fis.read(filedata);        //将选中的文件存储到内存中
            //组合文件名与文件大小之间用":"分隔
            String string = file.getName().toString() + ":" + filedata.length + ":";
            byte[] str = string.getBytes(Charset.forName("UTF - 8"));
            byte[] data = new byte[count + str.length];
            //将储存文件信息的数组和存储文件内容的数组组合为一个新的数组
            System.arraycopy(str, 0, data, 0, str.length);
            System.arraycopy(filedata, 0, data, str.length, filedata.length);
            //发送出消息,格式为"文件名:文件大小(字节数):文件内容"
            outputStream.write(data);
            outputStream.flush();
            fis.close();
            outputStream.close();

            Looper.prepare();
            Toast.makeText(MainActivity.this, "发送成功!", Toast.LENGTH_LONG).show();
            //提示发送成功
            Looper.loop();
        } catch (UnknownHostException e) {
```

```
                e.printStackTrace();
            } catch (IOException e) {
                e.printStackTrace();
            }
        }
    };
}
```

服务器端接收数据采用 Service 组件，Service 程序写在 ListenService.java 文件中，该服务启用一个监听线程（ListenThread）来监听客户端的连接，每当有连接进来则启用另一个接收线程（receiveThread）接收文件数据。

FileAccept_TCP 程序的 ListenService.java 文件主要代码：

```java
@SuppressLint("NewApi")
public class ListenService extends Service
{
    ServerSocket Serversocket = null;                    //监听套接字
    int LocalListenPort = 4567;                          //本地监听端口
    Thread ListenThread = null;                          //监听线程
    public int m_fileLen = 0;                            //接收文件长度
    public String m_filename = null;                     //接收文件名
    FileOutputStream fos = null;                         //文件输出流
    File SDpath = null;                                  //默认文件目录
    File newFile = null;                                 //接收到的文件
    @Override
    public IBinder onBind(Intent intent) {
        return null;
    }
    @Override
    public void onCreate() {
        super.onCreate();
    }
    @Override
    public void onDestroy() {
        super.onDestroy();
        try{
            Serversocket.close();                        //关闭监听套接字
            ListenThread.interrupt();                    //终止线程
        }catch (IOException e) {
            e.printStackTrace();
        }
    }
    @SuppressWarnings("deprecation")
    @Override
    public void onStart(Intent intent, int startId) {
        super.onStart(intent, startId);
        SDpath = Environment.getExternalStorageDirectory();   //得到 SD 卡默认目录
        ListenThread = new Thread(null, listener, "ListenThread");
```

```
            ListenThread. start();                          //启动监听线程
    }
    public Runnable listener = new Runnable() {
        @Override
        public void run() {
            try {
                //实例化监听套接字,使它监听指定端口
                Serversocket = new ServerSocket(LocalListenPort);
                //循环监听
                while(!Thread.interrupted())  {
                    //调用 ServerSocket 的 accept()方法,接收客户端所发送的请求
                    Socket socket = Serversocket. accept();
                    //创建一个接收该客户端发来数据的线程
                    receiveDataRunnable recThread = new receiveDataRunnable();
                    recThread.setSocket(socket);
                    Thread thread = new Thread(recThread);
                    thread. start();
                }
            } catch (IOException e) {
                e.printStackTrace();
            }
        }
    };
    @SuppressLint("NewApi")
    public class receiveDataRunnable implements Runnable{
        private boolean ReceiveEnd = false;              // 判断是否接收结束的变量
        private Socket m_socket;
        public void setSocket(Socket socket){           //得到已经连接上的 Socket
            m_socket = socket;
        }
        @Override
        public void run() {
            InputStream inputStream = null;
            try {
                //从 Socket 中得到 InputStream 对象
                inputStream = m_socket.getInputStream();
            } catch (IOException e2) {
                e2.printStackTrace();
            }

            while (ReceiveEnd == false){
                try {
                    int count = 0;
                    //返回的实际可读字节数,也就是当前消息的总大小
                    while (count == 0){
                        count = inputStream.available();
                    }
                    byte readBuffer [] = new byte[count];
                    int temp = 0;
                    //从 InputStream 当中读取客户端所发送的数据,并存到 readBuffer 中
```

```
temp = inputStream.read(readBuffer, 0, readBuffer.length);
if (temp == -1)
    continue;              //没有读取成功,继续读下一条
//判断是否为第一次接收到数据
if (m_fileLen == 0 && m_filename == null)
{   //将接收到的字节流编码成字符串
    String revText = new String(readBuffer,Charset.forName("UTF-8"));
    //根据内容得到接收文件名和文件大小
    // 接收内容格式"文件名:文件大小:文件内容"
    String[] sep = revText.split(":");
    m_filename = sep[0];     //得到文件名
    m_fileLen = Integer.parseInt(sep[1]);   //得到文件长度
    if (sep.length > 2 && !sep[2].equals("")){
        //接收的消息中含有文件内容
        //统计该文件内容所占的字节
        String infoStr = sep[0] + ":" + sep[1] + ":";
        int infoByteLen = infoStr.getBytes(Charset.forName("UTF-8")).
        length;
        //得到文件内容所占的字节
        int fileLen = readBuffer.length - infoByteLen;
        //接收的文件内容存到内部存储器中
        newFile = new File(SDpath, m_filename);
        newFile.createNewFile();
        fos = new FileOutputStream(newFile);
        if (m_fileLen <= fileLen)
        {   //这次所接收的消息包含全部的文件内容
            fos.write(readBuffer, infoByteLen, m_fileLen);
            fos.flush();
            fos.close();
            fos = null;
            m_filename = null;
            m_fileLen = 0;
            ReceiveEnd = true;
            //文件接收完成,将文件名传到 Activity 中
            MainActivity.GetFlieName(newFile.getPath().toString());
        }
        else{
            //表示这次接收的消息并未包含全部的文件内容
            fos.write(readBuffer, infoByteLen, fileLen);
            m_fileLen -= fileLen;
        }
    }
}
else{   //非第一次接收,继续接收对方发过来的剩余的内容
    //判断当前消息是否包含全部的剩余文件内容
    if(readBuffer.length < m_fileLen){    //不包含
        fos.write(readBuffer, 0, readBuffer.length);
    }
    else {
        fos.write(readBuffer, 0, m_fileLen);
```

```
                        }
                        m_fileLen -= temp;
                        //判断是否接收完成
                        if (m_fileLen <= 0){          //文件接收完成
                            fos.flush();
                            fos.close();
                            fos = null;
                            m_filename = null;
                            m_fileLen = 0;
                            ReceiveEnd = true;
                            //将文件名传到 Activity 中
                            MainActivity.GetFlieName(newFile.getPath().toString());
                        }
                    }
                }
            catch (IOException e) {
                try {
                    m_socket.shutdownInput();    //关闭套接字
                    m_socket.close();
                }
                catch (IOException e1) {
                    e1.printStackTrace();
                    return;
                }
                e.printStackTrace();
            }
        }
        //关闭输入流及客户端套接字
        try {
            inputStream.close();
            m_socket.close();
            }
        catch (IOException e) {
            e.printStackTrace();
            return;
        }
    }
  }
}
```

本示例同样要添加权限,除了与例 8-1 一样要添加网络操作的权限外,两个程序还需添加对 SD 卡操作的权限:

```
< user - permission android:name = "android.permission.WRITE_EXTERNAL_STORAGE"/>
< user - permission android:name = "android.permission.MOUNT_UNMOUNT_FILESYSTEMS"/>
```

最后使两部手机处于同一局域网,将发送端的成员变量 AcceptIP 改为接收端的 IP 地址,这样程序就可以运行了。运行效果如图 8.4 所示。

(a) 发送文件　　　　　　　　　(b) 接收文件

图 8.4　TCP 传输文件运行效果

8.3　UDP 传输编程

8.3.1　DatagramPacket 类与 DatagramSocket 类

　　UDP 通信协议是无连接、面向报文的网络通信协议。UDP 协议在网络中传输的是一个个的数据包,而 DatagramPacket 对象就可以看作一个 UDP 数据包。一个 DatagramPacket 对象包含目的地址、目的端口、字节数组(数据)等。在应用程序中生成一个 DatagramPacket 对象时应该注意:不同的网络有着不同的 MTU 值(最大传输单元),当 UDP 数据包中的数据多于 MTU 时,发送方的 IP 层需要分片进行传输,而在接收方 IP 层则需要进行数据报重组,由于 UDP 是不可靠的传输协议,如果分片丢失导致重组失败,将导致整个 UDP 数据包被丢弃。下面列出 DatagramPacket 类常见的构造方法。

　　(1) DatagramPacket(byte[] buf, int length):构造一个 DatagramPacket 对象,其中可以存储 length 字节的数据。buf 数组用于接收数据报中的数据,接收长度为 length。

　　(2) DatagramPacket(byte[] buf, int length, InetAddress address, int port):构造一个 DatagramPacket 对象,其中可以存储 length 字节的数据,数据包的目的地址为 address,目的端口为 port,buf 数组用于接收数据报中的数据。

　　(3) DatagramPacket(byte[] buf, int length, SocketAddress address):构造一个可以存储 length 字节数据的 DatagramPacket 对象,SocketAddress 类型的地址中包含目的 IP 地址和端口号,buf 数组用于接收数据报中的数据。

　　在使用以上构造方法时需要注意:length 必须小于等于 buf.length。数据存储在 DatagramPacket 对象中,想要取出数据还需使用 DatagramPacket 类的方法。表 8.3 对 DatagramPacket 类中的常用方法做了介绍。

表 8.3　DatagramPacket 类的常用方法

方　　　法	功　　　能
public InetAddress getAddress()	得到数据报中的 IP 地址,该地址可以是目的地址或者发送地址
public int getPort()	得到发送或者接收数据报的远程主机端口号
public byte[] getData()	得到数据报中的数据字节数组
public void setData(byte[] buf)	将数据 buf 存入数据报中
public void setAddress(InetAddress iaddr)	设置数据报的目的 IP 地址
public void setPort(int iport)	设置数据报的接收端口

数据报就相当于是信件,信件是不会自己跑到目的地去的,还需要传输信件的邮局。DatagramSocket 对象就相当于邮局,用于发送与接收 DatagramPacket 对象。下面列出常用的 DatagramSocket 类的构造方法。

(1) DatagramSocket():创建 DatagramSocket 对象,该对象使用当前计算机的任一个可用的端口为发送端口,通常只用于客户端临时使用。

(2) DatagramSocket(int port):创建一个以当前计算机指定端口为接收端口的 DatagramSocket 对象,参数 port 为指定的端口号。

(3) DatagramSocket(int port, InetAddress laddr):创建在指定本地 IP 地址和端口号的 DatagramSocket 对象。参数 port 为指定端口号,参数 laddr 为指定的 IP 地址。

在创建 DatagramSocket 对象时,如果指定端口已经被占用,则会抛出 SocketException 异常。DatagramSocket 类中封装了许多用于操作数据包的方法,表 8.4 中详细介绍了 DatagramSocket 类中常用方法。

表 8.4　DatagramSocket 类的常用方法

方　　　法	功　　　能
public void send(DatagramPacket p)	将数据报对象 p 中包含的报文发送到指定 IP 地址主机的指定端口
public void receive(DatagramPacket p)	从建立的数据报连接中接收数据,并保存到 p 中。该方法在接收到数据报前会一直阻塞
public void setSoTimeout(int timeout)	设置传输超时为 timeout
public void close()	关闭数据报连接

8.3.2　使用 UDP 套接字传输数据

现在,相信大家对 UDP 应用编程也有了了解,同 TCP 数据传输讲解一样,本节仍通过一个示例具体讲解 UDP 套接字传输数据的方法。

【例 8-3】　使用 UDP 通信协议实现例 8-1 的文字传输程序。该程序不再有服务器与客户端程序之分,即程序即可发送消息也可接收消息,运行结果如图 8.5 所示。

(a) UDP通信1　　　　　　　(b) UDP通信2

图 8.5　UDP 传输文字运行效果

程序的布局与 8.2.2 节中的客户端程序布局一样，源码程序文件为 MainActivity.java，
主要内容如下：

```java
public class MainActivity extends Activity
{
    public DatagramSocket server = null;                //监听套接字
    public String AimIP = "222.198.39.29";              //接收方 IP
    public int AimPort = 12346;                          //接收方接收端口
    public int AcceptPort = 12345;                       //本机接收端口
    public Handler handler = null;          //handler 消息传递机制解决子线程更新主线程界面
    public String refresh = null;                       //当前接收到的消息
    public Thread receiveThread = null;                 //接收线程
    public Thread sendThread = null;                    //发送线程
    public List < String > list = null;                 //显示列表
    public ArrayAdapter < String > adapter = null;      //listView 适配器
    public Button button = null;
    public EditText editText = null;
    public ListView listView = null;


    @Override
    protected void onCreate(Bundle savedInstanceState) {
        super.onCreate(savedInstanceState);
        setContentView(R.layout.activity_main);
        listView = (ListView)findViewById(R.id.listview);
        list = new ArrayList < String >();
        adapter = new ArrayAdapter < String >(this, android.R.layout.simple_list_item_1, list);
        listView.setAdapter(adapter);                   //为 listView 添加适配器
        handler = new Handler();                        //实例化 handler
        button = (Button)findViewById(R.id.button);
        editText = (EditText)findViewById(R.id.edittext);
        button.setOnClickListener(new View.OnClickListener()
        {   @Override
            public void onClick(View v) {
                sendThread = new Thread(null, sendWork, "outputWork");  //创建发送线程
                sendThread.start();
                String string = editText.getText().toString().trim();
                if(string != null){
                    list.add("发送:" + string);          //将发送的消息加入到列表
                    adapter.notifyDataSetChanged();      //适配器重新加载,显示当前列表
                }
            }
        });
        try {
            server = new DatagramSocket(AcceptPort);    //实例化套接字,并指定监听端口
            receiveThread = new Thread(null, receiveWork, "inputWork");  //创建接收线程
            receiveThread.start();
        } catch (IOException e) {
            e.printStackTrace();
        }
```

```
        }
        public void upData(String string){          //当接收到消息时调用的更新函数
            refresh = string;
            handler.post(refreshRunnable);
        }
        private Runnable refreshRunnable = new Runnable() {
            @Override
            public void run() {
                list.add("接收:" + refresh);          //列表中添加一项
                adapter.notifyDataSetChanged();        //适配器重新加载,显示当前列表
            }
        };
        private Runnable receiveWork = new Runnable() {
            @Override
            public void run() {
                while(true){                           //循环接收
                    try {
                        byte[] data = new byte[100];
                        DatagramPacket packet = new DatagramPacket(data, data.length);
                        //实例化 UDP 接收包
                        server.receive(packet);        //将要接收的消息读取到 UDP 接收包中
                        String string = new String(packet.getData()).trim();
                        upData(string);                //将接收到的消息更新到用户界面

                    } catch (IOException e) {
                        e.printStackTrace();
                        break;
                    }
                }
            }
        };
        private Runnable sendWork = new Runnable() {
            @Override
            public void run() {
                String string = editText.getText().toString().trim();   //得到要发送的消息
                if(string != null){
                    byte[] data = new byte[100];
                    data = string.getBytes();          //将得到的消息转变为字节数组
                    try{
                        DatagramSocket socket = new DatagramSocket();
                        InetAddress ip = InetAddress.getByName(AimIP);
                        DatagramPacket packet = new DatagramPacket(data, data.length, ip
                        , AimPort);
                        //创建数据包
                        socket.send(packet);
                        //发送数据包
                    }
                    catch (IOException e) {
                        e.printStackTrace();
```

```
                    }
                }
            }
        };
    }
```

最后不要忘记为程序添加网络操作权限。另外,运行之前要在程序中将成员变量 AimIP 改为对方手机的 IP 地址。

8.3.3 使用 UDP 进行相片传输

本节中将介绍一个使用 UDP 通信协议的传输相片的实例。由于 UDP 采用数据报形式传输而非流式形式,因此不用像 TCP 那样考虑数据包的边界问题,编程相对简单,通过这个例子让我们体会一下 UDP 和 TCP 连续传输数据的不同。

【例 8-4】 编写基于 UDP 协议的手机相片传输程序,程序运行效果与图 8.5 一样。

本程序分为发送端程序 FileSend_UDP 与接收端程序 FileAccept_UDP。与例 8-2 类似,接收端使用后台服务来接收文件,并将收到的文件存储在 SD 卡中。发送端程序调用 Android 系统内置的图片读取页面来选取图片文件。

由于该示例界面设计、显示、存储、交互代码与例 8-2 一样,仅数据传输方式不同,所以这里仅列出使用 UDP 协议发送和接收数据报的代码。

FileSend_UDP 程序 MainActivity.java 文件中的数据发送代码:

```java
public Runnable sendRunnable = new Runnable()
{
        @Override
        public void run() {
            try {
                DatagramSocket socket1 = new DatagramSocket();
                //创建 DatagramSocket 对象
                InetAddress serverAddress = InetAddress.getByName(AcceptIP);
                FileInputStream fis = new FileInputStream(file);
                int count = fis.available();              //得到文件的可读字节数
                byte[] filedata = new byte[count];
                fis.read(filedata);                        //将文件读取到内存中
                //组合文件名与文件大小,之间用":"分隔
                String string = file.getName().toString() + ":" + filedata.length + ":";
                byte[] str = string.getBytes(Charset.forName("UTF-8"));
                byte[] data = new byte[count + str.length];
                System.arraycopy(str, 0, data, 0, str.length);
                //发送出消息,格式为"文件名:文件大小(字节数):文件内容"
                System.arraycopy(filedata, 0, data, str.length, filedata.length);
                DatagramPacket packet = new DatagramPacket(data, data.length,
                serverAddress, Port);
                //构成数据包
                socket1.send(packet);                      //发送数据包
                Looper.prepare();
```

```
                            Toast.makeText(MainActivity.this, "发送成功!", Toast.LENGTH_LONG).
                            show();                          //提示发送成功
                            Looper.loop();
                        } catch (UnknownHostException e) {
                            e.printStackTrace();
                        } catch (IOException e) {
                            e.printStackTrace();
                        }
                    }
                };
```

FileAccept_UDP 程序 ListenService.java 文件中的数据接收代码:

```
public Runnable listener = new Runnable()
{
    @Override
    public void run() {
        try {
            //实例化监听套接字,使它监听指定端口
            Serversocket = new DatagramSocket(LocalListenPort);
            //循环监听
            while(!Thread.interrupted())  {
                //创建一个空的数据包
                byte[] data = new byte[10240];
                DatagramPacket packet = new DatagramPacket(data, data.length);
                //接收数据包,并将其存储在 packet 中
                Serversocket.receive(packet);
                //创建一个接收该客户端发来数据的线程
                receiveDataRunnable recThread = new receiveDataRunnable();
                recThread.setpacket(packet);
                Thread thread = new Thread(recThread);
                thread.start();
            }
        } catch (IOException e) {
            e.printStackTrace();
        }
    }
};
@SuppressLint("NewApi")
public class receiveDataRunnable implements Runnable
{
    private DatagramPacket m_packet;

    public void setpacket(DatagramPacket pack){          //得到接收到的数据包
        m_packet = pack;
    }
    @Override
    public void run() {
        try {
```

```
        byte[ ] readBuffer = null;
        readBuffer = new byte[m_packet.getLength()];
        readBuffer = m_packet.getData();                    //从数据包中取出数据
        //根据接收的内容得到接收文件名和文件大小
        //接收内容格式为"文件名：文件大小：文件内容"
        String revText = new String(readBuffer,Charset.forName("UTF-8"));
        //编码成字符串
        String[] sep = revText.split(":");
        m_filename = sep[0];                                //得到文件名
        m_fileLen = Integer.parseInt(sep[1]);               //得到文件长度
        //统计非文件内容所占的字节
        String infoStr = sep[0] + ":" + sep[1] + ":";
        int infoByteLen = infoStr.getBytes(Charset.forName("UTF-8")).length;
        //创建文件
        newFile = new File(SDpath, m_filename);
        newFile.createNewFile();
        //接收的文件内容存到外部存储器中
        fos = new FileOutputStream(newFile);
        fos.write(readBuffer, infoByteLen, m_fileLen);
        fos.flush();
        fos.close();
        fos = null;
        //接收完毕,传出文件名
        MainActivity.GetFlieName(m_filename);
        m_filename = null;
        m_fileLen = 0;
    }
    catch (IOException e) {
        e.printStackTrace();
        return;
    }
  }
}
```

由于以太网数据帧的长度必须为 46~1500 字节,1500 字节被称为链路层的 MTU,如果再减去链路层、传输层协议的首部和尾部,实际 UDP 数据报的数据区最大长度为 1472 字节。当发送的 UDP 数据大于 1472 字节时,发送方的 IP 层就需要将数据报进行分片,而接收方 IP 层则需要进行数据报的重组。因此,在普通局域网环境下,编程时最好将每次传输的 UDP 数据控制在 1472 字节以下。同样道理,鉴于 Interent 上的标准 MTU 为 576 字节,建议在进行 Internet 的 UDP 编程时,最好将每次传输的数据长度控制在 548 字节(576−8−20)以内。本例中的图像文件大小控制在 8KB 以内。

8.4 使用无线局域网的"移动点餐系统"

8.4.1 "移动点餐系统"的 PC 服务器编程

PC 服务器采用. NET 开发平台,使用目前流行的 C♯语言编写服务器端程序,程序名为 OrderFoodServer。为了方便读者理解，服务器端的数据库采用了简单易学的 Access 2007 数据库，数据库名为 OrderFoodServerDB。

1. 数据库设计

点餐系统服务器数据库如表 8.5～表 8.8 所示。

表 8.5　用户数据表 User

字 段 名 称	字 段 类 型	字 段 大 小	说　　明
UserID	文本	10	用户名，主键
Password	文本	20	用户密码
Phone	文本	12	用户电话
Address	文本	255	用户地址

表 8.6　菜品数据表 Dish

字 段 名 称	字 段 类 型	字 段 大 小	说　　明
FoodID	整型	—	菜品编号，主键
FoodName	文本	20	菜品名称
ImageName	文本	255	菜品图片名
Price	单精度浮点数	—	价格

表 8.7　订单数据表 Order

字 段 名 称	字 段 类 型	字 段 大 小	说　　明
OrderID	文本	18	订单编号，主键
UserID	文本	10	用户名
SeatName	文本	10	餐位/包间名（该字段内才有值）
OrderDataTime	日期/时间	—	订单生成时间
isFinished	布尔型	—	是否配送完毕

表 8.8　订单子项数据表 OrderItem

字 段 名 称	字 段 类 型	字 段 大 小	说　　明
OrderID	文本	18	订单编号
FoodID	整型	—	菜品编号
Quantity	整型	—	菜品数量
isFinished	布尔型	—	是否配送完毕

各数据表关系视图如图 8.6 所示。

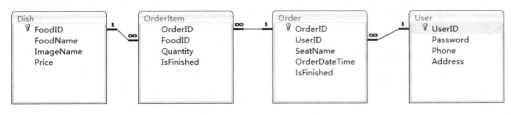

图 8.6　各数据表关系视图

2. 服务器端实体模型设计

与数据库各表相对应,服务器端实体模型有用户(User)、菜品(Dish)、订单(Order)和订单子项(OrderItem)。

(1) 用户实体模型类:

```
class User
{
    public String mUserID;
    public String mPassword;
    public String mPhone;
    public String mAddress;
}
```

(2) 菜品实体模型类:

```
class Dish
{
    public int mFoodID;
    public String mFoodName;
    public String mImageName;
    public float mPrice;
}
```

(3) 订单实体模型类:

```
class Order
{
    public long mOrderID;
    public String mUserID;
    public List < OrderItem > mOrderItems;
    public String mSeatName;              //内卖下单时用户的餐位/包间名
    public DateTime mOrderDateTime;       //订单生成时间
    public bool mIsFinished;              //订单是否配送完成
}
```

(4) 订单子项类:

```
class OrderItem
{
    public int mFoodID;
    public int mQuantity;
    public bool mIsFinished;
}
```

3. 数据库访问及操作类设计

(1) 数据库连接类:

```
public class DBHelper
{
```

```
    private OleDbConnection _conn;
    public static string conStr = "Provider = Microsoft. ACE. OLEDB. 12. 0; Data Source =
OrderFoodServerDB. accdb; Persist Security Info = False";
    public OleDbConnection Conn { get { return _conn; } }
    public DBHelper() { _conn = new OleDbConnection(conStr);  }
    public void Connect()
    {   try
        {   if (_conn. State != ConnectionState. Open) _conn. Open();
        }
        catch (OleDbException oe)
        {   MessageBox. Show(oe. Message);
        }
    }
    public void Disconnect()
    {   if (_conn. State != ConnectionState. Closed)
            _conn. Close();
    }
    //根据当前时间产生一个序列号
    public long GetNumberbyTime()
    {
        DateTime datetime = DateTime. Now;
        String strDateTime = datetime. ToString("yyyyMMddHHmmss")
            + datetime. Millisecond. ToString("D3");
        return long. Parse(strDateTime);
    }
}
```

（2）数据库 User 表操作类：

```
class UserData
{
    public static User UserLogin(String username, String password, OleDbConnection conn)
    {
        string sqlStr = string. Format("SELECT * FROM [User] WHERE [UserID] = \'{0}\' AND
[Password] = \'{1}\'", username, password);
        OleDbCommand cmd1 = new OleDbCommand(sqlStr, conn);
        OleDbDataReader reader1 = cmd1. ExecuteReader();
        if (reader1. Read())
        {
            User theUser = new User();
            theUser. mUserID = username;
            theUser. mPassword = password;
            theUser. mPhone = (string)reader1["Phone"];
            theUser. mAddress = (string)reader1["Address"];
            return theUser;
        }
        else
            return null;
    }
```

```
        public static bool UserRegister(User reguser, OleDbConnection conn)
        {
            string sqlStr = string.Format("SELECT * FROM [User] WHERE [UserID] = \'{0}\'",
reguser.mUserID);
            OleDbCommand cmd1 = new OleDbCommand(sqlStr, conn);
            OleDbDataReader reader1 = cmd1.ExecuteReader();
            if (!reader1.Read())
            {
                string sqlInsertStr = string.Format("INSERT INTO [User] VALUES (\'{0}\',\'{1}\',
\'{2}\',\'{3}\')",
                        reguser.mUserID, reguser.mPassword, reguser.mPhone, reguser.mAddress);
                OleDbCommand cmd2 = new OleDbCommand(sqlInsertStr, conn);
                cmd2.ExecuteNonQuery();
                return true;
            }
            else
                return false;
        }
        public static bool UpdateUserInfo(User newuserinfo, OleDbConnection conn)
        {
            string sqlStr = string.Format("SELECT * FROM [User] WHERE [UserID] = \'{0}\' AND
[Password] = \'{1}\'",
                newuserinfo.mUserID, newuserinfo.mPassword);
            OleDbCommand cmd1 = new OleDbCommand(sqlStr, conn);
            OleDbDataReader reader1 = cmd1.ExecuteReader();
            if (reader1.Read())
            {
                string sqlUpdateStr = string.Format("UPDATE [User] SET [Phone] = \'{0}\',
[Address] = \'{1}\'"
                        + " WHERE [UserID] = \'{2}\'", newuserinfo.mPhone, newuserinfo.mAddress,
newuserinfo.mUserID);
                OleDbCommand cmd2 = new OleDbCommand(sqlUpdateStr, conn);
                cmd2.ExecuteNonQuery();
                return true;
            }
            else
                return false;
        }
    }
```

（3）数据库 Dish 表操作类：

```
class DishData
{
    public static DataTable FillDishInfo(OleDbConnection conn)
    {
        //使用数据阅读器(OleDbDataReader)向数据表格(DataTable)填充数据
        OleDbCommand cmd1 = new OleDbCommand("SELECT [FoodID] AS [编号],"
                        + " [FoodName] AS [名称], [ImageName] AS [图片],"
                        + " [Price] AS [价格] FROM [Dish]", conn);
        OleDbDataReader reader1 = cmd1.ExecuteReader();
        DataTable table1 = new DataTable();
```

```
            table1.Load(reader1);
            reader1.Close();
            return table1;
        }
    }
```

（4）数据库 Order 表操作类：

```
class OrderData
{
    public static bool InsertOrder(Order theOrder, OleDbConnection conn)
    {
        try
        {
            //添加订单信息
            string sqlInsertStr = string.Format("INSERT INTO [Order] ([OrderID],[UserID],
[SeatName],[OrderDateTime])"
                        + " VALUES (\'{0}\',\'{1}\',\'{2}\',\'{3}\')", theOrder.mOrderID,
theOrder.mUserID, theOrder.mSeatName,
                        theOrder.mOrderDateTime);
            OleDbCommand cmd1 = new OleDbCommand(sqlInsertStr, conn);
            cmd1.ExecuteNonQuery();
            //添加订单子项
            foreach (OrderItem item in theOrder.mOrderItems)
            {
                OrderItemData.InsertItem(theOrder.mOrderID, item, conn);
            }
        }
        catch
        {
            return false;
        }
        return true;
    }
}
```

（5）数据库 OrderItem 表操作类：

```
class OrderItemData
{
    public static void InsertItem(long orderId, OrderItem item, OleDbConnection conn)
    {
        string sqlInsertStr = string.Format("INSERT INTO [OrderItem] ([OrderID],[FoodID],
[Quantity])"
                    + " VALUES ({0},\'{1}\',{2})", orderId, item.mFoodID, item.mQuantity);
        OleDbCommand cmd = new OleDbCommand(sqlInsertStr, conn);
        cmd.ExecuteNonQuery();
    }
    public static DataTable FillOrderItemInfo(long orderId, OleDbConnection conn)
    {
        //使用数据阅读器(OleDbDataReader)向数据表格(DataTable)填充数据
```

```
string sqlSeltStr = string.Format("SELECT [Dish].[FoodID] AS [菜品编号],"
    + " [Dish].[FoodName] AS [菜品名称], [Dish].[Price] AS [单价],"
    + " [OrderItem].[Quantity] AS [数量], [OrderItem].[IsFinished] AS [配送完毕]"
    + " FROM [Dish], [OrderItem] WHERE [OrderItem].[OrderID] = \'{0}\'"
    + " AND [OrderItem].[FoodID] = [Dish].[FoodID]",
    orderId);
OleDbCommand cmd1 = new OleDbCommand(sqlSeltStr, conn);
OleDbDataReader reader1 = cmd1.ExecuteReader();
DataTable table1 = new DataTable();
table1.Load(reader1);
reader1.Close();
return table1;
    }
}
```

4. 服务器端网络通信类设计

1）通信数据处理流程设计

Android 客户端和 PC 服务器之间采用 TCP 协议传输，传输内容包括用户注册、用户登录、用户信息更新、餐厅菜单以及点餐订单。

PC 服务器启动后，启用一个监听线程监听 Android 客户端的连接，当有连接进来后，启动另一个线程进行数据交互，服务器接收到客户端发来的消息后的处理流程如图 8.7 所示。

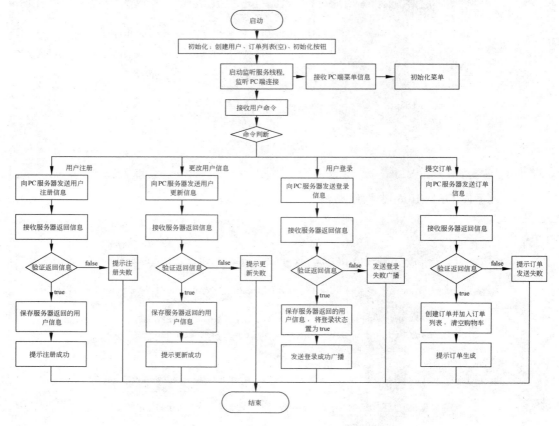

图 8.7 PC 服务器端处理客户端信息流程

在上面用户登录处理中,如果登录成功,服务器除了发送登录成功信息外,还要将餐厅菜单发送给客户端。由于菜单内容往往比较多,所以在 Android 客户端也开启了一个监听线程,专门用于接收服务器发来的菜单。

2）传输数据设计

客户端运行后,会向 PC 服务器端发送多种数据,为了收发端程序设计简单,从 Android 客户端向 PC 服务器端发送的数据采用表 8.9 统一的格式。

表 8.9　客户端向服务器端发送的数据格式及含义

发 送 格 式	含 义
1:用户名:密码:电话:地址	用户注册:注册信息
2:用户名:密码	用户登录:登录信息
3:用户名:密码:电话:地址	用户信息更新:新的用户信息
4:用户名:餐位名:菜品编号1:数量:菜品编号2:数量……	用户订餐:订单信息

从表 8.9 可以看到,服务器将客户端发来数据转换为字符串后,提取编号来识别要进行哪种操作,然后再提取操作所需要的信息。

PC 服务器向 Android 客户端传送的菜单数据采用下面格式:

1:以字节为单位的菜单长度:菜品编号1:名称:图片名称:价格:菜品编号2:名称:图片名称:价格:……

3）PC 服务器端网络通信类的实现

下面给出 PC 服务器端网络通信类实现代码。

```
public class Communication
{
    private IPAddress mLocalAddress = null;           //本机 IP 地址
    private int mListenPort;                          //监听端口号
    public TcpListener myListener;

    public DBHelper mDBHelper;                        //访问的数据库
    private MainForm mainform1;                       //主界面对象
    public volatile bool mIsNormalExit = false;       //是否正常退出所有接收线程
    private Object mLockedDBObj = new Object();       //用于同步访问数据库
    public Thread mListenThread = null;               //服务器监听客户端连接请求的线程

    public long infoLen;                             //接收信息长度
    public Communication(String ip, int lisport, DBHelper dbHelper, MainForm mf)
    {
        mLocalAddress = IPAddress.Parse(ip);
        mListenPort = lisport;
        mDBHelper = dbHelper;
        this.mainform1 = mf;
    }
    public bool SendData(Socket remoteSocket, String msg)
    {
        try
```

```
        {
            // 通过 clientSocket 发送数据
            NetworkStream stream = new NetworkStream(remoteSocket);
            byte[] myWriteBuffer = Encoding.UTF8.GetBytes(msg);
            stream.Write(myWriteBuffer, 0, myWriteBuffer.Length);
            stream.Flush();
            stream.Close();                    //关闭发送流
            return true;
        }
        catch
        {
            return false;
        }
    }
    public bool SendData(Socket remoteSocket, byte[] msg)
    {
        try
        {
            // 通过 clientSocket 发送数据
            NetworkStream stream = new NetworkStream(remoteSocket);
            stream.Write(msg, 0, msg.Length);
            stream.Flush();
            stream.Close();                    //关闭发送流
            return true;
        }
        catch
        {
            return false;
        }
    }
    public void StartWork()
    {
        try
        {
            mListenThread = new Thread(ListenClientConnect);
            mListenThread.Start();
        }
        catch (Exception ex)
        {
            MessageBox.Show(ex.ToString());
        }
    }
    // 接收客户端连接
    public void ListenClientConnect()
    {
        myListener = new TcpListener(mLocalAddress, mListenPort);
        myListener.Start(50);
        Socket newClientSocket = null;
        while (true)
        {
```

```
        try
        {
            newClientSocket = myListener.AcceptSocket();
            //每接收一个客户端连接,就创建一个对应的线程循环接收该客户端发来的消息
            Thread threadReceive = new Thread(ReceiveData);
            threadReceive.Start(newClientSocket);
        }
        catch
        {
            myListener.Stop();
            break;
        }
    }
}
private void ReceiveData(Object socket)
{
    Socket clientSocket = (Socket)socket;
    try
    {
        Byte[] data = new Byte[512];
        int i = clientSocket.Receive(data);
        //接收消息格式(标识号:消息内容)
        String tmp = System.Text.Encoding.UTF8.GetString(data, 0, i);
        String[] sep = tmp.Split(new Char[] { ':' });
        switch (Convert.ToInt16(sep[0]))
        {
            case 1:                             //用户注册
                bool regSuccessed = false;      //注册是否成功
                //读取用户信息
                //格式为"1:用户名:密码:电话:地址"
                User theUser1 = new User();
                theUser1.mUserID = sep[1];
                theUser1.mPassword = sep[2];
                theUser1.mPhone = sep[3];
                theUser1.mAddress = sep[4];
                lock (mLockedDBObj)
                {
                    mDBHelper.Connect();
                    //将用户注册到数据库
                    regSuccessed = UserData.UserRegister(theUser1, mDBHelper.Conn);
                    mDBHelper.Disconnect();
                }
                if (regSuccessed == false)
                {
                    //用户名已存在
                    SendData(clientSocket, "用户名已存在");
                }
                else
                {
                    SendData(clientSocket, "RegerstSuccess");
```

```
        }
        break;
case 2: //用户登录
        //读取登录信息,格式为"2:用户名:密码"
        User theUser2 = null;
        lock (mLockedDBObj)
        {
            mDBHelper.Connect();
            //将用户注册到数据库
            theUser2 = UserData.UserLogin(sep[1], sep[2], mDBHelper.Conn);
            mDBHelper.Disconnect();
        }
        if (theUser2 == null)
        {
            //用户名或密码错误
            SendData(clientSocket, "LoginFail");
        }
        else
        {
            //发送登录用户的电话及地址
            SendData(clientSocket, theUser2.mPhone + ":" + theUser2.mAddress);
            //使用 TCP 发送菜单内容(菜品图片除外)
            //从数据库中读取菜单
            mDBHelper.Connect();
            DataTable dishTable = DishData.FillDishInfo(mDBHelper.Conn);
            mDBHelper.Disconnect();
            //生成菜单文字部分的字符串,菜单格式为"菜品编号 1:名称:图片名
            //称:价格:菜品编号 2:图片名称:名称:价格……"
            String strDishes = "";
            foreach (DataRow row in dishTable.Rows)
            {
                strDishes += row[0] + ":" + row[1] + ":" + row[2] + ":" +
row[3] + ":";

            }
            //将菜单字符串编码成字节流
            byte[] dishesBuffer = Encoding.UTF8.GetBytes(strDishes);
            //将菜单文字信息以 TCP 方式发送到对方监听端口上
            String[] remotePt = clientSocket.RemoteEndPoint.ToString().Split(':');
            String remoteIP = remotePt[0];
            Socket sendSocket = new Socket(AddressFamily.InterNetwork,
            SocketType.Stream, ProtocolType.Tcp);
            //连接到远程主机的监听端口
            sendSocket.Connect(remoteIP, 45688);
            //发送菜单信息长度的格式为"1:信息长度:"
            String strDishInfo = "1:" + dishesBuffer.Length + ":";
            SendData(sendSocket, strDishInfo);
            SendData(sendSocket, dishesBuffer);
```

```csharp
            //关闭发送套接字
            sendSocket.Close();
        }
        break;
    case 3: //用户信息更新
        //读取用户信息
        //格式为"3:用户名:密码:电话:地址"
        bool updSuccessed = false;
        User theUser3 = new User();
        theUser3.mUserID = sep[1];
        theUser3.mPassword = sep[2];
        theUser3.mPhone = sep[3];
        theUser3.mAddress = sep[4];
        lock (mLockedDBObj)
        {
            mDBHelper.Connect();
            //将用户信息更新到数据库
            updSuccessed = UserData.UpdateUserInfo(theUser3, mDBHelper.Conn);
            mDBHelper.Disconnect();
        }
        if (updSuccessed == false)
        {
            SendData(clientSocket, "更新失败,用户名或密码错误");
        }
        else
        {
            SendData(clientSocket, "UpdateSuccess");
        }
        break;
    case 4: //用户点餐订单
        //读取点餐菜单信息
        //格式为"4:用户名:餐位名:菜品编号1:数量:菜品编号2:数量……"
        Order theOrder = new Order();
        theOrder.mOrderID = mDBHelper.GetNumberbyTime();
        theOrder.mUserID = sep[1];
        theOrder.mSeatName = sep[2];
        theOrder.mOrderDateTime = DateTime.Now;
        theOrder.mOrderItems = new List<OrderItem>();
        //读入订单编号及数量
        for (int j = 3; j < sep.Length - 1; j += 2)
        {
            OrderItem theItem = new OrderItem();
            theItem.mFoodID = int.Parse(sep[j]);
            theItem.mQuantity = int.Parse(sep[j + 1]);
            theOrder.mOrderItems.Add(theItem);
        }
        //将订单添加到数据库
        bool insertSuccessed = true;
```

```
                          lock (mLockedDBObj)
                          {
                              mDBHelper.Connect();
                              //将订单信息更新到数据库
                              insertSuccessed = OrderData.InsertOrder(theOrder, mDBHelper.Conn);
                              mDBHelper.Disconnect();
                          }
                          if (insertSuccessed)
                          {
                              //订单添加成功
                              //返回订单信息
                              //格式为"订单号:订单生效时间"
                              string strOdrInfo = theOrder.mOrderID.ToString() + ":"
                                                       + theOrder.mOrderDateTime.ToString();
                              SendData(clientSocket, strOdrInfo);
                          }
                          else
                          {
                              //订单添加失败
                              SendData(clientSocket, "AddFail");
                          }
                          break;
                      }
                  }
                  catch (Exception ex)
                  {
                      MessageBox.Show(ex.ToString());
                  }
                  finally
                  {
                      clientSocket.Shutdown(SocketShutdown.Both);
                      clientSocket.Close();
                  }
              }
          }
```

8.4.2 "移动点餐系统"的 Android 客户端编程

1. 通信数据处理流程设计

Android 客户端启动后,启用一个监听线程监听 PC 服务器端的连接,当有连接进来后,启动另一个线程接收服务器传输的菜单数据。当用户进行诸如注册、登录、更改信息、提交订单操作时则主动连接 PC 服务器,发送相应数据,其数据格式和含义见表 8.9,然后再根据服务器返回的信息进行后续处理。客户端和 PC 服务器通信数据处理流程如图 8.8 所示。

2. 发送及接收通信信息处理的实现

在 MyApplication 类中增加消息发送功能。这样,当需要发送消息到 PC 服务器时,只

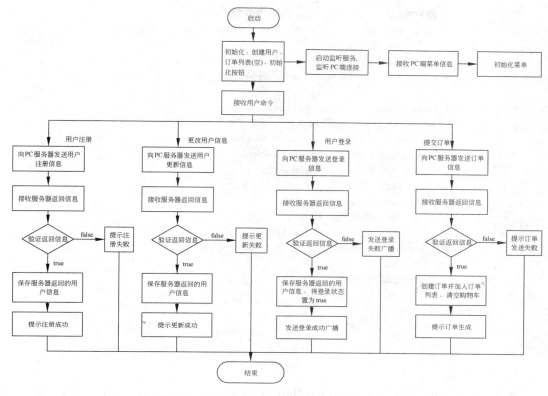

图 8.8　客户端发送及接收通信信息处理流程

需调用该方法就可以完成发送任务。

```
public class MyApplication extends Application          //该类用于保存全局变量
{
    …
    public String g_ip = "";                           //店面服务器 IP 地址
    public int g_objPort = 35885;                      //店面服务器监听端口号
    …
    String SendMessageToServer(String msg)
    {
        String revMsg = "";
        if (g_ip.equals(""))
            return "Not set Server IP";
        try {
            //创建一个 Socket 对象,指定服务器端的 IP 地址和端口号
            Socket clientsocket = new Socket(g_ip,g_objPort);
            //从 Socket 当中得到 OutputStream
            OutputStream outputStream = clientsocket.getOutputStream();
            //发送消息
            byte writeData [] = msg.getBytes(Charset.forName("UTF - 8"));
            outputStream.write(writeData, 0, writeData.length);
            outputStream.flush();
```

```
                    //通过 clientsocket 接收服务器返回的信息
                    InputStream inputStream = clientsocket.getInputStream();
                    int count = 0;
                    while (count == 0){
                        count = inputStream.available();
                    }
                    byte readData [] = new byte[count];
                    //从 InputStream 当中读取客户端所发送的数据
                    inputStream.read(readData, 0, readData.length);
                    revMsg = new String(readData,Charset.forName("UTF - 8"));
                    //关闭输入输出流及发送 socket
                    outputStream.close();
                    inputStream.close();
                    clientsocket.shutdownInput();
                    clientsocket.shutdownOutput();
                    clientsocket.close();
                } catch (Exception e) {
                    e.printStackTrace();
                }
                return revMsg;
            }
        }
```

1) 用户登录

在 MainActivity.java 文件 myImageButtonListener 监听器的 onClick()函数中修改用户登录代码如下：

```
case BUTTON_OK://用户单击了"确定"按钮
    //判断用户名及密码是否符合
    //构造发送到服务器的用户登录信息
    //用户登录信息格式为"2:用户名:密码"
    String strUsrMsg = "2:" + loginDlg.mUserId + ":" + loginDlg.mPsword;
    //将用户登录信息发送到服务器
    String revMsg = mAppInstance.SendMessageToServer(strUsrMsg);
    if (revMsg.equals("Not set Server IP"))
        Toast.makeText(MainActivity.this, "服务器 IP 地址未设置!", Toast.LENGTH_LONG).show();
    else if (revMsg.equals("LoginFail"))
    {
        //广播消息提示用户名或者密码错误
        Intent intent = new Intent(BROADCAST_USERORPSDEOR);
        sendBroadcast(intent);
    }
    else
    {
        //用户登录成功
        String[] sep = revMsg.split(":");
        mAppInstance.g_user.mIslogined = true;
        mAppInstance.g_user.mUserid = loginDlg.mUserId;
        mAppInstance.g_user.mPassword = loginDlg.mPsword;
```

```
        mAppInstance.g_user.mUserphone = sep[0];
        mAppInstance.g_user.mUseraddress = sep[1];
        //将用户信息保存到默认文件夹中
        String filename = "userinfo.txt";
        mDFA.SaveUserInfotoFile(filename, mAppInstance.g_user);
        //隐藏"登录"按钮,显示"注销"按钮
        mImgBtnLogin.setVisibility(Button.GONE);
        mImgBtnLogout.setVisibility(Button.VISIBLE);
        //创建该用户的购物车
        mAppInstance.g_cart = new ShoppingCart(mAppInstance.g_user.mUserid);
        //广播提示用户登录成功,并根据用户要求保存用户名
        Intent intent = new Intent(BROADCAST_LOGINED);
        if (loginDlg.mIsHoldUserId)
            intent.putExtra("username", mAppInstance.g_user.mUserid);    //传递用户名
        else
            intent.putExtra("username", "");          //传递空的用户名(清除)
        sendBroadcast(intent);
    }
    break;
```

2) 用户注册

在 MainActivity.java 文件的 onActivityResult()函数中修改用户注册代码如下:

```
if (resultCode == Activity.RESULT_OK){
    //获得 RegisterActivity 封装在 Intent 中的数据
    MyUser userInfo = new MyUser();
    userInfo.mUserid = data.getStringExtra("user");
    userInfo.mPassword = data.getStringExtra("password");
    userInfo.mUserphone = data.getStringExtra("phone");
    userInfo.mUseraddress = data.getStringExtra("address");
    //构造发送到服务器的用户注册信息
    //用户注册信息格式为"1:用户名:密码:电话:地址"
    String strUsrMsg = "1:" + userInfo.mUserid + ":" + userInfo.mPassword + ":"
            + userInfo.mUserphone + ":" + userInfo.mUseraddress;
    //将用户信息注册到服务器
    String revMsg = mAppInstance.SendMessageToServer(strUsrMsg);
    if (revMsg.equals("RegerstSuccess"))
    {
        //注册成功
        //将用户信息保存到默认文件夹中
        String filename = "userinfo.txt";
        mDFA.SaveUserInfotoFile(filename, userInfo);
        mAppInstance.g_user = mDFA.ReadUserInfofromFile(filename);
        Toast.makeText(MainActivity.this, "注册成功!", Toast.LENGTH_LONG).show();
    }
    else if (revMsg.equals("Not set Server IP"))
        Toast.makeText(MainActivity.this, "服务器 IP 地址未设置!", Toast.LENGTH_LONG).show();
    else
        Toast.makeText(MainActivity.this, revMsg, Toast.LENGTH_LONG).show();
}
```

3）用户信息修改

在 UserInfoActivity.java 文件的 btnModify.setOnClickListener（）函数中修改用户信息更新代码如下：

```
//构造发送到服务器的用户更新信息
//用户更新信息格式为"3:用户名:密码:电话:地址"
String strUsrMsg = "3:" + appInstance.g_user.mUserid + ":"
        + appInstance.g_user.mPassword + ":"
        + etPhone.getText().toString() + ":"
        + etAddress.getText().toString();
//将用户信息更新到服务器
String revMsg = appInstance.SendMessageToServer(strUsrMsg);
if (revMsg.equals("UpdateSuccess"))
{
    //更新成功
    appInstance.g_user.mUserphone = etPhone.getText().toString();
    appInstance.g_user.mUseraddress = etAddress.getText().toString();
    //将修改后的用户信息保存到 userinfo.txt 文件
    mDFA.SaveUserInfotoFile("userinfo.txt", appInstance.g_user);
    finish();
    Toast.makeText(UserInfoActivity.this, "更新成功!", Toast.LENGTH_LONG).show();
}
else if (revMsg.equals("Not set Server IP"))
    Toast.makeText(UserInfoActivity.this, "服务器 IP 地址未设置!", Toast.LENGTH_LONG).show();
else
    Toast.makeText(UserInfoActivity.this, revMsg, Toast.LENGTH_LONG).show();
```

4）提交订单

在 OrderedActivity.java 文件的 mBtnSumit.setOnClickListener（）函数中增加代码如下：

```
//构造发送到服务器的订单信息
//格式为"4:用户名:餐位名:菜品编号1:数量:菜品编号2:数量……"
strOrderMsg = "4:" + appInstance.g_user.mUserid + ":"
        + appInstance.g_user.mSeatname;
for (int i = 0; i < appInstance.g_cart.GetOrderItemsQuantity(); i++) {
    OrderItem item = appInstance.g_cart.GetItembyIndex(i);
    strOrderMsg += ":" + item.mOneDish.mId + ":" + item.mQuantity;
}
//将订单信息发到服务器
String revMsg = appInstance.SendMessageToServer(strOrderMsg);
if (revMsg.equals("AddFail"))
{
    Toast.makeText(OrderedActivity.this, revMsg, Toast.LENGTH_LONG).show();
}
else if (revMsg.equals("Not set Server IP"))
    Toast.makeText(OrderedActivity.this, "服务器 IP 地址未设置!", Toast.LENGTH_LONG).show();
else
```

```
{
    //订购成功
    String[] sep = revMsg.split(":");
    //创建订单
    Order theOrder = new Order(Long.parseLong(sep[0]), appInstance.g_cart, sep[1]
            , appInstance.g_user.mSeatname, false);
    //将订单加入到订单列表
    appInstance.g_orders.add(theOrder);
    //提示用户订单生成信息
    String strOrderInfo = "订单" + theOrder.mId + "提交成功, 时间: " + theOrder.mOrderTime;
    if (theOrder.mSeatName.equals(""))
        strOrderInfo += ", 就餐方式: 外卖";
    else
        strOrderInfo += ", 座位号: " + theOrder.mSeatName;
    Toast.makeText(OrderedActivity.this, strOrderInfo, Toast.LENGTH_LONG).show();
    //清空购物车并更新购物列表
    appInstance.g_cart.ClearAllDishes();
    UpdateOrderList();
}
```

5）接收菜单

在项目中建立一个继承自 Service 的 ListenService 类，在其中编写接收 PC 服务器传过来的菜单代码，菜单接收方法和例 8-2 的文件接收方法一样，限于教材篇幅，请读者参考随书配套的程序源码。

第9章　HTTP 编程

9.1　HTTP 概述

HTTP(HyperText Transfer Protocol,超文本传输协议)是互联网上应用最为广泛的一种网络协议,设计 HTTP 的最初目的是为了提供一种收发 HTML 文件的方法。

HTTP 协议是用于从 WWW 服务器传输超文本到本地浏览器的传输协议,其中 WWW 服务器为服务端,而本地的浏览器相当于客户端。通过使用 Web 浏览器、网络爬虫或者其他工具,客户端向服务器端发送一个 HTTP 请求,并建立一个到服务器指定端口(默认 80 端口)的 TCP 连接。服务器端一旦接收到客户端发来的请求,就会发回一个状态行(如"HTTP/1.1 200 OK"),以及响应消息。响应消息的消息体可能是请求的文件、错误消息或者其他的一些消息。HTTP 使用 TCP 而不是 UDP 的原因在于传输一个网页必须传输很多数据,而 TCP 协议提供传输控制、按顺序组织数据和错误纠正。

HTTP 是客户端浏览器或其他程序与 Web 服务器之间的应用层通信协议。在 Internet 上的 Web 服务器中存放的都是超文本信息。客户机需要通过 HTTP 协议传输所要访问的超文本信息。HTTP 包含命令和传输信息,不仅可用于 Web 访问,也可以用于其他因特网或内联网应用系统间的通信,从而实现各类应用资源超媒体访问的集成。

当要访问一个网站时,只需在浏览器的地址栏里输入该网站的网址就可以了。网址就相当于网页文件在 Internet 中的门牌地址,浏览器通过这个地址访问网页文件,提取网页代码,最后将网页呈现在我们面前。网址又称为 URL(Uniform Resource Locator),即统一资源定位符。在认识 HTTP 的时候,有必要弄清楚 URL 的组成。例如,http://www. *****. com/china/index. xml 的含义如下:

- http://表示超文本传输协议。
- www:表示一个万维网(Web)服务器。
- *****. com/表示装有网页的服务器的域名或者站点服务器的名称。
- /china/表示要访问的网页在服务器上的路径。
- index. xml 表示要访问的网页文件。

HTTP 协议中最初的请求消息的方法多达 7 种,但在随后的发展中,其中 5 种已经很少使用,现在最常用的 2 种请求消息的方法是 Get 与 Post,本章节也只介绍这 2 种请求消息的发送。HTTP 协议采用请求/响应模型。客户端向服务器发送一个请求包,请求包包含请求的方法、URL、协议版本、客户信息和请求的实体内容。服务器以一个状态行作为响应,响应内容包括协议版本、成功或错误编码、服务器信息和响应的实体内容。HTTP 协议可以使浏览器更加高效,使网络传输减少,同时它不仅保证计算机正确快速地传输超文本文件,还确定了传输文件中的哪一部分内容首先显示。这就是为什么在浏览器中看到的网页都是以 http://开头的。

9.2 URL 处理

9.2.1 URL 类的使用

URL 是互联网上"资源"的唯一地址标识。通常 URL 由协议名、主机、端口和资源组成,格式组成如下:

```
protocol://host:port/resourceName
```

例如下面的 URL 地址:

```
http://www.baidu.com/index.htm
```

在 Android 系统中可以通过 URL 获取网络资源,Java.net 包提供了 URL 类来处理 URL 的相关功能。通过 URL 类提供的接口可以很容易地访问网络上的文件。URL 类有以下 4 种常用的构造方法:

(1) public URL(String Spec):通过一个表示 URL 地址的字符串构造一个 URL 对象,例如 URL a=new URL("http://www.baidu.com")。

(2) public URL(URL context,String spec):通过在指定的上下文中对给定的 spec 进行解析来创建 URL 对象,例如 URL b=new URL("index.jsp")。

(3) public URL(String protocol,String host,String file)通过协议名、主机名、文件名和默认端口号创建 URL 对象,例如 URL c=new URL("http", "www.sinal.com.cn", "download/index.html")。

(4) public URL(String protocol,String host,int port,String file)通过协议名、主机名、端口号和文件名创建 URL 对象,例如 URL d=new URL("http", "www.sinal.com.cn", "6789","download/index.html")。

URL 类中的很多属性,如协议名、主机名、端口号等,当对象构造后,这些属性将不能再改变。同时在 URL 类中还定义了很多方法来获取这些属性,下面列出一些常用的方法:

(1) public String getProtocol():获取该 URL 的协议名。

(2) public String getHost():获取该 URL 的主机名。

(3) public int getPort():获取该 URL 的端口号。

(4) public String getFile():获取该 URL 的文件名。

(5) public String getPath():获取该 URL 的路径。

(6) public String getAuthority():获取该 URL 的权限信息。

(7) public String getQuery():获取该 URL 的查询字符串部分。

(8) public final Object getContent():获取该 URL 的内容。

此外,在 Java SDK 中还提供一个名为 URI(Uniform Resource Identifiers,统一资源标识符)的类。URI 不能用于定位任何资源,其唯一的作用就是解析。与此相对的是,URL

包含了一个可以读取资源的输入流,因此可以将 URL 理解成 URI 的特例。在得到 URL 实例后,就可以通过调用相关方法来访问 URL 对应的资源。最主要的 2 种访问资源的方法如下:

(1) public URLConnection openConnection()返回一个 URLConnection 对象,它表示到 URL 所引用的远程对象连接。程序可以通过 URLConnection 对象向该 URL 发送请求,读取 URL 引用的资源。

(2) public final InputStream openStream()打开与此 URL 的连接,并返回一个用于读取该 URL 资源的输入流。该方法是 openConnection().getInputStream()的缩写。

介绍了这么多,接下来通过下面的示例来了解如何通过 URL 访问网络资源。

【例 9-1】 通过指定 URL 访问网络中的网页文件,同时得到 URL 的属性。

程序 URLFoundation 演示了使用 URL 得到指定网页文件的内容和相关属性的方法,程序运行效果如图 9.1 所示。

程序的界面布局较为简单,下面主要来看其功能实现文件 MainActivity.java 的内容:

图 9.1　URLFoundation 程序运行效果

```java
import android.os.Bundle;
import android.app.Activity;
import android.view.Menu;
import android.view.View;
import android.widget.*;
import java.io.*;
import java.net.*;

public class MainActivity extends Activity
{
    private EditText metURL;
    private Button mbtGo;
    private TextView tvResult;
    @Override
    protected void onCreate(Bundle savedInstanceState) {
        super.onCreate(savedInstanceState);
        setContentView(R.layout.activity_main);
        metURL = (EditText)findViewById(R.id.eturl);       //网络文件地址
        mbtGo = (Button)findViewById(R.id.btgo);           //"确定"按钮
        tvResult = (TextView)findViewById(R.id.tvresult);  //显示结果
        mbtGo.setOnClickListener(new View.OnClickListener () {
            @Override
            public void onClick(View v) {
```

```
                  try{
                      String inputURL = metURL.getText().toString();
                      if (inputURL.equals(""))
                          Toast.makeText(MainActivity.this, "请输入网址!",
                                  Toast.LENGTH_LONG).show();
                      else{
                          String strResult = "";
                          URL ul = new URL(inputURL);
                          //获得该 URL 的协议名
                          strResult += "协议名: " + ul.getProtocol() + "\n";
                          //获得该 URL 的主机名
                          strResult += "主机名: " + ul.getHost() + "\n";
                          //获得该 URL 的端口号
                          strResult += "端口号: " + ul.getPort() + "\n";
                          //显示内容
                          tvResult.setText(strResult);
                          //输出该网址下页面的所有内容
                          //构造一个 BuffererReader 对象
                          InputStreamReader inSr = new InputStreamReader(ul.openStream());
                          BufferedReader br = new BufferedReader(inSr);
                          String s;
                          //从输入流不停地读数据,直到读完为止
                          while ((s = br.readLine()) != null){
                              //把读入的数据显示出来
                              strResult += s;
                          }
                          //关闭输入流
                          //显示内容
                          tvResult.setText(strResult);
                      }
                  }
                  catch(Exception e){
                      Toast.makeText(MainActivity.this, e.toString(),Toast.LENGTH_LONG).show();
                  }
              }
          });
      }
}
```

最后别忘了在 AndroidManifest.xml 文件中添加网络操作的权限:

```
<uses-permission android:name="android.permission.INTERNET"></uses-permission>
```

本程序得到的是该网页的 HTML 源码,并未对其进行解析,如果在程序中加入解析功能,呈现在我们面前的将是漂亮的网页。

Android 4.0 以后的版本默认不允许在主线程中访问网络,因此本章中的所有示例,如无特别说明请在 Android 2.3 及其以下版本运行。

9.2.2 URLConnection 类的使用

在一般情况下，URL 类就可以满足我们的项目需求，但是在一些特殊情况下，如 HTTP 数据头的传递，这个时候就需要使用 URLConnection 类。URLConnection 类是一个抽象类，是实现应用程序和 URL 之间通信连接的所有类的超类，该类的对象可以对 URL 所指定的资源进行读写操作。在得到 URL 对象后，可以使用 URL 对象的 openConnect() 方法来得到 URLConnection 对象，之后就可以使用 URLConnection 类中的方法来进行网络操作了。

通过 URLConnection 对象，可以设置请求属性。常用的设置请求属性的方法以及请求属性的功能如下：

(1) public void setDoInput(boolean doinput)：设置该 URLConnection 的 doInput 请求头字段的值。若为 true，则表示打算使用 URL 连接进行输入；若为 false，则不打算使用。

(2) public void setDoOutput(boolean dooutput)：设置该 URLConnection 的 doOutput 请求头字段的值。若为 true，则表示打算使用 URL 连接进行输出；若为 false，则不打算使用。

(3) public void setAllowUserInteraction(boolean allowuserinteraction)：设置该 URLConnection 的 allowUserInteraction 字段的值。如果为 true，则在允许用户交互的上下文中对此 URL 进行检查；如果为 false，则不允许有任何用户交互。

(4) public void setRequestProperty(String key, String value)：设置一般请求属性。如果已存在具有该关键字的属性，则用新值改写其值。其中参数 key：用于识别请求的关键字；参数 value：与该键关联的值。

(5) public void setUseCaches(boolean usecaches)：设置该 URLConnection 的 useCaches 字段的值。有些协议用于文档缓存，有时候能够进行“直通”并忽略缓存尤其重要，例如浏览器中的“重新加载”按钮。如果连接中的 usecaches 标志为 true，则允许连接使用任何可用的缓存；如果为 false，则忽略缓存。默认值为 true。

(6) public void setConnectTimeout(int timeout)：设置一个指定的超时值(以 ms 为单位)，该值将在打开到此 URLConnection 引用资源的通信链接时使用。如果在建立连接之前超时期满，则会引发一个 java.net.SocketTimeoutException 异常，超时时间为零表示无穷大超时。

(7) public void setReadTimeout(int timeout)：将读入超时设置为指定的超时值(以 ms 为单位)。用一个非零值指定在建立到资源的连接后从输入流读入时的超时时间。如果在数据可读取之前超时期满，则会引发一个 java.net.SocketTimeoutException 异常，超时时间为零表示无穷大超时。

每个 set 方法都有一个用于获取参数值或一般请求属性值的对应 get 方法。在建立到远程对象的连接后，就可以访问头字段与资源内容。具体方法如表 9.1 所示。

表 9.1　URLConnection 访问方法

方　　法	功　　能
public abstract voidconnect()	建立到此 URL 引用的资源的通信连接
public Object getContent()	获取此 URL 连接的内容
public InputStream getInputStream()	返回打开的连接的输入流
public OutputStream getOutputStream()	返回打开的连接的输出流
public String getContentEncoding()	返回 content-encoding 头字段的值
public intgetContentLength()	返回 content-length 头字段的值
public String getContentType()	返回 content-type 头字段的值
public long getExpiration()	返回 expires 头字段的值
public long getDate()	返回 date 头字段的值

9.2.3　HttpURLConnection 的使用

在 java. net 类中还有一种支持 HTTP 特定功能的 URLConnection 类,该类是 URLConnection 类的子类,同时该类具有完全的访问功能,可以取代 HttpGet 和 HttpPost 类(两种发送 HTTP 请求的类)。这个类就是 HttpURLConnection 类,本节将详细介绍这个类的基本用法。

HttpURLConnection 类中的常用方法大多都是从 URLConnection 类中继承的,在实际项目中,使用 HttpURLConnection 类可以实现以下 4 个功能:

1. 从 Internet 中获取网页内容

实现此功能时,需要先发送请求,然后将网页以流的形式读取出来。基本流程如下:

(1) 创建一个 URL 对象,例如:

```
URL url = new URL("http://www.sohu.com");
```

(2) 得到 HttpURLConnection 对象:

```
HttpURLConnection con = (HttpURLConnection)url.openConnection();
```

(3) 设置连接超时:

```
con.setConnectTimeout(6000);
```

(4) 对响应码进行判断:

```
if(con.getResponseCode()!= 200) throw new RuntimeException("请求失败");
```

(5) 得到网络返回的输入流:

```
InputStream is = con.getInputStream();
String result = readData(is, "GBK");
    con.disconnect();
```

实现此功能时必须要记得设置连接超时，如果网络不好，Android 系统在超过默认时间后会回收资源、中断操作。第(5)步读入网页文件的操作在具体使用时还需要考虑网页内容的编码方式。

2. 从 Internet 中获取文件

利用 HttpURLConnection 对象从网络中获取文件数据的基本流程如下：

（1）创建 URL 对象并传入文件路径，例如：

```
URL url = new URL("http://photocdn.sohu.com/20100125/Img23233.jpg");
```

（2）得到 HttpURLConnection 对象：

```
HttpURLConnection con = (HttpURLConnection)url.openConnection();
```

（3）设置连接超时：

```
con.setConnectTimeout(6000);
```

（4）对响应码进行判断：

```
if(con.getResponseCode()!= 200) throw new RuntimeException("请求失败");
```

（5）得到网络返回的输入流：

```
InputStream is = con.getInputStream();
```

（6）使用文件输出流将读入的内容写出：

```
outStream.write(buffer, 0, len);
```

在实现此功能时，如果操作的文件过大，要一边从网络中读取，一边向 SDcard 中写入，这样可以减少对手机内存的使用。最后完成功能时，不要忘记及时关闭输入和输出流。

3. 向 Internet 发送请求参数

利用 HttpURlConnection 对象向 Internet 发送请求参数的基本流程如下：

（1）将请求参数存储到 byte 数组中，例如：

```
String para = new String("username = admin&password = admin");
byte[] data = para.getBytes();
```

（2）创建 URL 对象，例如：

```
URL url = new URL("http://127.0.0.1:8080/Day18/servlet/Logining");
```

（3）得到 HttpURLConnection 对象：

```
HttpURLConnection con = (HttpURLConnection)url.openConnection();
```

（4）设置允许输出：

```
con.setDoput(true);
```

（5）设置不使用缓存：

```
con.setUseCaches(false);
```

（6）设置使用 Post 方式发送：

```
con.setRequestMethod("POST");
```

（7）设置维持长连接：

```
con.setRequestProperty("Connection", "Keep - Alive");
```

（8）设置文件字符集：

```
con.setRequestProperty("Charset", "UTF - 8");
```

（9）设置文件长度：

```
con.setRequestProperty("Content - Length",String.valurOf(data.length));
```

（10）设置文件类型：

```
con.setRequestProperty("Content - Type","application/x - www - form - urlencoded");
```

（11）以流的方式输出，例如：

```
con.getOutputStream().write(data);
```

在实现此功能时，发送 POST 请求时必须设置允许输出，建议不要使用缓存，避免出现不应该出现的问题，同时只有设置 Content-Type 为 application/x-www-form-urlencoded，服务器端才可以直接使用 request.getParameter("username")得到所需要信息。

4. 向 Internet 发送 XML 数据

XML 格式是通用的标准语言，Android 系统也可以通过发送 XML 文件传输数据。实现此功能的基本流程如下：

（1）将生成的 XML 文件写入 byte 数组中，同时设置为 UTF-8：

```
byte[] xmlbyte = xml.toString().getBytes("UTF - 8");
```

（2）创建 URL 对象，并指定地址和参数，例如：

```
URL url = new URL("http://localhost/itcast/contanctmangage.do?method = readxml");
```

（3）获得 HttpURlConnection 对象：

```
HttpURLConnection con = (HttpURLConnection)url.openConnection();
```

（4）设置连接超时：

```
con.setConnectTimeout(6000);
```

（5）设置允许输出：

```
con.setDoput(true);
```

（6）设置不使用缓存：

```
con.setUseCaches(false);
```

（7）设置使用 Post 方式发送：

```
con.setRequestMethod("POST");
```

（8）设置维持长连接：

```
con.setRequestProperty("Connection", "Keep-Alive");
```

（9）设置文件字符集：

```
con.setRequestProperty("Charset", "UTF-8");
```

（10）设置文件长度：

```
con.setRequestProperty("Content-Length",String.valurOf
(xmlbyte.length));
```

（11）设置文件类型：

```
con.setRequestProperty("Content-Type","text/xml;charset=UTF-8");
```

（12）以文件流的方式发送 XML 数据：

```
outStream.write(xmlbyte);
```

9.2.4 用 URL 从互联网上下载文件

本节将为大家介绍一个从互联网上下载文件的示例。

【例 9-2】 从 Internet 上下载图片。

该项目名为 DownloadInternetImage，运行效果如图 9.2 所示。在编辑框中输入要下载

的图片网址,单击 Go 按钮将显示下载图片,单击"下载"按钮后将图片保存在/data/data/
< package name >/files 目录中。

图 9.2　DownLoadInternetImage 运行效果

　　该程序主要有两个功能,一个是根据图片的 URI 地址显示图片,另一个是根据图片的
URI 地址下载图片,下面分别给出它们的实现方法。

```
private void DisplayImage(String imgUrl)
{
    try {
        URL url = new URL(imgUrl);
        URLConnection conn = url.openConnection();
        conn.connect();
        /* 显示图片 */
        bm = BitmapFactory.decodeStream(conn.getInputStream());
        ivImgView.setImageBitmap(bm);
    }
    catch (Exception e) {
        Toast.makeText(MainActivity.this, "读取错误！", Toast.LENGTH_LONG).show();
        bm = null;
        ivImgView.setImageBitmap(bm);
    }
}
private void SaveImage(String imgUrl)
{
    try {
        URL url = new URL(imgUrl);
        URLConnection conn = url.openConnection();
        conn.connect();
        /* 保存图片 */
        String filepath = url.getFile();              //获得文件路径(服务器根目录以下)
        String[] sep = filepath.split("/");
```

```
                String filename = sep[sep.length - 1];           //获得文件名
                bm = BitmapFactory.decodeStream(conn.getInputStream());
                FileOutputStream out = this.openFileOutput(filename, MainActivity.MODE_PRIVATE);
                bm.compress(Bitmap.CompressFormat.JPEG, 90, out);
                out.flush();
                out.close();
                Toast.makeText(MainActivity.this, "图片保存完成!", Toast.LENGTH_LONG).show();
            }
        catch (FileNotFoundException e) {
                Toast.makeText(MainActivity.this, "文件创建失败!", Toast.LENGTH_LONG).show();
            }
        catch (Exception e) {
                Toast.makeText(MainActivity.this, "读取错误! ", Toast.LENGTH_LONG).show();
                bm = null;
                ivImgView.setImageBitmap(bm);
            }
        }
    }
```

9.3　HttpClient 使用方法

9.3.1　Apache HttpClient 简介

　　Apache HttpClient 是一个开源项目,弥补了 java.net 开发包灵活性不足的缺点,为客户端的 HTTP 编程提供了高效、最新、功能丰富的工具包支持。Android 平台引入 Apache HttpClient 的同时还提供了对它的一些封装和扩展,如支持默认的 HTTP 超时和缓存大小等。在 Apache HttpClient 库中,网络通信常用的包和类如下:

　　(1) org.apache.http.HttpEntity;

　　(2) org.apache.http.HttpResponse;

　　(3) org.apache.http.client.methods.HttpPost;

　　(4) org.apache.http.client.methods.HttpGet;

　　(5) org.apache.http.impl.client.DefaultHttpClient;

　　(6) org.apache.http.protocol.HTTP。

　　在应用程序的 HTTP 通信中,常用的几个类有:HttpClient、HttpGet、HttpPost、HttpResponse、HttpEntity 等。我们知道在面向对象的思想中一切都可以看作类的对象,而这几个常用的类就是 HTTP 通信系统中的各个部分的抽象。HttpClient 对象是 HTTP 通信系统中的客户端;HttpGet 负责使用 Get 方法请求消息;HttpPost 负责使用 Post 方法请求消息;HttpResponse 对象是服务器返回的消息;最后的 HttpEntity 对象相当于是请求消息的实体或者是返回消息的实体,代表着具体发送或返回的内容。可见只需使用这些常用的 HTTP 通信类,就可以进行一次简单的 HTTP 访问。

9.3.2　HttpClient 网络编程

　　HttpClient 是 Apache Jakarta Common 下的子项目,用来提供高效的支持 HTTP 协

议的客户端编程工具包,支持 HTTP 协议最新的版本和建议。HttpClient 已经应用在很多的项目中,如 Apache Jakarta 上很著名的两个开源项目 Cactus 和 HTMLUnit 都使用了 HttpClient。HttpClient 已经被集成到 Android SDK 里,但在 JDK 里面仍然需要 HttpURLConnectionn 发起 HTTP 请求。HttpClient 可以看作是加强版的 HttpURLConnection,但它的侧重点是如何发送请求、接收和管理 HTTP 连接。

在 HttpClient 类中最主要的方法是 execute(),该方法的参数是一个 HttpGet 对象或者 HttpPost 对象,返回值是一个 HttpResponse 对象,执行该方法就相当于是发送请求消息,并获取服务器的返回消息。接下来通过下面的示例进一步了解如何通过 HttpClient 发送 Get 与 Post 请求。

【例 9-3】 使用 Get 和 Post 方法与 Web 服务器传递数据。

程序 HttpTransDataByThread 将输入的字符串以 Get 或者 Post 方法发送到 Web 服务器,然后接收 Web 服务器的应答字符串并将它显示出来,如图 9.3 所示。

(a) 使用 Get 方法发送数据 (b) 使用 Post 方法发送数据

图 9.3 HttpTransDataByThread 运行效果

为方便理解,先给出用 PHP 语言编写的 Web 服务器页面:
(1) 服务器响应 HTTP 客户端的 Get 方法的页面代码(HttpTransferbyGet.php):

```php
<?php
    $ get_message = $ _GET['msg'];
    echo "Get the String by Get Method: ". $ get_message;
?>
```

该页面使用 Get 方法得到客户端传来的 msg 变量的值,并将它返回(输出)到客户端。
(2) 服务器响应 HTTP 客户端的 Post 方法的页面代码(HttpTransferbyPost.php):

```php
<?php
    $ post_message = $ _POST['msg'];
    echo "Get the String by Post Method: ". $ post_message;
?>
```

该页面使用 Post 方法得到客户端传来的 msg 变量的值,并将它返回(输出)到客户端。
下面给出 Android 客户端 MainActivity.java 文件的代码,为了使本程序能够在 4.0 以上版本的 Android 平台上访问网络,使用单独的线程进行网络操作。由于 Android 不允许后台线程直接更新界面,使用 Handler 方法将网络传输的内容更新到用户界面。

　　Handler 允许将 Runnable 对象发送到线程的消息队列中,每个 Handler 对象绑定到一个单独的线程和消息队列上。当用户建立一个新的 Handler 对象,通过 Post()方法将 Runnable 对象从后台线程发送给 GUI 线程的消息队列,当 Runnable 对象通过消息队列后,这个 Runnable 对象将被运行。

```java
//引用 apache.http 开发包中的 HTTP 相关类
import org.apache.http.HttpEntity;
import org.apache.http.NameValuePair;
import org.apache.http.HttpResponse;
import org.apache.http.client.methods.HttpPost;
import org.apache.http.client.methods.HttpGet;
import org.apache.http.message.BasicNameValuePair;
import org.apache.http.client.ClientProtocolException;
import org.apache.http.client.HttpClient;
import org.apache.http.client.entity.UrlEncodedFormEntity;
import org.apache.http.impl.client.DefaultHttpClient;
import org.apache.http.protocol.HTTP;
import org.apache.http.util.EntityUtils;
//引用 java.io 和 java.util 相关类读写数据
import java.util.List;
import java.util.ArrayList;
import java.io.IOException;
import java.util.regex.Matcher;              //负责对字符串进行正则表达式匹配
import java.util.regex.Pattern;              //负责对字符串进行正则表达式编译
//引用 Android 相关类
import android.os.Bundle;
import android.app.Activity;
import android.view.Menu;
import android.view.View;
import android.view.View.OnClickListener;
import android.widget.*;
public class MainActivity extends Activity
{
    private Button mbtnPost, mbtnGet;        //使用 Post 及 Get 方法发送信息的按钮
    private EditText metMsg;                  //用于填写待发送消息的编辑框
    private static TextView mtvResponse;      //服务器返回信息的显示框

    private static String mStrResponse;      //服务器返回的信息
    public Thread transmission = null;       //网络访问线程
    private static Handler handler = new Handler();   //用于将更新界面的线程发送到 GUI 线程
                                                      //的消息队列中

    @Override
    protected void onCreate(Bundle savedInstanceState) {
        super.onCreate(savedInstanceState);
        setContentView(R.layout.activity_main);
        mbtnPost = (Button)findViewById(R.id.btnPost);
        mbtnGet = (Button)findViewById(R.id.btnGet);
        metMsg = (EditText)findViewById(R.id.etParams);
```

```java
        mtvResponse = (TextView)findViewById(R.id.tvResponse);

        //使用 Get 方法传递参数
        mbtnGet.setOnClickListener(new OnClickListener(){
            @Override
            public void onClick(View v) {
                transmission = new Thread(communicationWorkerbyGet);
                transmission.start();                    //启动网络访问线程
            }
        });
        //使用 Post 方法传递参数
        mbtnPost.setOnClickListener(new OnClickListener(){
            @Override
            public void onClick(View v) {
                transmission = new Thread(communicationWorkerbyPost);
                transmission.start();                    //启动网络访问线程
            }
        });
    }
    //更新界面的 Runnable 对象
    private static Runnable RefreshGUI = new Runnable()
    {
        @Override
        public void run() {
            //将服务器返回信息更新到界面的显示控件
            mtvResponse.setText(mStrResponse);
        }
    };
    private Runnable communicationWorkerbyGet = new Runnable()
    {
        @Override
        public void run() {
            // 创建带参数的网址字符串
            String paramuriAPI = "http://192.168.1.105/httptransferbyget.php?msg = "
                                    + metMsg.getText().toString();

            //建立 HTTP Get 联机
            HttpGet httpRequest = new HttpGet(paramuriAPI);
            try
            {
                //发出 HTTP 获取请求
                HttpResponse httpResponse = new DefaultHttpClient().execute(httpRequest);
                //响应状态码为 200 表示服务器正常收到客户机请求
                if (httpResponse.getStatusLine().getStatusCode() == 200)
                {
                    //获取应答字符串
                    mStrResponse = EntityUtils.toString(httpResponse.getEntity());
                }
                else
                {
                    mStrResponse = "Response Error: " + httpResponse.getStatusLine().toString();
```

```
                }
            }
        catch (ClientProtocolException e)
        {
            mStrResponse = "Protocol Error: " + e.getMessage().toString();
        }
        catch (IOException e)
        {
            mStrResponse = "IO Error: " + e.getMessage().toString();
        }
        catch (Exception e)
        {
            mStrResponse = "Other Error: " + e.getMessage().toString();
        }
        finally
        {
            //使用 Handler 对象的 Post 方法将更新界面操作(线程)发送给 GUI 线程的消息队列
            handler.post(RefreshGUI);
        }
        }
    }
};
private Runnable communicationWorkerbyPost = new Runnable()
{
    @Override
    public void run() {
        // 要访问的网址字符串
        String uriAPI = "http://192.168.1.105/HttpTransferbyPost.php";
        //建立 HTTP Post 联机
        HttpPost httpRequest = new HttpPost(uriAPI);
        //Post 运行传输变量必须用 NameValuePair[ ]数组存储
        List < NameValuePair > params = new ArrayList < NameValuePair >();
        params.add(new BasicNameValuePair("msg", metMsg.getText().toString()));
        try
        {
            HttpEntity requestEntity = new UrlEncodedFormEntity(params, HTTP.UTF_8);
            httpRequest.setEntity(requestEntity);
            //取得 HTTP 响应
            HttpResponse httpResponse = new DefaultHttpClient().execute(httpRequest);
            //响应状态码为 200 表示服务器正常收到客户机请求
            if (httpResponse.getStatusLine().getStatusCode() == 200)
            {
                //获取应答字符串
                mStrResponse = EntityUtils.toString(httpResponse.getEntity());
            }
            else
            {
                mStrResponse = "Response Error: " + httpResponse.getStatusLine().toString();
            }
        }
        catch (ClientProtocolException e)
```

```
                {
                    mStrResponse = e.getMessage().toString();
                }
                catch (IOException e)
                {
                    mStrResponse = e.getMessage().toString();
                }
                finally
                {
                    //使用 Handler 对象的 Post 方法将更新界面操作(线程)发送给 GUI 线程的消息队列
                    handler.post(RefreshGUI);
                }
            }
        };
    }
```

最后在 AndroidManifest.xml 文件中加入网络操作的权限,程序就可以运行了:

```
< uses - permission android:name = "android.permission.INTERNET"></uses - permission >
```

9.3.3 使用 JSON 传输数据包

JSON(JavaScript Object Notation)是一种轻量级的数据交换格式。JSON 采用完全独立于语言的文本格式,但也使用了类似 C 语言家族的习惯。这些特性使得 JSON 成为理想的数据交换语言,相对于 XML 更易于阅读和编写,同时也易于机器解析和生成。

JSON 数据是一系列键值对的集合,已经被大多数开发人员接受,在网络数据传输当中应用广泛。Android 中的 JSON 数据格式主要包含两个类: JSONObject 与 JSONArray,下面先来了解这两个类。

1. JSONObject

JSON 对象(Object)是以"{"开始,以"}"结束,由键值对组成,表现形式为 key:value,键值对间使用逗号分隔,例如:

```
{"Width":"800","Height":"600"}
```

键值对中的 key 只能是 String 类型的,而 value 可以是 String、Number、Boolean、null、JSONArray 甚至是 JSONObject 类型。

2. JSONArray

JSONArray 又称为有序列表,它被理解为数组,以"["开始,以"]"结束。数组中的每一个元素可以是 String、Number、Boolean、null、JSONObject 或者 JSONArray 对象,数组间的元素使用逗号分隔,表现形式为[collection,collection],例如:

```
{"employees":[{"Width":"800","Height":"600"}, {"Width":"700","Height":"800"}]}
```

3. JSON 数据打包

要在网络上通过 JSON 传送对象,需要用 JSON 把信息全部打包后将 JSONObject 转

换成 String 再传送。Android 提供的 JSON 解析类都在包 org.json 下,主要有:

- JSONObject:JSON 对象,即"键/值"对。
- JSONStringer:JSON 文本构建类,可以方便地创建 JSON 文本。
- JSONArray:代表一组有序数值,用 toString()函数可以转换为用方括号包裹的有序列表字符串。
- JSONTokener:JSON 解析类。
- JSONException:JSON 中涉及的异常。

现在,假设要创建一个这样的 JSON 文本:

```
{
    "name": "XXX",
    "age": 21,
    "address":{
                "country": "China",
                "province": "Chongqin"
              },
    "phone":["12345678", "54321"],
    "married": false
}
```

创建代码如下:

```
JSONObject person = new JSONObject();
person.put("name", "XXX");
person.put("age",21);
JSONObject address = new JSONObject();
address.put("country", "China");
address.put("province", "Chongqin");
person.put("address",address);
JSONArray phone = new JSONArray();
phone.put("12345678");
phone.put("54321");
person.put("phone",phone);
person.put("married",false);
```

4. JSON 数据包解析

解析是和打包相反的过程,解析 JSON 数据时,需要明确待解析的是 JSONObject 还是 JSONArray,然后再解析。

(1) 解析 JSON Object 方法一:

```
//新建 JSONObject,jsonString 字符串为 JSON 对象的文本
JSONObject demoJson = new JSONObject(jsonString);
//获取 name 名称对应的值
String s = demoJson.getString("name");
```

（2）解析 JSON Object 方法二：

jsonString 字符串内容为{"n1":"ad","n2":"ih"}

```
//新建 JSONObject
JSONObject demoJson = new JSONObject(jsonString);
//获取 n1 和 n2 名称对应的值
String name1 = demoJson.getString("n1");
String name2 = demoJson.getString("n2");
```

（3）解析 JSON Array：

jsonString 字符串为 JSONArray,内容为{"number":[1,2,3]},其中 number 为数组名称,[1,3,2]为数组的内容。

```
//新建 JSONObject,将 jsonString 转换为 JSONObject 对象
JSONObject demoJson = new JSONObject(jsonString);
//获取 number 对应的数组
JSONArray numberList = demoJson.getJSONArray("number");
//分别获取 numberList 中的每个值
for (int i = 0; i < numberList.length(); i++)
    System.out.println(numberList.getInt(i));
```

【例 9-4】 编写 Android 客户端,访问 Web 服务器上的 MySQL 数据库。

程序 JSONTransData 演示了如何编写 Android 客户端访问 Web 服务器上的 MySQL 数据库。Web 服务器上的 JsonTransferDataServer. php 网页负责访问 jsontransdemodb 数据库中的 users 表,并将其中的数据以 JSON 包的形式输出到客户端。Android 客户端访问 JsonTransferDataServer. php 网页后得到数据包,然后用 JSON 解析后,将 users 表中的内容输出,如图 9.4 所示。

下面先给出 JsonTransferDataServer. php 的内容:

图 9.4 JSONTransData 运行效果

```php
<?php
  $ link = mysql_connect("127.0.0.1","root","root");
  mysql_query("SET NAMES 'utf8'");
  mysql_select_db("jsontransdemodb", $ link);
  $ sql = mysql_query("select * from users", $ link);
  while ( $ row = mysql_fetch_assoc( $ sql))
      $ output[] = $ row;
  print (json_encode( $ output));
  mysql_close();
?>
```

接下来再看看 JSONTransData 程序的 MainActivity.java 中的内容：

```java
import org.json.JSONArray;
import org.json.JSONException;
import org.json.JSONObject;

public class MainActivity extends Activity
{
    JSONArray jArray;
    String result = null;
    InputStream inputStream = null;
    StringBuilder strBuilder = null;
    EditText tv = null;

    @Override
    protected void onCreate(Bundle savedInstanceState) {
        super.onCreate(savedInstanceState);
        setContentView(R.layout.activity_main);
        tv = (EditText) findViewById(R.id.editView);        //显示数据库中的内容
        Button b1 = (Button) findViewById(R.id.button1);
        b1.setOnClickListener(new Button.OnClickListener() {
            @Override
            public void onClick(View v) {
                // TODO Auto-generated method stub
                try {
                    //创建 HTTP 客户端对象
                    HttpClient httpclient = new DefaultHttpClient();
                    //通过服务器的 URL 建立请求消息
                    HttpGet httpget = new HttpGet(
                    "http://222.198.39.29/JSONTransData_php/JsonTransferDataServer.php");
                    //发送请求消息，并得到返回消息
                    HttpResponse response = httpclient.execute(httpget);
                    //得到返回消息的实体
                    HttpEntity entity = response.getEntity();
                    //得到读取返回消息实体的输入流
                    inputStream = entity.getContent();
                } catch (Exception e) {
                    Toast.makeText(MainActivity.this, "Error in http connection"
                                    + e.toString(), Toast.LENGTH_LONG).show();
                }
                try {
                    //创建阅读器
                    BufferedReader reader = new BufferedReader(
                            new InputStreamReader(inputStream, "iso-8859-1"), 8);
                    //用于临时存储 JSON 文本的字符串
                    strBuilder = new StringBuilder();
                    String line = "0";
                    //读取 JSON 文本
                    while ((line = reader.readLine()) != null) {
                        strBuilder.append(line + "\n");
                    }
                    inputStream.close();
                    result = strBuilder.toString();
```

```
                    //输出未解析的JSON字符串
                    Toast.makeText(MainActivity.this, "JSON Strings = "
                              + result, Toast.LENGTH_LONG).show();
            } catch (Exception e) {
                    Toast.makeText(MainActivity.this, "Error converting result"
                              + e.toString(), Toast.LENGTH_LONG).show();
            }
        //解析JSON字符串得到需要的数据
        int ct_id;
        String ct_name;
        try {
                //得到JSONArray对象
                jArray = new JSONArray(result);
                JSONObject json_data = null;
                //解析JSON文本
                for (int i = 0; i < jArray.length(); i++) {
                    json_data = jArray.getJSONObject(i);
                    ct_id = json_data.getInt("id");
                    ct_name = json_data.getString("name");
                    tv.append(ct_id + ":" + ct_name + " \n");
                }
        } catch (JSONException e1) {
                Toast.makeText(getBaseContext(),
                    e1.toString(),Toast.LENGTH_LONG).show();
        } catch (ParseException e1) {
                e1.printStackTrace();
        }
        }
    });
    }
}
```

9.4　使用互联网的"移动点餐系统"

9.4.1　"移动点餐系统"的 Web 服务器编程

Web 服务器采用现在流行的 PHP 语言编写,网站名为 orderfoodserver,Web 数据库使用 MySQL 数据库,数据库名为 orderfoodserverdb,使用的各项表及字段除了一律采用小写字母外,名称和内容与第 8 章中的 PC 服务器端的 OrderFoodServerDB 数据库相同。

1. 数据库访问

数据库操作采用与 PC 服务器端数据库类似的方法,下面给出"移动点餐系统"Web 服务器端数据库主要操作的代码(orderfooddboper. php):

```php
<?php
function UserRegister( $ id, $ psd, $ phone, $ add)
{
    $ sqlStr = sprintf("SELECT * FROM user WHERE userid = '% s'", $ id);
    $ reader1 = mysql_query( $ sqlStr);
```

```php
    if (mysql_num_rows( $ reader1) == 0)
    {
        $ sqlInsertStr = sprintf("INSERT INTO user VALUES ('% s','% s','% s','% s')", $ id,
$ psd, $ phone, $ add);
        mysql_query( $ sqlInsertStr);
        return true;
    }
    else
        return false;
}
function UserLogin( $ id, $ psd)
{
    $ sqlStr = sprintf("SELECT * FROM user WHERE userid = '% s' AND password = '% s'", $ id,
$ psd);
    $ reader1 = mysql_query( $ sqlStr);
    if (mysql_num_rows( $ reader1)> 0)
    {
        //返回登录用户的电话和地址
        $ row = mysql_fetch_array( $ reader1);
        $ userinfo = $ row['phone']."."."$ row['address'];
        return $ userinfo;
    }
    else
        return null;
}
function UpdateUserInfo( $ id, $ psd, $ phone, $ add)
{
    $ sqlStr = sprintf("SELECT * FROM user WHERE userid = '% s' AND password = '% s'", $ id,
$ psd);
    $ reader1 = mysql_query( $ sqlStr);
    if (mysql_num_rows( $ reader1)> 0)
    {
        $ sqlStr = sprintf("UPDATE user SET phone = '% s', address = '% s' WHERE userid = '% s'
AND password =
                            '% s'", $ phone, $ add, $ id, $ psd);
        mysql_query( $ sqlStr);
        return true;
    }
    else
        return false;
}
function GetDishesInfo()
{
    $ sqlStr = sprintf("SELECT * FROM dish");
    $ reader1 = mysql_query( $ sqlStr);
    while ( $ row = mysql_fetch_assoc( $ reader1))
        $ dishes[] = $ row;
    return (json_encode( $ dishes));
}
function GetNumberByTime()
{
    //产生当前时间的字符串,精确到 ms
    $ time = date('YmdHis');
```

```
//php 提供 microtime()函数用于获得当前时间
// $ sec 为秒表示的当前时间, $ usec 为整数秒后小数秒
list( $ usec, $ sec) = explode(" ", microtime());
    $ timestamp = $ time.(int)((float) $ usec * 1000);
    return $ timestamp;
}
function InsertOrderItem( $ orderid, $ foodid, $ quantity)
{
    $ sqlInsertStr = sprintf("INSERT INTO orderitem VALUES ('% s',% d,% d,0)", $ orderid,
$ foodid, $ quantity);
    $ done = mysql_query( $ sqlInsertStr);
    return $ done;
}
function InsertOrder( $ orderid, $ userid, $ seatname, $ ordertime)
{
    $ sqlInsertStr = sprintf("INSERT INTO 'order'('orderid','userid','seatname', 'orderdatetime')
VALUES('% s','% s','% s', '% s')", $ orderid, $ userid, $ seatname, $ ordertime);
    $ done = mysql_query( $ sqlInsertStr);
    return $ done;
}
?>
```

2. 网络通信

Web 服务器处理客户端信息如图 9.5 所示,客户端与服务器间传递数据的格式保持第
8 章表 8.9 的数据格式不变。

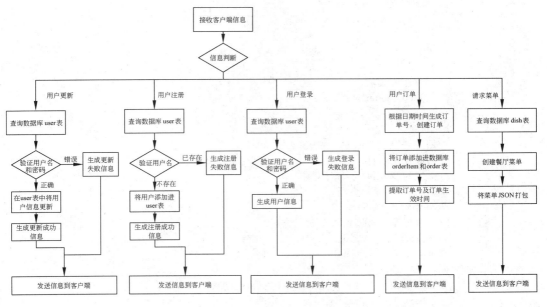

图 9.5　Web 服务器处理客户端信息流程图

下面给出 Web 服务器端网络通信页面 communication. php 的代码。

```php
<?php
header("Content - Type:text/html;charset = utf - 8");
//连接数据库
require_once('Connections/orderfoodconn.php');
require_once('orderfooddboper.php');

//获得客户端发过来的请求字符串
$ post_message = $ _POST['msg'];
//接收消息格式(标识号:消息内容)
$ sep = explode(":", $ post_message);

mysql_query("SET NAMES UTF8");
mysql_select_db( $ database_orderfoodconn, $ orderfoodconn);
switch (intval( $ sep[0],10))
{
    case 1://用户注册
            $ regSuccessed = false;        //注册是否成功
            //读取用户信息
            //格式为"1:用户名:密码:电话:地址"
            $ UserID = $ sep[1];
            $ Password = $ sep[2];
            $ Phone = $ sep[3];
            $ Address = $ sep[4];
            //将用户注册到数据库
            $ regSuccessed = UserRegister( $ UserID, $ Password, $ Phone, $ Address);
            if ( $ regSuccessed == false)
              {
                  //用户名已存在
                  echo "The user is existed";
              }
              else
              {
                  //注册成功
                  echo "RegerstSuccess";
              }
              break;
    case 2: //用户登录
            //读取登录信息
            //格式为"2:用户名:密码"
            $ UserID = $ sep[1];
            $ Password = $ sep[2];
            //在数据库中查询是否有该用户
            $ logInfo = UserLogin( $ UserID, $ Password);
            if ( $ logInfo == null)
            {
                //数据库中没有该用户或该用户密码错误
                echo "LoginFail";
            }
```

```
            else
            {
                echo $ logInfo;
            }
            break;
    case 3: //用户信息更新
            //读取用户信息
            //格式为"3:用户名:密码:电话:地址"
            $ UserID  =  $ sep[1];
            $ Password  =  $ sep[2];
            $ Phone  =  $ sep[3];
            $ Address  =  $ sep[4];
            $ updateSuccessed = UpdateUserInfo( $ UserID, $ Password, $ Phone, $ Address);
            if ( $ updateSuccessed == false)
            {
                echo "Update fail";
            }
            else
            {
                //注册成功
                echo "UpdateSuccess";
            }
            break;
    case 4: //用户点餐订单
            //读取点餐订单信息
            //格式为"4:用户名:餐位号:菜单编号1:数量:菜单编号2:数量..."
            $ OrderID  =  GetNumberByTime();
            $ UserID  =  $ sep[1];
            $ SeatName  =  $ sep[2];
            $ OrderTime  =  date('Y-m-d H:i:s');
            //读入订单项编号及数量并将它们插入到数据库的 orderitem 表
            $ done = false;
            for ( $ i = 3; $ i < count( $ sep) - 1; $ i += 2)
            {
                $ done = InsertOrderItem( $ OrderID, (int) $ sep[ $ i], (int) $ sep[ $ i + 1]);
                if ( $ done == false)
                {
                    echo "AddFail";
                    break;
                }
            }
            if ( $ done == true)
            {
                //将订单插入到数据库的 order 表
                $ done = InsertOrder( $ OrderID, $ UserID, $ SeatName, $ OrderTime);
                if (! $ done)
                {
                    echo "AddFail";
                }
                else
                {
```

```
                        //订单添加成功
                        //返回订单信息
                        //格式为"订单号:订单生效时间"
                        $ orderinfo = $ OrderID.":". $ OrderTime;
                        echo $ orderinfo;
                    }
                }
            break;
    case 5: //用户请求发送菜单
        //格式为"5:"
            //发送菜单信息,使用JSON数据包发送
            $ dishes = GetDishesInfo();
            print $ dishes;
}
mysql_close( $ orderfoodconn);
?>
```

9.4.2 "移动点餐系统"的 Android 客户端编程

1. 通信数据处理流程设计

HTTP 通信模式下,客户端用户进行注册、登录、更改信息、提交订单操作时将相应请求提交给 Web 服务器,然后再根据服务器返回的信息进行后续处理,其流程如图 9.6 所示。

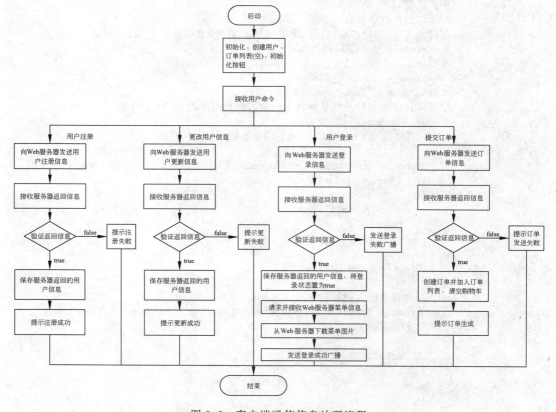

图 9.6 客户端通信信息处理流程

2. 发送及接收通信数据

在 MyApplication 类中添加 HTTP 模式的消息发送功能。当需要发送消息到 Web 服务器时，只需调用该方法即可完成任务。

```
public class MyApplication extends Application
{
...
    public String g_http_ip = "";                    //用 HTTP 通信时的店面 IP 地址
    public int g_communiMode = 1;                    //通信模式,1 为 TCP 通信,2 为 HTTP 通信
...
    //使用 Post 方法将 msg 发送给 HTTP 服务器,并返回 HTTP 返回的消息
    public String SendMessageToHttpServer(String sendMsg)
    {
        String revMsg = "";
        if (g_http_ip.equals(""))
            return "Not set Server IP";
        String uriAPI = "http://" + g_http_ip + "/orderfoodserver/communication.php";
        String strResult = "";
        //建立 HTTP Post 联机
        HttpPost httpRequest = new HttpPost(uriAPI);
        //Post 运行传输变量必须用 NameValuePair[ ]数组存储
        List < NameValuePair > params = new ArrayList < NameValuePair >();
        params.add(new BasicNameValuePair("msg", sendMsg));
        try
        {
            HttpEntity requestEntity = new UrlEncodedFormEntity(params, HTTP.UTF_8);
            httpRequest.setEntity(requestEntity);
            //取得 HTTP 响应
            HttpResponse httpResponse = new DefaultHttpClient().execute(httpRequest);
            //响应状态码为 200 表示服务器正常收到客户机请求
            if (httpResponse.getStatusLine().getStatusCode() == 200)
            {
                //获取应答字符串
                strResult = EntityUtils.toString(httpResponse.getEntity());
            }
            else
            {
                strResult = "Response Error: " + httpResponse.getStatusLine().toString();
            }
        }
        catch (ClientProtocolException e)
        {
            strResult = e.getMessage().toString();
        }
        catch (IOException e)
        {
            strResult = e.getMessage().toString();
        }
        return strResult;
    }
}
```

1）用户登录及餐厅菜单接收

在 MainActivity.java 文件 myImageButtonListener 监听器的 onClick()函数中增加 HTTP 模式下用户登录代码如下：

```
case BUTTON_OK://用户单击了"确定"按钮
    //判断用户名及密码是否符合
    //构造发送到服务器的用户登录信息
    //用户登录信息格式为"2:用户名:密码"
    String strUsrMsg = "2:" + loginDlg.mUserId + ":" + loginDlg.mPsword;
    //将用户登录信息发送到服务器
    String revMsg = "";
    if (mAppInstance.g_communiMode == 1)                    //TCP 方式
        revMsg = mAppInstance.SendMessageToServer(strUsrMsg);
    else if (mAppInstance.g_communiMode == 2)               //HTTP 方式
        revMsg = mAppInstance.SendMessageToHttpServer(strUsrMsg);
    if (revMsg.equals("Not set Server IP"))
        Toast.makeText(MainActivity.this, "服务器 IP 地址未设置!", Toast.LENGTH_LONG).show();
    else if (revMsg.equals("LoginFail"))
    {
        //广播消息提示用户名或者密码错误
        Intent intent = new Intent(BROADCAST_USERORPSDEOR);
        sendBroadcast(intent);
    }
    else
    {
        //用户登录成功
        . . .
        //HTTP 通信模式下请求接收店家菜单信息
        if (mAppInstance.g_communiMode == 2)
        {
            String strGetDish = "5:";
            //revDishesMsg 为 JSON 格式的字符串
            String revDishesMsg = mAppInstance.SendMessageToHttpServer(strGetDish);
            ArrayList<Dish> dishes = new ArrayList<Dish>();  //创建存放菜单的列表
            //菜品图像在本地 SD 卡中的路径
            String imgPath = mDFA.SDCardPath() + "/" + mAppInstance.g_imgDishImgPath + "/";
            //解析 JSON 格式的菜单数据包
            try {
                JSONArray jArray = new JSONArray(revDishesMsg);
                JSONObject json_data = null;
                for (int i = 0; i < jArray.length(); i++)
                {
                    Dish theDish = new Dish();
                    json_data = jArray.getJSONObject(i);
                    theDish.mId = json_data.getInt("foodid");
                    theDish.mName = json_data.getString("foodname");
                    theDish.mImageName = imgPath + json_data.getString("imagename");
                    theDish.mPrice = (float)json_data.getDouble("price");
                    dishes.add(theDish);
```

```
                    }
                    mAppInstance.g_dbAdepter = new DBAdapter(MainActivity.this);
                    mAppInstance.g_dbAdepter.open();
                    mAppInstance.g_dbAdepter.deleteAllData();      //清除原有菜品数据
                    mAppInstance.g_dbAdepter.FillDishTable(dishes);
                    Toast.makeText(MainActivity.this, "菜单内容已存入本地数据库!",
                                        Toast.LENGTH_LONG).show();
                }catch (JSONException e) {
                    Toast.makeText(getBaseContext(), e.toString(),Toast.LENGTH_LONG).show();
                }catch (ParseException e) {
                    Toast.makeText(getBaseContext(), e.toString(),Toast.LENGTH_LONG).show();
                }
                //下载菜品图像到 SD 卡中
                if (mDFA.SDCardState())                            //检查 SD 卡是否可用
                {
                    if (!mDFA.isFileExist(mAppInstance.g_imgDishImgPath)) {
                        //文件夹不存在,创建文件夹
                        mDFA.createSDDir(mAppInstance.g_imgDishImgPath);
                    }
                    //遍历 dishes 列表,从中取出菜品名作为图像名从 HTTP 服务器上下载图像
                    for (int i = 0; i < dishes.size(); i++)
                    {
                        Dish dish = dishes.get(i);
                        String imgName = dish.mImageName.substring(imgPath.length());
                        if (!imgName.equals(""))
                        {
                            String uriImg = "http://" + mAppInstance.g_http_ip + "/orderfoodserver/
image/"
                                            + imgName;
                            mDFA.SaveInternetImage(uriImg, dish.mImageName);
                        }
                    }
                }
            }
        }
    }
break;
```

2) 用户注册

在 MainActivity.java 文件的 onActivityResult()函数中增加 HTTP 模式下用户注册
代码如下:

```
if (resultCode == Activity.RESULT_OK){
    //获得 RegisterActivity 封装在 intent 中的数据
    MyUser userInfo = new MyUser();
    userInfo.mUserid = data.getStringExtra("user");
    userInfo.mPassword = data.getStringExtra("password");
    userInfo.mUserphone = data.getStringExtra("phone");
    userInfo.mUseraddress = data.getStringExtra("address");
    //构造发送到服务器的用户注册信息
```

```
//用户注册信息格式为"1:用户名:密码:电话:地址"
String strUsrMsg = "1:" + userInfo.mUserid + ":" + userInfo.mPassword + ":"
        + userInfo.mUserphone + ":" + userInfo.mUseraddress;
//将用户信息注册到服务器
String revMsg = "";
if (mAppInstance.g_communiMode == 1)              //TCP 方式
    revMsg = mAppInstance.SendMessageToServer(strUsrMsg);
else if (mAppInstance.g_communiMode == 2)         //HTTP 方式
    revMsg = mAppInstance.SendMessageToHttpServer(strUsrMsg);
if (revMsg.equals("RegerstSuccess"))
{
    //注册成功
    //将用户信息保存到默认文件夹中
    String filename = "userinfo.txt";
    mDFA.SaveUserInfotoFile(filename, userInfo);
    mAppInstance.g_user = mDFA.ReadUserInfofromFile(filename);
    Toast.makeText(MainActivity.this, "注册成功!", Toast.LENGTH_LONG).show();
}
else if (revMsg.equals("Not set Server IP"))
    Toast.makeText(MainActivity.this, "服务器 IP 地址未设置!", Toast.LENGTH_LONG).show();
else
    Toast.makeText(MainActivity.this, revMsg, Toast.LENGTH_LONG).show();
}
break;
```

3) 用户信息修改

在 UserInfoActivity.java 文件的 btnModify.setOnClickListener()函数中增加 HTTP 模式下用户信息更新代码如下:

```
//构造发送到服务器的用户更新信息
//用户更新信息格式为"3:用户名:密码:电话:地址"
String strUsrMsg = "3:" + appInstance.g_user.mUserid + ":"
        + appInstance.g_user.mPassword + ":"
        + etPhone.getText().toString() + ":"
        + etAddress.getText().toString();
//将用户信息更新到服务器
String revMsg = "";
if (appInstance.g_communiMode == 1)               //TCP 注册
    revMsg = appInstance.SendMessageToServer(strUsrMsg);
else if (appInstance.g_communiMode == 2)          //HTTP 注册
    revMsg = appInstance.SendMessageToHttpServer(strUsrMsg);
if (revMsg.equals("UpdateSuccess"))
{
    //更新成功
    appInstance.g_user.mUserphone = etPhone.getText().toString();
    appInstance.g_user.mUseraddress = etAddress.getText().toString();
    //将修改后的用户信息保存到 userinfo.txt 文件
    mDFA.SaveUserInfotoFile("userinfo.txt", appInstance.g_user);
    finish();
```

```
        Toast.makeText(UserInfoActivity.this, "更新成功!", Toast.LENGTH_LONG).show();
    }
    else if (revMsg.equals("Not set Server IP"))
        Toast.makeText(UserInfoActivity.this, "服务器 IP 地址未设置!", Toast.LENGTH_LONG).show
    ();
    else
        Toast.makeText(UserInfoActivity.this, revMsg, Toast.LENGTH_LONG).show();
```

4）提交订单

在 OrderedActivity.java 文件的 mBtnSumit.setOnClickListener（）函数中增加 HTTP 模式下订单提交代码如下：

```
//构造发送到服务器的菜单信息
//格式为"4:用户名:餐位名:菜品编号1:数量:菜品编号2:数量..."
strOrderMsg = "4:" + appInstance.g_user.mUserid + ":" + appInstance.g_user.mSeatname;
for (int i = 0; i < appInstance.g_cart.GetOrderItemsQuantity(); i++) {
    OrderItem item = appInstance.g_cart.GetItembyIndex(i);
    strOrderMsg += ":" + item.mOneDish.mId + ":" + item.mQuantity;
}
//将订单信息发到服务器
String revMsg = "";
if (appInstance.g_communiMode == 1)                  //TCP 方式
    revMsg = appInstance.SendMessageToServer(strOrderMsg);
else if (appInstance.g_communiMode == 2)             //HTTP 方式
    revMsg = appInstance.SendMessageToHttpServer(strOrderMsg);
if (revMsg.equals("AddFail"))
{
    Toast.makeText(OrderedActivity.this, revMsg, Toast.LENGTH_LONG).show();
}
else if (revMsg.equals("Not set Server IP"))
    Toast.makeText(OrderedActivity.this, "服务器 IP 地址未设置!", Toast.LENGTH_LONG).show();
else
{
    //订购成功
    String[] sep = revMsg.split(":");
    //创建订单
    Order theOrder = new Order(Long.parseLong(sep[0]), appInstance.g_cart, sep[1]
            , appInstance.g_user.mSeatname, false);
    //将订单加入到订单列表
    appInstance.g_orders.add(theOrder);
    //提示用户订单生成信息
    String strOrderInfo = "订单" + theOrder.mId + "提交成功, 时间: " + theOrder.mOrderTime;
    if (theOrder.mSeatName.equals(""))
        strOrderInfo += ", 就餐方式: 外卖";
    else
        strOrderInfo += ", 座位号: " + theOrder.mSeatName;
    Toast.makeText(OrderedActivity.this, strOrderInfo, Toast.LENGTH_LONG).show();
    //清空购物车并更新购物列表
    appInstance.g_cart.ClearAllDishes();
    UpdateOrderList();
}
```

第 10 章　蓝牙传输编程

10.1　蓝 牙 概 述

蓝牙这个名称来自于 10 世纪的一位丹麦国王 Harald Blatand，他将纷争不断的丹麦部落统一为一个王国，传说中他还引入了基督教。由于 Blatand 在英文里的意思可以解释为 Bluetooth（蓝牙），还因为这个国王喜欢吃蓝莓，牙龈每天都是蓝色，所以叫蓝牙。

蓝牙作为一种支持设备短距离通信（一般 10m 以内）的无线数据通信技术，能在包括移动电话、PDA、无线耳机、笔记本电脑、相关外设等众多设备间进行无线信息传输。蓝牙技术最初由瑞典爱立信公司于 1994 年创制，目前由蓝牙技术联盟（Bluetooth Special Interest Group，简称 SIG）管理。该组织在全球拥有超过 25 000 家成员，分布在电信、计算机、网络和消费电子等多重领域。IEEE 将蓝牙技术列为 IEEE 802.15.1。

蓝牙技术采用分散式网络结构以及快跳频和短包技术，支持点对点及点对多点通信，工作在全球通用 2.4GHz ISM（即工业、科学、医学）频段，数据速率为 1Mb/s，采用时分双工传输方案实现全双工传输。

Android 2.0 以上版本的 SDK 包含了对蓝牙网络协议栈的支持，使得蓝牙设备能够无线连接其他蓝牙设备交换数据。Android 应用程序框架提供了访问蓝牙功能的 API，这些 API 能够让应用程序无线连接其他蓝牙设备，实现点对点或点对多点的交互功能，具体为：

- 扫描其他蓝牙设备；
- 查询本地蓝牙适配器用于配对蓝牙设备；
- 建立 RFCOMM 信道；
- 通过服务发现连接其他设备；
- 数据通信；
- 管理多个连接。

需要说明的是 Android 模拟器不支持蓝牙，因此测试蓝牙功能至少需要两部手机。

10.2　Android 蓝牙 API 介绍

Android 支持的蓝牙开发类在 android. bluetooth 包中。编程主要涉及的类有 BluetoothAdapter 与 BluetoothDevice 类，这两个类用于蓝牙设备的管理；BluetoothServerSocket 和 BluetoothSocket 类，这两个类用于蓝牙通信。

10.2.1 BluetoothAdapter 类

该类代表本地蓝牙适配器,是所有蓝牙交互的入口点。利用它可以发现其他蓝牙设备和查询绑定的设备。使用已知的 MAC 地址实例化一个蓝牙设备和建立一个 BluetoothServerSocket(作为服务器)来监听来自其他设备的连接。

该类提供的主要方法如表 10.1 所示。

表 10.1　BluetoothAdapter 类中主要的方法

方　　法	含　　义
cancelDiscovery()	取消当前设备的搜索
checkBluetoothAddress(String address)	检查蓝牙地址字符串的有效性,如 0:43:A8:23:10:F0,字母必须大写
disable()/enable(0	关闭/打开本地蓝牙适配器
getAddress()	获取本地蓝牙硬件地址
getDefaultAdapter()	获取默认 BluetoothAdapter
getName()	获取本地蓝牙名称
getRemoteDevice(String address) getRemoteDevice(byte[] address)	根据指定的蓝牙地址获取远程蓝牙设备
getState()	获取本地蓝牙适配器当前状态
isDiscovering()	判断当前是否正在查找设备
isEnabled()	判断蓝牙是否打开
listenUsingRfcommWithServiceRecord (String name, UUID uuid)	根据名称和 UUID(通用唯一识别码)创建并返回 BluetoothServerSocket
startDiscovery()	开始搜索

10.2.2 BluetoothDevice 类

该类代表了一个远端蓝牙设备,使用它请求远端蓝牙设备连接,或者获取远端蓝牙设备的名称、地址、种类和绑定状态(其信息封装在 BluetoothSocket 中)。

该类提供的主要方法如表 10.2 所示。

表 10.2　BluetoothDevice 类中的主要方法

方　　法	含　　义
createRfcommSocketToServiceRecord(UUID uuid)	根据 UUID 创建并返回一个 BluetoothSocket
getAddress()	返回蓝牙设备的物理地址
getBondState()	返回远端设备的绑定状态
getName()	返回远端设备的蓝牙名称
getUuids()	返回远端设备的 UUID
toString()	返回代表该蓝牙设备的字符串

10.2.3 BluetoothServerSocket 类

该类用于监听可能到来的连接请求,属于服务器端,为了连接两个蓝牙设备,必须有一

蓝牙传输编程

个设备作为服务器打开一个服务套接字。当远端设备发起连接请求并取得连接时,该类会得到连接的 BluetoothSocket(客户端)。

该类提供的主要方法如表 10.3 所示。

表 10.3　BluetoothServerSocket 类中的主要方法

方　　法	含　　义
accept()	接收连接进来的客户端,当没有客户端连接时,该方法会一直阻塞
close()	关闭 BluetoothServerSocket,释放所有相关资源

10.2.4　BluetoothSocket 类

该类为客户端,跟 BluetoothServerSocket 相对,代表了一个蓝牙套接字接口,是应用程序输入、输出流和其他蓝牙设备通信的连接点。

该类提供的主要方法如表 10.4 所示。

表 10.4　BluetoothSocket 类中主要方法

方　　法	含　　义
close()	关闭 BluetoothSocket,释放所有相关资源
connect()	允许连接远端设备
getInputStream()	获得输入流
getOutputStream()	获得输出流
getRemoteDevice()	获取跟这个 Socket 相连的远程设备
isConnected()	获得 Socket 连接状态,判断是否连接

10.3　Android 蓝牙基本应用编程

10.3.1　蓝牙设备的查找与配对

使用蓝牙设备进行数据传输前首先要开启己方蓝牙,然后搜索对方蓝牙设备,完成配对工作,之后才能进行传输。下面通过一个例子来说明如何在程序中完成以上工作。

【例 10-1】 编写蓝牙设备管理与搜索程序,完成蓝牙启动及配对任务。

程序 SearchBluetooth 给出了蓝牙设备管理的三个基本功能,分别是启动蓝牙、开启可见性(使自己能被对方蓝牙设备搜索到)和搜索附近蓝牙设备,其界面如图 10.1 所示。

图 10.1　蓝牙设备管理界面

结合案例,Android 蓝牙基本操作编程方法具体介绍如下。

1. 声明权限

为了在应用中使用蓝牙功能,要在 AndroidManifest. xml 中至少声明两个权限之一:

BLUETOOTH 权限和 BLUETOOTH_ADMIN 权限。其中 BLUETOOTH 权限用于请求连接、接收连接和传送数据；BLUETOOTH_ADMIN 权限用于启动设备、发现或进行蓝牙设置，如果要拥有该权限，必须先拥有 BLUETOOTH 权限。

在 SearchBluetooth 项目的 AndroidManifest.xml 中声明蓝牙权限如下：

```
<manifest …>
    <!-- 声明蓝牙使用及管理权限 -->
    <uses-permission android:name="android.permission.BLUETOOTH"/>
    <uses-permission android:name="android.permission.BLUETOOTH_ADMIN"/>
</manifest>
```

2. 启动蓝牙

使用蓝牙进行通信前要确认设备是否支持蓝牙，如果不支持则不能使用任何蓝牙功能。如果设备支持蓝牙，但蓝牙还没有启动，则可以在应用程序中请求启动蓝牙。

1）获取 BluetoothAdapter

所有使用蓝牙的程序都需要 BluetoothAdapter，为了获取 BluetoothAdapter 对象，需调用 getDefaultAdapter()静态方法，该方法返回一个 BluetoothAdapter 对象，代表自己的蓝牙适配器，如果返回为 null，则表示该设备不支持蓝牙功能。整个系统只有一个蓝牙适配器，应用可以通过这个对象与它交互。

2）启动蓝牙功能

接着，需要确认蓝牙是否已经启动，通过调用 BluetoothAdapter 对象的 isEnabled()方法来检查蓝牙当前状态，如果方法返回 false，则蓝牙未启动。为了启动蓝牙，要以 BluetoothAdapter.ACTION_REQUEST_ENABLE 动作为参数调用 startActivityForResult()方法来提交启动蓝牙的申请。此时系统会弹出一个请求使用蓝牙权限的对话框供用户选择是否需要开启蓝牙，如图 10.2 所示。

图 10.2　启动蓝牙功能对话框

下面给出 SearchBluetooth 项目中的这部分代码：

```
private final static int REQUEST_ENABLE_BT = 1;
btnStartBluetooth.setOnClickListener(new View.OnClickListener() {
    @Override
    public void onClick(View v) {
        //获得 BluetoothAdapter 对象,该 API 是 Android 2.0 开始支持的
        mBluetoothAdapter = BluetoothAdapter.getDefaultAdapter();
        //adapter 不等于 null,说明本机有蓝牙设备
        if(mBluetoothAdapter != null)
        {
            tvBluetoothState.setText("本机有蓝牙设备!");
            //如果蓝牙设备未开启
```

```
            if(!mBluetoothAdapter.isEnabled())          //蓝牙未开启,则开启蓝牙
            {
                Intent enableIntent = new Intent(BluetoothAdapter.ACTION_REQUEST_ENABLE);
                //请求开启蓝牙设备
                startActivityForResult(enableIntent, REQUEST_ENABLE_BT);
            }
            //获得已配对的远程蓝牙设备的集合
            ...
        }
        else{
            tvBluetoothState.setText("本机没有蓝牙设备!");
        }
    }
});
```

上面代码中方法 startActivityForResult()中的参数 REQUEST_ENABLE_BT 是一个局部整型常量,值必须大于 0,系统将在 onActivityResult()方法中作为 requestCode 参数返回。

```
@Override
protected void onActivityResult(int requestCode, int resultCode, Intent data) {
    super.onActivityResult(requestCode, resultCode, data);
    if (requestCode == REQUEST_ENABLE_BT) {
        if (resultCode == Activity.RESULT_OK) {
            tvBluetoothState.setText("蓝牙设备启动!");
        }
        else if (resultCode == Activity.RESULT_CANCELED) {
            tvBluetoothState.setText("蓝牙设备启动取消!");
        }
    }
}
```

如果蓝牙启动成功,onActivityResult()方法的 resultCode 参数值将为 Activity.RESULT_OK,否则为 Activity.RESULT_CANCELED。

3) 查询配对设备

开启蓝牙后,在搜索其他蓝牙设备前最好先查询一下配对设备集,看需要的设备是否已经存在,调用 BluetoothAdapter 对象的 getBondedDevice()方法实现上面操作,该方法会返回一个已配对的 BluetoothDevice 集合。继续在 btnStartBluetooth.setOnClickListener()方法中添加查询已配对设备的代码:

```
//获得已配对的远程蓝牙设备的集合
Set<BluetoothDevice> pairedDevices = mBluetoothAdapter.getBondedDevices();
if(pairedDevices.size()>0)
{
    String pairedInfo = "已配对的蓝牙设备:\n";
    for(Iterator<BluetoothDevice> it = pairedDevices.iterator();it.hasNext();)
```

```
    {
        BluetoothDevice pairedDevice = (BluetoothDevice)it.next();
        //显示出远程蓝牙设备的名字和物理地址
        pairedInfo += pairedDevice.getName() + "  " + pairedDevice.getAddress() + "\n";
    }
    tvSearchResult.setText(pairedInfo);
}
else{
    tvSearchResult.setText("还没有已配对的远程蓝牙设备!");
}
```

上面代码将查到的已配对设备显示在 tvSearchResult 控件中。已配对的设备作为 BluetoothDevice 对象,用它可以初始化一个连接,通过 BluetoothDevice 对象的 getAddress()方法可以获得已配对设备的 MAC 地址用以建立连接。

目前的 Android 蓝牙 API 要求设备在建立连接前必须先配对,配对指两个设备相互意识到对方的存在,共享一个用来鉴别身份的链路键(link-key),能够与对方建立一个加密的连接。配对之后才能进行连接,使两个设备共享一个 RFCOMM 信道,相互传输数据。

配对在两设备第一次建立连接时完成。当与远程设备第一次建立连接时,配对请求就会自动提交给对方,配对设备的基本信息(设备名、类、MAC 地址)会被保存下来。这样,使用已知远程设备的 MAC 地址,在可连接的空间范围内可以在任何时候发起连接而不必再进行设备搜索。

3. 开启蓝牙可见性

Android 设备默认是不能被搜索的。如果想让自己被其他设备搜索到,即开启蓝牙可见性,可以以 BluetoothAdapter. ACTION_REQUEST_DISCOVERABLE 动作为参数调用 startActivity()方法。该方法会提交一个开启蓝牙可见性的请求。默认情况下,设备在 120s 内可被搜索,但通过 EXTRA_DISCOVERABLE_DURATION 可以自定义一个间隔时间,Android 规定最大值是 300s,0 表示设备总可以被搜索。下面是开启蓝牙可见性的代码:

```
btnEnableBluetooth.setOnClickListener(new View.OnClickListener() {
    @Override
    public void onClick(View v) {
        if (mBluetoothAdapter == null || !mBluetoothAdapter.isEnabled()) {
            tvBluetoothState.setText("请先开启本机蓝牙!");
            return;
        }
        if (mBluetoothAdapter.getScanMode() !=
            BluetoothAdapter.SCAN_MODE_CONNECTABLE_DISCOVERABLE)     //不在可被搜索状态
        {
        Intent discoverableIntent = new Intent    (BluetoothAdapter.ACTION_REQUEST_DISCOVERABLE);
            // 使本机蓝牙在 300s 内可被搜索
            discoverableIntent.putExtra(BluetoothAdapter.EXTRA_DISCOVERABLE_DURATION,300);
            startActivity(discoverableIntent);
        }
```

```
            else {
                tvBluetoothState.setText("本机蓝牙已在可被搜索状态!");
            }
        }
    }
});
```

程序询问用户是否允许打开"设备可被搜索"功能时会显示如图 10.3 所示的对话框,如果用户选择"是"按钮,则设备会在指定时间内变为可被搜索到的状态。

4. 搜索蓝牙设备

使用 BluetoothAdapter 可以通过设备搜索或者查询匹配设备来找到远端蓝牙设备,条件是远端的蓝牙设备已启动,对于搜索设备发出的 discovery 请求,只有开启了蓝牙可见性的设备才会响应,响应的信息包括设备名、类、唯一的 MAC 地址。发起搜索的设备可以使用这些信息来初始化与被发现的设备的连接。

图 10.3 允许被搜索对话框

要搜索设备,只需简单地调用 BluetoothAdapter 对象的 startDiscovery()方法即可。该过程为异步操作,调用后将以广播的机制返回搜索到的对象。搜索过程通常为 12s,接着页面会显示搜索到的所有蓝牙设备的名称。代码如下:

```
btnSearchBluetooth.setOnClickListener(new View.OnClickListener() {
    @Override
    public void onClick(View v) {
        if (mBluetoothAdapter == null || !mBluetoothAdapter.isEnabled()) {
            tvBluetoothState.setText("请先开启本机蓝牙!");
            return;
        }
        foundDeviceInfo = "发现蓝牙设备:\n";        //将搜索结果字符串恢复成初始值
        //开始扫描周围蓝牙设备,该方法是异步调用并以广播的机制返回,所以需要创建一个
        //BroadcastReceiver 来获取信息
        mBluetoothAdapter.startDiscovery();
    }
});
```

在程序中注册一个带 ACTION_FOUND 动作的广播接收器,以便接收搜索到的设备消息。对于每个设备,系统都会广播 ACTION_FOUND 动作,该动作包含字段信息 EXTRA_DEVICE 和 EXTRA_CLASS。下面代码显示了如何在 SearchBluetooth 程序的 MainActivity.java 中注册广播组件,并处理设备被搜索后的广播消息。

```
    @Override
    protected void onCreate(Bundle savedInstanceState)
    {   super.onCreate(savedInstanceState);
```

```
        setContentView(R.layout.activity_main);
        ...
        //创建蓝牙广播信息的 receiver
        mBluetoothReceiver = new BluetoothReceiver ();
        //设定广播接收的 filter
        IntentFilter intentFilter = new IntentFilter(BluetoothDevice.ACTION_FOUND);
        //注册广播接收器,当一个设备被发现时调用该广播的 onReceive 函数
        registerReceiver(mBluetoothReceiver,intentFilter);
        //设定另一个事件广播的 filter
        intentFilter = new IntentFilter(BluetoothAdapter.ACTION_DISCOVERY_FINISHED);
        //注册广播接收器,当搜索结束后调用该广播的 onReceive 函数
        registerReceiver(mBluetoothReceiver,intentFilter);
    }
    //处理广播消息
    class BluetoothReceiver extends BroadcastReceiver{
        @Override
        public void onReceive(Context context, Intent intent)
        {
            String action = intent.getAction();
            if (BluetoothDevice.ACTION_FOUND.equals(action)) {
                //获得扫描到的远程蓝牙设备
                BluetoothDevice device = intent.getParcelableExtra(BluetoothDevice.EXTRA_DEVICE);
                foundDeviceInfo += device.getName() + "   " + device.getAddress() + "\n";
            }
            else if (BluetoothAdapter.ACTION_DISCOVERY_FINISHED.equals(action)) { //搜索结束
                if (foundDeviceInfo.equals("发现蓝牙设备:\n")) {
                    tvSearchResult.setText("没有搜索到蓝牙设备!");
                }
                else {
                    //显示搜索结果
                    tvSearchResult.setText(foundDeviceInfo);
                }
            }
        }
    }
}
```

10.3.2　蓝牙连接与数据传输

　　蓝牙设备之间的数据传输采用和 TCP 传输类似的服务器/客户端机制,一个设备作为服务器打开 Server Socket,而另一个设备使用服务器设备的 MAC 地址发起连接。当服务器端和客户端在同一个 RFCOMM 信道上都有一个 BluetoothSocket 时,两端设备就建立了连接。此时,每个设备都能获得一个输入输出流,从而进行数据传输。

1. 蓝牙连接

　　有两种方法实现蓝牙连接。一种是每一个设备都自动准备作为一个服务器,拥有一个服务器 Socket 并监听连接,然后每个设备都能作为客户端建立一个到远程设备的连接。另一种是一个设备按需打开一个服务器 Socket,另外一个设备仅作为客户端建立与这个设备的连接。如果两个设备在建立连接之前没有配对,则在建立连接过程中 Android 系统会自

动显示一个请求配对的对话框。因此,在尝试连接设备时,应用程序无须确保设备间是否已经配对。RFCOMM 连接将会在用户确认配对之后继续进行,或者因用户拒绝、超时等而失败。

1) 作为服务器连接

作为服务器端用来接收连接使用 BluetoothServerSocket,它的作用是用来监听进来的连接,且在一个连接被接收时返回一个 BluetoothSocket 对象,用它来和客户端进行数据通信。下面是建立服务器 Socket 和接收连接的基本步骤:

(1) 通过调用 listenUsingRfcommWithServiceRecord(String,UUID)方法得到一个BluetoothServerSocket 对象。String 参数为服务的标识名称,名字可以任意。当客户端试图连接本设备时,它将携带一个 UUID 用来唯一标识它要连接的服务,UUID 必须匹配,连接才会接收。

(2) 通过调用 BluetoothServerSocket 对象的 accept()方法监听连接请求。该方法为阻塞方法,直到接收一个连接或者异常才会返回。当客户端携带的 UUID 与监听它 Socket 注册的 UUID 匹配时,连接才会被接收,这时 accept()将返回一个 BluetoothSocket 对象。

(3) 使用 BluetoothServerSocket 对象的 close()释放服务器 Socket 及其资源,该方法不会关闭 accept()返回的 BluetoothSocket 对象。与 TCP/IP 不同,RFCOMM 同一时刻一个信道只允许一个客户端连接,因此大多数情况下意味着 BluetoothServerSocket 对象接收一个连接请求后应立即调用 close()方法。

作为服务器的监听操作不应该在主 Activity 的 UI 线程中进行,因为它拥有阻塞方法,会妨碍应用中其他的交互。因此,通常在一个新线程中进行监听操作。下面是示例线程:

```
//作为服务器的接收连接的线程
private class AcceptThread extends Thread
{
    //创建 BluetoothServerSocket 类
    public final String NAME_SECURE = "MY_SECURE";
    private final BluetoothServerSocket mmServerSocket;
    ReceiveMsgThread comThread = null;              //数据传输线程
    public AcceptThread()
    {
        BluetoothServerSocket tmp = null;
        try {
            //MY_UUID 是应用的 UUID 标识
            tmp = mBluetoothAdapter.listenUsingRfcommWithServiceRecord(NAME_SECURE, MY_UUID);
        }
        catch (IOException e) { }
        mmServerSocket = tmp;
    }
    //线程启动时候运行
    public void run()
    {
        BluetoothSocket revSocket = null;          //连接进来的客户端
        //保持侦听
        while (true)
```

```
        {
            try {
                //接收连接
                revSocket = mmServerSocket.accept();
            } catch (IOException e) { break;}
            //连接被接收
            if (revSocket != null)
            {
                //启动数据传输线程
                comThread = new ReceiveMsgThread(revSocket);
                comThread.start();                     //启动线程
                //关闭连接,由于每个 RFCOMM 通道一次只允许连接一个客户端,
                //而 mmServerSocket 获得连接后已与 RFCOMM 通道绑定,
                //故而大多数情况下在接收到一个连接套接字后将 mmServerSocket 关闭.
                cancel();
                break;
            }
        }
    }
    //关闭连接
    public void cancel()
    {
        try {
        //关闭 BluetoothServerSocket,该操作不会关闭被连接的已有 accept()方法所返回的
        //BluetoothSocket 对象。
            mmServerSocket.close();
        } catch (IOException e) {}
    }
    @Override
    public void destroy() {
        //关闭连接
        cancel();
    }
}
```

2) 作为客户端连接

作为客户端为了连接到服务器端,必须首先获得一个代表远程设备 BluetoothDevice 的对象,然后使用该对象来获取一个 BluetoothSocket 以实现连接。下面是建立客户端 Socket 连接到服务器的基本步骤:

(1) 使用 BluetoothDevice 调用方法 createRfcommSocketToServiceRecord(UUID)获取一个 BluetoothSocket 对象。

(2) 调用该 BluetoothSocket 对象的 connect()方法建立连接。当调用这个方法时,系统会在远程设备上完成一个 SDP 查找来匹配 UUID。如果查找成功并且远程设备接收连接,就共享 RFCOMM 信道,connect()会返回。该方法也是一个阻塞调用,如果连接失败或者超时(12s)都会抛出异常。

下面是发起蓝牙连接的示例代码:

```
//蓝牙设备上的标准串行
private static final UUID MY_UUID = UUID.fromString("00011101-0000-1000-807-00805F9B34FB");
private BluetoothAdapter mBluetoothAdapter = null;      //己方的蓝牙适配器
private BluetoothDevice mSendtoDevice = null;           //对方蓝牙设备
private BluetoothSocket mSendSocket = null;             //用于发送信息的蓝牙套接字
//连接到远程设备
private boolean ConnectRemoteDevice()
{
    if (mBluetoothAdapter != null && mBluetoothAdapter.isEnabled() && mSendtoDevice != null)
    {
        BluetoothSocket tmp = null;
        try {
            //根据 UUID(全球唯一标识符)创建并返回一个 BluetoothSocket
            tmp = mSendtoDevice.createRfcommSocketToServiceRecord(MY_UUID);
        }catch (IOException e) {return false;}
        //赋值给 BluetoothSocket
        mSendSocket = tmp;
        // 取消搜索设备,确保连接成功
        mBluetoothAdapter.cancelDiscovery();
        try {
            //连接到设备
            mSendSocket.connect();
        }
        catch (IOException e)
        {   mSendSocket.close();
            return false;
        }
        return true;
    }
    return false;
}
```

注意:如果在调用 connect()方法的同时还在做设备搜索,会造成连接尝试显著变慢,容易导致连接失败。因此,在调用 connect()前不管搜索有没有进行,都使用 cancelDiscovery()方法取消搜索。

2. 数据传输

如果两个设备成功建立连接,各自都会有一个 BluetoothSocket 对象,此时就可以在设备间传输数据了。使用 BluetoothSocket 传输数据的通常方法如下:

- 分别使用 getInputStream()和 getOutputStream()获取输入输出流来处理传输。
- 调用 read(byte[])和 write(byte[])来实现数据流的读和写。

(1)作为客户端发送数据到远程设备:

```
public void WritetoRemoteDevice(String sendMsg)
{
    if (mSendSocket != null)
```

```
            {
                byte[] sendBytes = sendMsg.getBytes(Charset.forName("UTF - 8"));
                try {
                    OutputStream outStream = mSendSocket.getOutputStream();
                    //写数据到输出流中
                    outStream.write(sendBytes);
                }
                catch (IOException e) {}
            }
        }
```

（2）作为服务器接收远程设备的数据，这里用线程的方式实现：

```
private class ReceiveMsgThread extends Thread
{
    private boolean mIsStop = false;
    //BluetoothSocket 对象
    private final BluetoothSocket mmSocket;
    //输入流对象
    private final InputStream mmInStream;
    public ReceiveMsgThread(BluetoothSocket socket)
    {
        //为 BluetoothSocket 赋初始值
        mmSocket = socket;
        //输入流赋值为 null
        InputStream tmpIn = null;
        try
        {               //从 BluetoothSocket 中获取输入流
            tmpIn = socket.getInputStream();
        } catch (IOException e) {}
        //为输入流赋值
        mmInStream = tmpIn;
    }
    public void run()
    {
        //保持侦听以便随时读取
        while (!mIsStop)
        {
            try {
                //从输入流中读取数据
                int count = 0;
                while (count == 0)
                    count = mmInStream.available();
                byte[] buffer = new byte[count];        //流的缓冲大小
                int temp = mmInStream.read(buffer, 0, buffer.length);
                if (temp == - 1) continue;
                //将接收的字节流编码为字符串
                String revMsg = new String(buffer, Charset.forName("UTF - 8"));
                //当对方发送 Over 字符串时结束该通信线程,即 mIsStop = true
```

```
                    if (revMsg.equals("Over"))
                    {
                        MainActivity.UpdateRevMsg("通话结束!");
                        mIsStop = true;
                    }
                }
                catch (IOException e) {break;}
            }
        }
        //取消
        public void cancel()
        {
            try {
                //关闭连接
                mmSocket.close();
            }
            catch (IOException e)       {}
        }
        @Override
        public void destroy() {
            cancel();
        }
    }
```

线程的 cancel()方法很重要,以便连接可以在任何时候通过关闭 BluetoothSocket 来终止,它总是在处理完 Bluetooth 连接后被调用。

10.3.3　使用蓝牙传输的聊天程序

下面介绍编写一个基于蓝牙传输的聊天程序。

【例 10-2】 编写蓝牙聊天程序。

(1) 功能介绍。

程序 BluetoothChat 同时集成了蓝牙服务器端和客户端,聊天的双方使用相同的程序实现数据的互发,运行效果如图 10.4 所示。

图 10.4　蓝牙聊天程序运行效果

聊天前双方先启动本机的蓝牙设备进行配对。配对完成后启动各自的 BluetoothChat 程序,单击"检查蓝牙"按钮后,从已配对的设备下拉列表中选择需要聊天的对象,在编辑框中输入聊天文字,单击"发送消息"按钮,将其发送出去,聊天信息就会显示在接收方的界面中。

(2)程序流程。

图 10.5 给出了整个 BluetoothChat 程序的流程图,共分三个部分,分别是蓝牙检查模块、信息接收模块和信息发送模块。

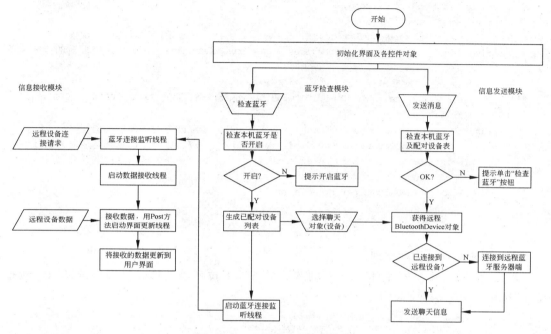

图 10.5　蓝牙聊天程序流程图

下面给出程序所需要的包及 MainActivity 类中各成员变量的定义:

```java
import java.io.IOException;
import java.io.InputStream;
import java.io.OutputStream;
import java.nio.charset.Charset;
import java.util.ArrayList;
import java.util.Iterator;
import java.util.List;
import java.util.Set;
import java.util.UUID;
import android.os.Bundle;
import android.os.Handler;
import android.app.Activity;
import android.view.Menu;
import android.view.View;
import android.widget.*;
import android.bluetooth.BluetoothAdapter;
import android.bluetooth.BluetoothDevice;
import android.bluetooth.BluetoothServerSocket;
```

```
import android.bluetooth.BluetoothSocket;
public class MainActivity extends Activity
{
    private static String mRevMsg;                              //接收到的对方发送过来的聊天信息
    private static Handler mHandler = new Handler();
    private static TextView mtvRevMsg,mtvRemDCState;
    private EditText medSendMsg;
    private Button mbtnSend, mbtnCheck;
    private Spinner mspPairedDevices;                           //显示已配对的蓝牙设备信息
    private List<String> mlPairedDevices = new ArrayList<String>();   //已配对的蓝牙设备
                                                                      //信息列表

    //蓝牙设备上的标准串行
    private static final UUID MY_UUID = UUID.fromString("00011101-0000-1000-807-
00805F9B34FB");
    private BluetoothAdapter mBluetoothAdapter = null;          //己方的蓝牙适配器
    private BluetoothDevice mSendtoDevice = null;               //己方聊天消息到达的对方蓝牙设备
    private BluetoothSocket mSendSocket = null;                 //用于发送信息的蓝牙套接字
    //服务器侦听线程
    private AcceptThread mAccpetThread = null;
    …
}
```

（3）蓝牙检查模块的实现。

程序使用 Spinner 控件，将已配对的蓝牙设备以下拉列表的形式供用户选择，其"检查蓝牙"按钮响应方法代码如下：

```
mbtnCheck.setOnClickListener(new View.OnClickListener() {
    @Override
    public void onClick(View v) {
        //获得 BluetoothAdapter 对象
        mBluetoothAdapter = BluetoothAdapter.getDefaultAdapter();
        if (mBluetoothAdapter == null) {
            mtvRemDCState.setText("本机没有蓝牙设备,本程序无法运行!");
            return;
        }
        else if (!mBluetoothAdapter.isEnabled()) {
            mtvRemDCState.setText("本机蓝牙没开启,请开启蓝牙!");
            return;
        }
        //获得已配对的远程蓝牙设备的集合
        Set<BluetoothDevice> pairedDevices = mBluetoothAdapter.getBondedDevices();
        if(pairedDevices.size()<=0)
        {   mtvRemDCState.setText("还没有已配对的远程蓝牙设备,请先配对!");
            return;
        }
        else{
            mlPairedDevices.clear();
            for(Iterator<BluetoothDevice> it = pairedDevices.iterator();it.hasNext();)
            {
```

```
                BluetoothDevice pairedDevice = (BluetoothDevice)it.next();
                //保存已配对的远程蓝牙设备的名字
                mlPairedDevices.add(pairedDevice.getName());
            }
            //初始化 Spinner 控件
            ArrayAdapter<String> adapter = new ArrayAdapter<String>(MainActivity.this,
                    android.R.layout.simple_spinner_item, mlPairedDevices);
            adapter.setDropDownViewResource(android.R.layout.simple_spinner_dropdown_item);
            mspPairedDevices.setAdapter(adapter);
            mtvRemDCState.setText("已配对设备: ");
            if (mAccpetThread == null) {
                //开启作为服务器的接收线程
                mAccpetThread = new AcceptThread();
                mAccpetThread.start();
            }
            else if (!mAccpetThread.isAlive()) {
                mAccpetThread.start();
            }
        }
    }
});
```

用户从下拉列表中选择了某个蓝牙设备作为聊天对象的实现代码如下:

```
mspPairedDevices.setOnItemSelectedListener(new AdapterView.OnItemSelectedListener() {
    @Override
    public void onItemSelected(AdapterView<?> arg0, View arg1, int arg2, long arg3)
    {   if (mBluetoothAdapter != null && mBluetoothAdapter.isEnabled())
        {   Set<BluetoothDevice> pairedDevices = mBluetoothAdapter.getBondedDevices();
            if(pairedDevices.size() > 0)
            {
                //获得选中的子项的内容(字符串)
                String selName = mspPairedDevices.getItemAtPosition(arg2).toString();
                //遍历已配对蓝牙设备,找出选中名字的蓝牙设备作为通信的远程聊天对象
                for(Iterator<BluetoothDevice> it = pairedDevices.iterator(); it.hasNext();)
                {
                    BluetoothDevice pairedDevice = (BluetoothDevice)it.next();
                    if (selName.equals(pairedDevice.getName())) {
                        mSendtoDevice = pairedDevice;
                        mtvRemDCState.setText("聊天对象:");
                        break;
                    }
                }
            } else{ mtvRemDCState.setText("蓝牙丢失配对项,请重新检查蓝牙!");        }
        } else{ mtvRemDCState.setText("蓝牙没有启动!");        }
    }
    @Override
    public void onNothingSelected(AdapterView<?> arg0) {
```

```
            // TODO Auto - generated method stub

        }
});
```

（4）消息发送和接收模块的实现。

作为客户端进行连接机消息发送方法已在 10.3.2 节中给出，不再重复，这里只给出图 10.5 所示的信息发送模块代码。

```
mbtnSend.setOnClickListener(new View.OnClickListener() {
    @Override
    public void onClick(View v) {
        if (mBluetoothAdapter == null || !mBluetoothAdapter.isEnabled()
            || mSendtoDevice == null) {
            mtvRemDCState.setText("请先检查蓝牙,并选择要连接的远程蓝牙设备!");
            return;
        }
        if (mSendSocket == null) {
            //还未和远程聊天设备建立连接,先连接到要聊天的远程设备
            if (!ConnectRemoteDevice()) {
                mtvRemDCState.setText("未能和远程设备建立连接!");
                return;
            }
        }
        WritetoRemoteDevice(medSendMsg.getText().toString());
        medSendMsg.setText("");
    }
});
```

作为服务器端使用线程监听和接收来自客户端蓝牙的连接和消息的方法也已在 10.3.2 节中给出，不再重复，这里只给出使用 Post 方法将接收的聊天数据更新到主界面的代码。

```
//通信线程
private class ReceiveMsgThread extends Thread
{   ...
    public void run()
    {   //保持运行以便随时读取
        while (!mIsStop)
        {
            try {
                ...
                //将接收的字节流编码为字符串
                String revMsg = new String(buffer, Charset.forName("UTF - 8"));
                //发送数据到界面
                MainActivity.UpdateRevMsg(revMsg);
                ...
            }
            catch (IOException e) {...}
```

```
            }
        }
        ...
    }
//更新接收到的对方聊天信息
public static void UpdateRevMsg(String revMsg)
{
    mRevMsg = revMsg;
    mHandler.post(RefreshTextView);
}
private static Runnable RefreshTextView = new Runnable()
{
    @Override
    public void run() {
        mtvRevMsg.setText(mRevMsg);
    }
};
```

第 11 章　GPS 应用与百度地图编程基础

11.1　百度地图概述

百度地图是由百度公司所提供,并且覆盖国内近 400 个城市、数千个区县的网络地图搜索服务。在百度地图里,用户可以找到离其最近的餐馆、学校、银行、公园,也可以查询街道、商场、楼盘的地理位置。同时百度地图提供了丰富的公交换乘、驾车导航查询、路径规划等功能,可以让用户不仅知道要找的地点在哪,还知道如何前往。百度地图还具有完备的地图功能,如搜索提示、视野内检索、全屏、测距等。百度地图导航提供了实时公交到站信息、优化路线算法、实时路况等功能。

11.2　支持 GPS 的核心 API

百度地图 API 包含 JavaScript API、Web 服务 API、Android SDK、iOS SDK、定位 SDK、车联网 API、LBS 云等多种开发工具与服务,是百度公司为各行各业开发者免费提供的一套基于百度地图服务的应用接口,使用该 API 可以实现基本地图展现、搜索、定位、路线规划、LBS 云存储与检索等,适用于各种设备,同时没有操作系统的限制,对应 PC 端、移动端、服务器等多种设备下的多种操作系统的地图应用开发。开发者可以免费使用百度地图 API,通过百度地图 API 的官方网站,可以根据每款产品提供的开发指南进行入门学习,同时也可以在开发者论坛上发布自己在开发中遇到问题。下面是百度 API 官网上 Android SDK 开发指南的网址:

http://developer.baidu.com/map/index.php?title=androidsdk/guide/introduction
百度地图 Android SDK 是一套基于 Android 2.1 及以上版本设备的应用程序接口,通过该接口可以轻松的访问百度地图服务和数据,构建功能丰富、交互性强的地图应用程序。开发者可在百度地图 Android SDK 的下载页面下载到最新版的地图 SDK,下载地址为:

http://developer.baidu.com/map/index.php? title=androidsdk/sdkandev-download
为了给开发者带来更优质的地图服务,满足其灵活使用 SDK 的需求,百度地图 SDK 自 v2.3.0 起,采用了可定制的形式为用户提供开发包,按照功能被分为:基础地图、检索功能、LBS 云检索、计算工具和周边雷达 5 个部分,开发者可根据自身的实际需求,任意组合这 5 个部分,通过下载页面的"自定义下载"按钮,即可下载相应的开发包来完成自己的应用开发。下面是这 5 个部分的功能简介。

(1)基础地图:包括基本矢量地图、卫星图、实时路况图、室内图、适配 Android Wear,各种地图覆盖物,瓦片图层,OpenGL 绘制能力。此外,还包括各种与地图相关的操作和事件监听。

（2）检索功能：包括 POI 检索（周边、区域、城市内），室内 POI 检索，Place 详情检索，公交信息查询，路线规划（驾车、步行、公交），地理编码/反地理编码，在线建议查询等。

（3）LBS 云检索：包括检索周边、区域、城市内、详情。

（4）计算工具：包括计算两点之间距离、计算矩形面积、坐标转换、调百度地图客户端、判断点和圆/多边形位置关系、本地收藏夹等功能。

（5）周边雷达：包含位置信息上传和检索周边相同应用的用户位置信息功能。

11.3 百度地图开发过程

百度地图 Android SDK 提供的所有服务都是免费的，接口使用无次数限制。但是在使用之前需要到官网上申请密钥（Key），才可正常使用百度地图 Android SDK。

11.3.1 申请密钥

Android 开发中使用百度地图 SDK 提供各种服务之前，需要获取百度地图（移动版）的开发密钥，该密钥与开发者的百度账户相关联。因此，开发者必须先有百度账户，才能申请获得开发密钥。并且该密钥与开发者创建的工程项目有关，创建应用程序密钥需要注意以下事项：

（1）每个 Key 唯一对应一个 APP，其标志为 APP 的包名，如果 APP 修改了包名或者发布打包的时候改变了包名，则改变前后的 APP 被视为两个 APP，需要重新申请 Key。因此，多个 APP（包括一份代码多个包名打包）需申请多个与之对应的 Key；

（2）在同一个工程项目中同时使用百度地图 SDK、定位 SDK、导航 SDK 和全景 SDK 的全部或者任何组合，可以共用同一个 Key；

（3）如果在 Android SDK 开发过程中使用了 LBS 云服务（如 LBS 云检索功能），则需要为该服务单独申请一个"服务端"类型的 Key，代码中调用 LBS 云服务接口时使用此 Key 即可。注意：此 Key 一定要和 AndroidManifest. xml 中配置 API_KEY（客户端）的 Key 区分开；

（4）Android SDK 自 v2.1.3 版本开始采用了全新的 Key 验证体系，v2.1.3 之前的版本不再维护，如果升级到新版本 SDK（v2.1.3 及之后的版本），需要在 API 控制台重新申请 Key 进行替换。

申请密钥的流程介绍如下。

1. 登录百度账号

进入百度地图开发平台：http://lbsyun. baidu. com/，单击"登录"按钮进入图 11.1 所示的用户登录页面。

2. API 控制台

登录成功后，单击页面右上角的"API 控制台"链接，进入 API 控制台页面，如图 11.2 所示。

3. 创建应用

选择"创建应用"选项，进入创建 AK 页面，如图 11.3 所示，输入应用名称，将应用类型改为 Android SDK。

图 11.1　登录百度账户

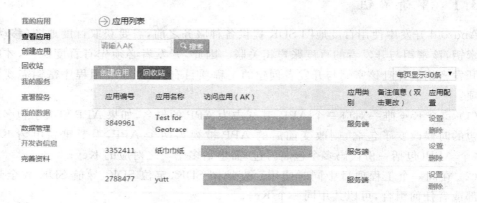

图 11.2　API 控制台

图 11.3　选择应用类型

4. 配置应用

在应用类型中选择 Android SDK 后，需要配置应用的安全码，如图 11.4 所示。

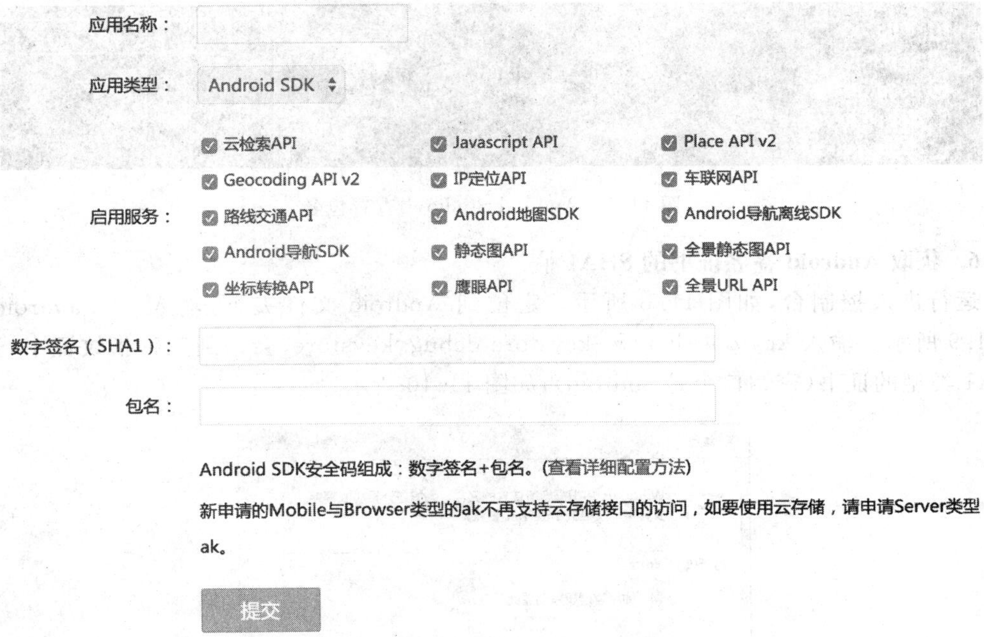

应用名称：	
应用类型：	Android SDK ÷

启用服务：
- ☑ 云检索API ☑ Javascript API ☑ Place API v2
- ☑ Geocoding API v2 ☑ IP定位API ☑ 车联网API
- ☑ 路线交通API ☑ Android地图SDK ☑ Android导航离线SDK
- ☑ Android导航SDK ☑ 静态图API ☑ 全景静态图API
- ☑ 坐标转换API ☑ 鹰眼API ☑ 全景URL API

数字签名（SHA1）：

包名：

Android SDK安全码组成：数字签名+包名。(查看详细配置方法)

新申请的Mobile与Browser类型的ak不再支持云存储接口的访问，如要使用云存储，请申请Server类型 ak。

提交

图 11.4 输入安全码

5. 获取安全码

安全码的组成规则为：Android 签名证书的 sha1 值＋包名（packagename），如图 11.5 所示。

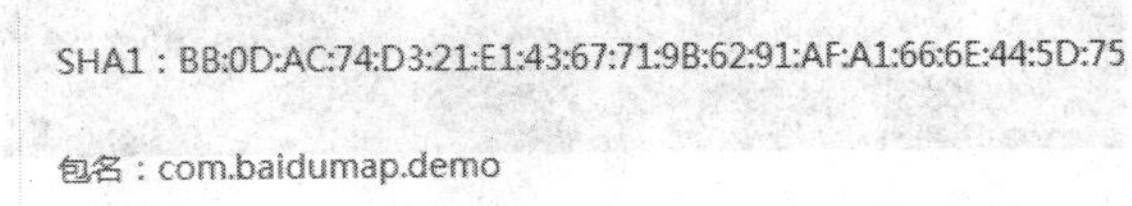

SHA1：BB:0D:AC:74:D3:21:E1:43:67:71:9B:62:91:AF:A1:66:6E:44:5D:75

包名：com.baidumap.demo

图 11.5 安全码的组成

包名获取的方法：

(1) 使用 eclipse 开发

包名是 Android 应用程序本身在 AndroidManifest. xml 中定义的名称，如图 11.6 所示。

```
2 <manifest xmlns:android="http://schemas.android.com/apk/res/android"
3       package="baidumapsdk.demo"
4       android:versionCode="1"
5       android:versionName="1.0" >
```

图 11.6 Eclipse 中查看包名

(2) 使用 Android studio 开发

包名需要在文件 build. gradle 中查询 applicationId，并确保 applicationId 与在

AndroidManifest. xml 中定义的包名一致。在文件 build. gradle 中查询 applicationId 的方法如图 11.7 所示。

图 11.7　Android Studio 中查看包名

6. 获取 Android 签名证书的 SHA1 值

运行进入控制台,如图 11.8 所示。定位到 Android 文件夹下,输入 cd . android,如图 11.9 所示。输入 keytool -list -v -keystore debug. keystore,会得到三种指纹证书,选取 SHA1 类型的证书(密钥口令是 android),如图 11.10 所示。

图 11.8　进入控制台

图 11.9　进入 .android 文件夹

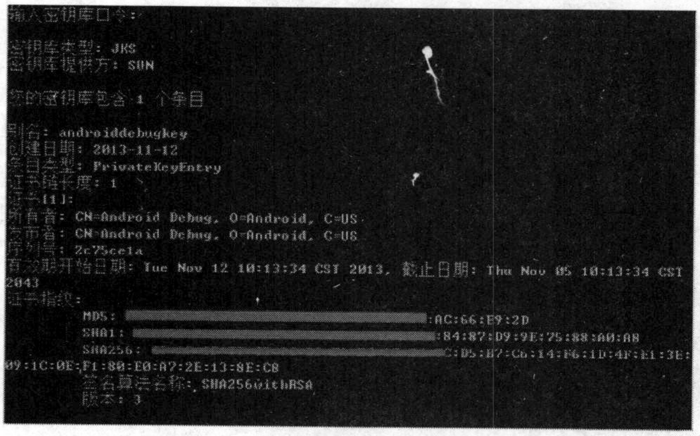

图 11.10　获取 SHA1

7. 创建 Key

在输入安全码后，单击"确定"按钮完成应用的配置工作，得到一个创建的 Key。

11.3.2　在 Android Studio 中配置开发环境

在进行百度地图开发前，首先下载百度地图 Android_SDK 压缩包。解压后 SDK 文件夹内容如图 11.11 所示，其中包含了 Jar 包和相关动态库。下载 SDK 后就可以配置环境了。

arm64-v8a	2016/6/1 21:20	文件夹
armeabi	2016/6/1 21:20	文件夹
armeabi-v7a	2016/6/1 21:20	文件夹
x86	2016/6/1 21:20	文件夹
x86_64	2016/6/1 21:20	文件夹
baidumapapi_base_v3_6_1	2015/11/19 13:39	Executable Jar File
baidumapapi_cloud_v3_6_1	2015/11/19 13:39	Executable Jar File
baidumapapi_map_v3_6_1	2015/11/19 13:39	Executable Jar File
baidumapapi_radar_v3_6_1	2015/11/19 13:39	Executable Jar File
baidumapapi_search_v3_6_1	2015/11/19 13:39	Executable Jar File
baidumapapi_util_v3_6_1	2015/11/19 13:39	Executable Jar File

图 11.11　SDK 文件夹内容

（1）将 Android 视图切换为 Project 视图，在工程 app/libs 目录下将百度地图 SDK 文件夹中的 baidumapapi_xxx_vX_X_X.jar 包拷入，在 app/src/main/目录下新建 jniLibs 目录，并将动态库拷入其中，如图 11.12 所示。注意，jar 和动态库的前 3 位版本号必须一致，并且保证使用同一次下载的文件夹中的两个文件，不能不同功能组件的 jar 或 so 交叉使用。

（2）将 Jar 包集成到自己的工程中。依照第 1 步将 Jar 包放入 libs 目录下后，对于每个 jar 文件，右击选择 Add As Library，导入到工程中。对应在 build.gradle 生成工程所依赖的 jar 文件说明，如图 11.13 所示。

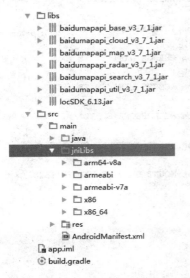

```
dependencies {
    compile fileTree(include: ['*.jar'], dir: 'libs')
    testCompile 'junit:junit:4.12'
    compile 'com.android.support:appcompat-v7:23.3.0'
    compile files('libs/baidumapapi_base_v3_6_1.jar')
    compile files('libs/baidumapapi_cloud_v3_6_1.jar')
    compile files('libs/baidumapapi_map_v3_6_1.jar')
    compile files('libs/baidumapapi_radar_v3_6_1.jar')
    compile files('libs/baidumapapi_search_v3_6_1.jar')
    compile files('libs/baidumapapi_util_v3_6_1.jar')
}
```

图 11.12　引入百度地图 SDK　　　　　　图 11.13　生成工程依赖

Jar 包的配置也可以通过如下操作进行：

在 Android Studio 的菜单栏选择 File —> Project Structure。在弹出的 Project Structure 对话框中选择 module，然后单击 Dependencies 选项卡。单击绿色的加号选择 File dependency，然后选择要添加的 Jar 包即可。完成以上的操作后，在 app 目录下的 build. gradle 文件中会有引入的类库。

Android studio 工程配置详细可以参考官方 demo。

11.3.3 Hello BaiduMap

下面我们就来尝试一个简单的 Hello BaiduMap 小程序，首先在 Android Studio 中创建 HelloBaiduMap 项目，然后按照下列步骤编写该程序。

（1）在 AndroidManifest. xml 文件中添加开发密钥和所需权限。在 Project 视图下，打开 app\src\main 文件夹中的 AndroidManifest. xml 文件，添加开发密钥 Key（具体密钥值根据前述步骤得到），其中< meta-data >是< application >的子元素。

```
< meta - data
    android:name = "com. baidu. lbsapi. API_KEY"
    android:value = "K1X8uVu3eyw7jO9TinDpSGcRIG4xZ8Rz" /> <!—根据前述步骤得到 -->
```

添加开发权限，注意，< user-permission >添加在< application >节点的外面。

```
<! -- 百度 API 所需权限 -->
< uses - permission android:name = "com. android. launcher. permission. READ_SETTINGS"/>
<! -- 下面权限用于进行网络定位 -->
< uses - permission android:name = "android. permission. ACCESS_COARSE_LOCATION" />
<! -- 下面权限用于访问 GPS 定位 -->
< uses - permission android:name = "android. permission. ACCESS_FINE_LOCATION"/>
<! -- 获取运营商信息,用于支持提供运营商信息相关的接口 -->
< uses - permission android:name = "android. permission. ACCESS_NETWORK_STATE" />
< uses - permission android:name = "android. permission. WRITE_SETTINGS" />
<! -- 访问网络,网络定位需要上网 -->
< uses - permission android:name = "android. permission. INTERNET" />
<! -- 用于获取 wifi 更改权限,wifi 信息用于进行网络定位 -->
< uses - permission android:name = "android. permission. CHANGE_WIFI_STATE" />
<! -- 用于访问 wifi 网络信息,wifi 信息用于进行网络定位 -->
< uses - permission android:name = "android. permission. ACCESS_WIFI_STATE" />
<! -- 用于读取手机当前状态 -->
< uses - permission android:name = "android. permission. READ_PHONE_STATE" />
<! -- 写入扩展存储,向扩展卡写入离线定位数据 -->
< uses - permission android:name = "android. permission. WRITE_EXTERNAL_STORAGE" />
<! -- SD 卡读取权限,用户写入离线定位数据 -->
< uses - permission android:name = "android. permission. MOUNT_UNMOUNT_FILESYSTEMS" />
```

（2）在布局文件中添加地图显示控件：

```
< com. baidu. mapapi. map. MapView
    android:id = "@ + id/bmapview"
    android:layout_width = "match_parent"
    android:layout_height = "match_parent" />
```

com. baidu. mapapi. map. MapView 是百度地图 API 提供的第三方控件,是用来显示地图的基本控件。

(3) 在应用程序的 MainActivity. java 文件中添加代码如下:

```java
public class MainActivity extends Activity {
    // 百度地图控件
    private MapView mMapView = null;
    // 百度地图对象
    private BaiduMap map;

    @Override
    protected void onCreate(Bundle savedInstanceState) {
        super.onCreate(savedInstanceState);
        requestWindowFeature(Window.FEATURE_NO_TITLE);
        //初始化
        SDKInitializer.initialize(getApplicationContext());
        setContentView(R.layout.main_activity);
        mMapView = (MapView) findViewById(R.id.bmapview);
        //通过控件得到地图实例
        map = mMapView.getMap();
    }
}
```

注意:SDKInitializer. initialize()方法必须传入 ApplicationContext(),传入 this 或者 MainActivity. this 都不行,因此,百度建议把该方法放到 Application 的初始化方法中。

(4) 重写 MainActivity 的生命周期的几个方法来管理地图的生命周期。在 MainActivity 的 onResume( )、onPause( )、onDestory( )方法中分别执行 mapview 的 onReusme( )、onPause( )、onDestory()方法:

```java
@Override
protected void onResume() {
    super.onResume();
    mMapView.onResume();
}
@Override
protected void onPause() {
    super.onPause();
    mMapView.onPause();
}
@Override
protected void onDestroy() {
    mMapView.onDestroy();
    mMapView = null;
    super.onDestroy();
}
```

图 11.14　Hello BaiduMap

完成上述步骤后,我们的 Hello BaiduMap APP 就完成了,最后编译运行效果如图 11.14 所示。

第11章

GPS 应用与百度地图编程基础

11.4 基础地图

利用 BaiduAndroid_SDK 提供的接口,使用百度提供的基础地图数据。截至 2017 年 9 月,百度地图 SDK 所提供的地图等级为 3～21 级,所包含的信息有建筑物、道路、河流、学校、公园等内容。所有叠加或覆盖到地图的内容统称为地图覆盖物,如标注、矢量图形元素(包括折线、多边形和圆等)、定位图标等。覆盖物拥有自己的地理坐标,当拖动或缩放地图时,它们会相应的移动。

百度地图 SDK 为广大开发者提供的基础地图和上面的各种覆盖物元素,具有一定的层级压盖关系,具体如下(从下至上的顺序):

(1) 基础底图(包括底图、底图道路、卫星图、室内图等);

(2) 瓦片图层(TileOverlay);

(3) 地形图图层(GroundOverlay);

(4) 热力图图层(HeatMap);

(5) 实时路况图图层(BaiduMap.setTrafficEnabled(true););

(6) 百度城市热力图(BaiduMap.setBaiduHeatMapEnabled(true););

(7) 底图标注(指的是底图上自带的那些 POI 元素);

(8) 几何图形图层(点、折线、弧线、圆、多边形);

(9) 标注图层(Marker),文字绘制图层(Text);

(10) 指南针图层(当地图发生旋转和视角变化时,默认出现在左上角的指南针);

(11) 定位图层(BaiduMap.setMyLocationEnabled(true));

(12) 弹出窗图层(InfoWindow);

(13) 自定义 View(MapView.addView(View););

本节内容将在 10.3.3 节的 Hello BaiduMap 程序的基础上实现一些基础地图的功能,其中包括:普通地图和卫星地图的切换、实时交通地图的显示、在天安门广场添加一个标注。基础地图功能还包括:城市热力图、地图控制与手势、几何覆盖物、文字覆盖物、弹出窗覆盖物、检索结果覆盖物等。由于篇幅限制在这里就不一一向大家介绍,有兴趣的读者可以到官网学习。

【例 11-1】 HelloBaiduMap 应用程序展示百度地图基础功能。

该程序运行结果如图 11.15 所示。

实现过程:

(1) 配置工程以及添加 Key 和权限在 11.3 节已经完成,下面首先在布局文件中添加三个按钮。

```
< LinearLayout
    android:orientation = "horizontal"
    android:layout_width = "match_parent"
    android:layout_height = "wrap_content">
    < Button
```

```
        android:id = "@ + id/bu_1"
        android:layout_width = "wrap_content"
        android:layout_height = "wrap_content"
        android:layout_weight = "1"
        android:text = "切换"/>
    < Button
        android:id = "@ + id/bu_2"
        android:layout_width = "wrap_content"
        android:layout_height = "wrap_content"
        android:layout_weight = "1"
        android:text = "打开"/>
    < Button
        android:id = "@ + id/bu_3"
        android:layout_width = "wrap_content"
        android:layout_height = "wrap_content"
        android:layout_weight = "1"
        android:text = "标注"/>
</LinearLayout >
```

图 11.15 基础地图

（2）在 MainActivity.java 文件中为每个 Button 按钮添加监听事件，并在监听事件中完成地图基本功能的实现。

```
import com.baidu.mapapi.SDKInitializer;
import com.baidu.mapapi.map.BaiduMap;
import com.baidu.mapapi.map.BitmapDescriptor;
import com.baidu.mapapi.map.BitmapDescriptorFactory;
import com.baidu.mapapi.map.MapView;
import com.baidu.mapapi.map.MarkerOptions;
```

GPS 应用与百度地图编程基础

```java
import com.baidu.mapapi.map.OverlayOptions;
import com.baidu.mapapi.model.LatLng;
public class MainActivity extends Activity {
    // 百度地图控件
    private MapView mMapView = null;
    // 百度地图对象
    private BaiduMap map;
    private Button b1, b2, b3;
    @Override
    protected void onCreate(Bundle savedInstanceState) {
        super.onCreate(savedInstanceState);
        requestWindowFeature(Window.FEATURE_NO_TITLE);
        //初始化
        SDKInitializer.initialize(getApplicationContext());
        setContentView(R.layout.main_activity);
        mMapView = (MapView) findViewById(R.id.bmapview);
        //通过控件得到地图实例
        map = mMapView.getMap();
        b1 = (Button)findViewById(R.id.bu_1);
        b2 = (Button)findViewById(R.id.bu_2);
        b3 = (Button)findViewById(R.id.bu_3);
        b1.setOnClickListener(clickListener);
        b2.setOnClickListener(clickListener);
        b3.setOnClickListener(clickListener);
    }
    public void addOpt(){
        //定义 Maker 坐标点(天安门经纬度,有点偏差)
        LatLng point = new LatLng(39.90960456049752, 116.3972282409668);
        //构建 Marker 图标
        BitmapDescriptor bitmap = BitmapDescriptorFactory
                .fromResource(R.drawable.tab);
        //构建 MarkerOption,用于在地图上添加 Marker
        OverlayOptions option = new MarkerOptions()
                .position(point)
                .icon(bitmap);
        //在地图上添加 Marker,并显示
        map.addOverlay(option);
    }
    public View.OnClickListener clickListener = new View.OnClickListener(){
        @Override
        public void onClick(View v) {
            if (v.getId() == R.id.bu_1){
                //判断地图类型
                if(map.getMapType() == BaiduMap.MAP_TYPE_NORMAL)
                    //开启卫星地图
                    map.setMapType(BaiduMap.MAP_TYPE_SATELLITE);
                else
                    //开启普通地图
                    map.setMapType(BaiduMap.MAP_TYPE_NORMAL);
            }else if(v.getId() == R.id.bu_2){
```

```
                    //判断地图是否已经开启交通图
            if(!map.isTrafficEnabled())
                map.setTrafficEnabled(true);
            else
                map.setTrafficEnabled(false);
        }else if(v.getId() == R.id.bu_3){
            addOpt();
        }
    }
};
}
```

11.5　百度定位功能

百度地图 Android 定位 SDK 是为 Android 移动端应用提供的一套简单易用的定位服务接口,专注于为广大开发者提供最好的综合定位服务。通过使用百度定位 SDK,开发者可以轻松为应用程序实现智能、精准、高效的定位功能。

百度地图 Android 定位 SDK 提供 GPS、基站、WiFi 等多种定位方式,适用于室内、室外多种定位场景,具有出色的定位性能,如定位精度高、覆盖率广、网络定位请求流量小、定位速度快等。

(1) 综合网络定位:为开发者提供高精度定位、低功耗定位和仅用设备定位三种定位模式,借助 GPS、基站、WiFi 和传感器信息,实现高精度的综合网络定位服务。

(2) 离线定位功能:基于常驻点挖掘以及同步缓存信息,在无网络的情况下也能够快速精准定位,极大改善用户定位体验。

(3) 逆地理编码+位置语义:按需返回经纬度坐标、详细地址和所在 POI 描述,支持省市区县结构化地址,独家支持 POI 语义名称。

(4) 室内高精度定位:利用三角定位技术、增强 WiFi 指纹模拟技术、地磁技术、蓝牙技术等,提供精度 1～3m 的室内高精度定位服务。

11.6　百度定位开发过程

11.5 节介绍了百度地图定位 SDK 的功能,相信大家都急不可耐地想自己动手试试定位功能。本节将详细介绍百度地图定位功能的开发步骤,并附上实例程序。

首先我们来了解实现定位功能需要使用到的两个类:LocationClient 类与BDLocationListener 类。

(1) LocationClient 是定位服务的客户端。宿主程序在客户端声明此类,并调用相关方法实现功能。注意,LocationClient 对象只能在主线程中创建。

常用构造函数为:

```
LocationClient(Context context)
```

GPS 应用与百度地图编程基础

参数 context 需要调用 getApplicationContext()获取。常用方法如表 11.1 所示。

表 11.1　LocationClient 类常用方法

方　法　名	作　　用
getLastKnownLocation()	同步定位,返回最近一次定位结果
registerLocationListener(BDLocationListener listener)	注册定位监听函数
registerNotify(BDNotifyListener mNotify)	注册位置提醒监听
setLocOption(LocationClientOption locOption)	设置定位参数
start()	启动定位监听
stop()	停止定位监听

(2) BDLocationListener 是一个接口类,实现了定位监听器的功能。在实现定位功能的过程中需要实现这个接口。

该接口只实现了一个回调函数 onReceiveLocation(BDLocation location),其中的参数 location 就是定位函数产生的定位结果,其中包含了经纬度、定位时间、定位方式等信息。要实现该接口,先通过 LocationClient 的 registerLocationListener(BDLocationListener listener)方法注册定位监听函数,再通过 LocationClient 的 start()函数启动定位就可以得到定位数据。

通过使用上述的两个类可以得到位置信息,但是如何在地图上显示出位置信息呢? 细心的读者可能还记得在 11.4 节中介绍的百度地图的层级压盖关系,其中有一个图层名为定位图层,根据名字就猜得到它是用于显示定位信息的图层。

首先通过 BaiduMap.setMyLocationEnabled(true)方法打开定位图层,然后使用得到的定位信息构造定位数据,也就是创建 MyLocation-Data 对象,该对象通过 Bulider()静态方法构造,通过 latitude()、longitude()方法设置经纬度,direction()方法设置方向。最后通过 BaiduMap.setMyLocationData(MyLocationData data)方法设置定位数据,这时定位信息就展示在地图上了。可是还有一个问题:位置虽然显示出来了,可是地图并没有自动移动到定位位置上。所以还需要移动地图到定位位置上。首先创建一个 MapStatusUpdate 对象,创建该对象时需要两个参数:第一个是 LatLng 经纬度对象,用于提供位置信息;第二个是地图缩放级别,一个 int 数据在 3～19 之间。最后使用 BaiduMap.animateMapStatus(MapStatusUpdate m)方法移动地图。

【例 11-2】　BaiduMapLocalization 应用程序展示百度地图定位功能。

该程序运行结果如图 11.16 所示。

实现过程如下。

配置工程以及添加 Key 和权限与 11.3 节相同,在

图 11.16　百度地图定位

此略过。这里直接给出 MainActivity.java 文件的主要内容：

```java
public class MainActivity extends Activity {
    TextView mTextView = null;
    boolean isFirstLoc = true;                              // 是否首次定位

    MapView mMapView = null;                                //地图控件
    BaiduMap mBaiduMap = null;                              //地图对象
    public LocationClient mLocationClient = null;
    public BDLocationListener myListener = new MyLocationListener();
    @Override
    protected void onCreate(Bundle savedInstanceState) {
        super.onCreate(savedInstanceState);
        this.requestWindowFeature(Window.FEATURE_NO_TITLE);    //隐藏标题栏
        SDKInitializer.initialize(getApplicationContext());    //初始化
        setContentView(R.layout.activity_main);
        mTextView = (TextView)findViewById(R.id.locmsg);
        mMapView = (MapView)findViewById(R.id.bmapView);       //获取地图控件
        mBaiduMap = mMapView.getMap();
        // 声明 LocationClient 类
        mLocationClient = new LocationClient(getApplicationContext());
        // 注册定位监听函数
        mLocationClient.registerLocationListener(myListener);
        //设置定位参数
        LocationClientOption option = new LocationClientOption();
        option.setOpenGps(true);                               //打开 GPRS
        option.setAddrType("all");                             //返回的定位结果包含地址信息
        option.setCoorType("bd09ll");                          //返回的定位结果是百度经纬度,默认值 gcj02
        option.setPriority(LocationClientOption.GpsFirst);     // 设置 GPS 优先
        option.setScanSpan(5000);                              //设置发起定位请求的间隔时间为 5s
        mLocationClient.setLocOption(option);
        mLocationClient.start();                               //开始定位
    }
    public class MyLocationListener implements BDLocationListener
    {
        @Override
        public void onReceiveLocation(BDLocation location) {
            //定位失败或 mapview 销毁后
            if (location == null || mMapView == null) {
                return;
            }
            //开启定位图层
            mBaiduMap.setMyLocationEnabled(true);
            // 构造定位数据
            MyLocationData locData = new MyLocationData.Builder()
                // 此处设置开发者获取到的方向信息,顺时针 0~360
                .direction(100)
                .latitude(location.getLatitude())
                .longitude(location.getLongitude())
                .build();
```

GPS 应用与百度地图编程基础

```
                // 设置定位数据
        mBaiduMap.setMyLocationData(locData);
            //判断是否第一次定位
            if (isFirstLoc) {
                isFirstLoc = false;
            //将地图移动到定位的位置
            float f = mBaiduMap.getMaxZoomLevel();          //19.0 最小比例尺
            //float m = mBaiduMap.getMinZoomLevel();          //3.0 最大比例尺
            LatLng ll = new LatLng(location.getLatitude(), location.getLongitude());
            MapStatusUpdate u = MapStatusUpdateFactory.newLatLngZoom(ll, f - 4);
                                                            //设置缩放比例
            mBaiduMap.animateMapStatus(u);                  //移动地图
            }
        StringBuffer sb =    new StringBuffer(256);
        sb.append("time:");
        sb.append(location.getTime());
        sb.append("\nerror code:");
        sb.append(location.getLocType());
        sb.append("\nlatitude:");
        sb.append(location.getLatitude());
        sb.append("\nlontitude:");
        sb.append(location.getLongitude());
        sb.append("\nradius:");
        sb.append(location.getRadius());
        if (location.getLocType() == BDLocation.TypeGpsLocation)
        {
            //GPS 定位
            sb.append("\nspeed:");
            sb.append(location.getSpeed());             //获取速度,仅 GPS 定位结果时有速度信息
            sb.append("\nsatellite:");
            sb.append(location.getSatelliteNumber());
            sb.append("\nheight:");
            sb.append(location.getAltitude());          //获取高度信息,目前没有实现
            sb.append("\ndirection:");
            sb.append(location.getDirection());         //获取手机当前的方向
            sb.append("\naddr");
            sb.append(location.getAddrStr());
            sb.append("\ndescribe:");
            sb.append("GPS 定位成功!");
        }
        else if (location.getLocType() == BDLocation.TypeNetWorkLocation)
        {
            //网络定位 WiFi
            sb.append("\naddr:");
            sb.append(location.getAddrStr());
            //获取详细地址信息
            sb.append("\noperationer:");
            sb.append(location.getOperators());
            sb.append("\ndescribe:");
            sb.append("网络定位成功");
```

```
            }
            else if (location.getLocType() == BDLocation.TypeOffLineLocation)
            {
                //离线定位
                sb.append("\ndescribe:");
                sb.append("离线定位成功");
            }
            else if (location.getLocType() == BDLocation.TypeServerError)
            {
                sb.append("\ndescribe:");
                sb.append("server定位失败,没有对应的位置信息");
            }
            else if (location.getLocType() == BDLocation.TypeNetWorkException)
            {
                sb.append("\ndescribe:");
                sb.append("网络连接失败");
            }
            mTextView.setText(sb);
        }
    }
    @Override
    protected void onDestroy() {
        //销毁时停止定位
        mLocationClient.stop();
        // 关闭定位图层
        mBaiduMap.setMyLocationEnabled(false);
        mMapView.onDestroy();
        mMapView = null;
        super.onDestroy();
    }
```

11.7　百度地图检索

开发者通过百度地图 SDK 不仅可以实现地图展示,丰富的覆盖物图层,更可以实现多种 POI(Point of Interest)检索的功能。通过对应的检索接口,开发者可以轻松的访问百度地图的 POI 数据,丰富自己的地图应用。

POI,中文可以翻译为"兴趣点"。在地图应用中,当我们搜索周边的饭店、宾馆或者公交站等信息的时候,地图为我们展示的一个一个的点,这些点就是我们检索的结果,也就是兴趣点,它们是一次普通的 POI 检索的结果。

百度地图 SDK 提供了三种类型的 POI 检索:周边检索、区域检索和城市内检索。

下面介绍检索功能需要用到的主要类与接口,如表 11.2 所示。

PoiSearch 类是检索的接口,该类是一个静态类,构造方法被私有化处理,只能通过 newInstance()获得实例。常用方法如表 11.3 所示。

310

表 11.2　检索功能类

类　名	功　能	类　名	功　能
PoiSearch	POI 检索接口	PoiBoundSearchOption	POI 范围检索参数
PoiResult	POI 检索结果	PoiCitySearchOption	POI 城市检索参数
PoiDetailResult	POI 详情检索结果	OnGetPoiSearchResultListener	POI 检索回调监听
PoiNearbySearchOption	POI 附近检索参数		

表 11.3　PoiSearch 常用方法

方　法	功　能
newInstance()	创建 PoiSearch 对象
destroy()	释放对象
setOnGetPoiSearchResultListener(OnGetPoiSearchResultListener listener)	设置 POI 检索监听
searchInBound(PoiBoundSearchOption option)	发起范围检索
searchInCity(PoiCitySearchOption option)	发起城市检索
searchInNearby(PoiNearbySearchOption option)	发起周边检索

表 11.2 中的 OnGetPoiSearchResultListener 是一个接口,该接口有两个回调函数:
onGetPoiResult(PoiResult result)与 onGetPoiDetailResult(PoiDetailResult result),前者是
获取 POI 检索结果,后者是获取 Place 详情页检索结果。

看到这里,相信读者应该对实现检索功能已经有了一个初步的概念,下面就通过实例来
学习具体的实现功能。

【例 11-3】　MyBaiDuPOITest 应用程序展示百度地图检索功能。

该程序检索"美食"运行结果如图 11.17 所示。

图 11.17　检索功能运行结果

该程序布局文件与 Java 文件如下：

（1）activity_my_poitest_main. xml 布局文件。

```xml
< LinearLayout xmlns:android = "http://schemas. android. com/apk/res/android"
    xmlns:tools = "http://schemas. android. com/tools"
    android:layout_width = "match_parent"
    android:layout_height = "match_parent"
    android:orientation = "vertical"
    android:paddingBottom = "@dimen/activity_vertical_margin"
    android:paddingLeft = "@dimen/activity_horizontal_margin"
    android:paddingRight = "@dimen/activity_horizontal_margin"
    android:paddingTop = "@dimen/activity_vertical_margin">
    < RelativeLayout
        android:layout_width = "match_parent"
        android:layout_height = "wrap_content">
        < Button
            android:id = "@ + id/btnSearch"
            android:layout_width = "wrap_content"
            android:layout_height = "wrap_content"
            android:layout_alignParentRight = "true"
            android:text = "搜索"/>
        < EditText
            android:id = "@ + id/etPOI"
            android:layout_width = "wrap_content"
            android:layout_height = "wrap_content"
            android:layout_alignParentLeft = "true"
            android:layout_toLeftOf = "@id/btnSearch"
            android:layout_alignBaseline = "@id/btnSearch"/>
    </RelativeLayout >
    < com. baidu. mapapi. map. MapView
        android:id = "@ + id/bmapView"
        android:layout_width = "fill_parent"
        android:layout_height = "fill_parent"
        android:clickable = "true" />
</LinearLayout >
```

（2）activity_poi. xml 布局文件。

```xml
<?xml version = "1.0" encoding = "utf - 8"?>
< LinearLayout xmlns:android = "http://schemas. android. com/apk/res/android"
    android:layout_width = "match_parent"
    android:layout_height = "match_parent"
    android:orientation = "vertical" >
    < ListView
        android:id = "@ + id/lsvPoiList"
        android:layout_width = "fill_parent"
        android:layout_height = "wrap_content">
    </ListView >
</LinearLayout >
```

第11章

GPS 应用与百度地图编程基础

(3) MyPOITestMainActivity. java 文件。

```java
public class MyPOITestMainActivity extends Activity {
    final int POIACTIVITY = 1;
    EditText mEdtPOI = null;
    Button mBtnSearch = null;
    boolean isFirstLoc = true;                      // 是否首次定位
    MapView mMapView = null;                         //地图控件
    BaiduMap mBaiduMap = null;
    //定位相关
    public LocationClient mLocationClient = null;
    public BDLocationListener myListener = new MyLocationListener();
    @Override
    protected void onCreate(Bundle savedInstanceState) {
        super.onCreate(savedInstanceState);
        SDKInitializer.initialize(getApplicationContext());
        setContentView(R.layout.activity_my_poitest_main);
        mEdtPOI = (EditText)findViewById(R.id.etPOI);
        mBtnSearch = (Button)findViewById(R.id.btnSearch);
        //获取控件
        mMapView = (MapView)findViewById(R.id.bmapView);
        mBaiduMap = mMapView.getMap();
        // 声明 LocationClient 类
        mLocationClient = new LocationClient(getApplicationContext());
        // 注册定位监听函数
        mLocationClient.registerLocationListener(myListener);
        //设置定位参数
        LocationClientOption option = new LocationClientOption();
        option.setOpenGps(true);                    //打开 GPS
        option.setCoorType("bd09ll");               // 返回的定位结果是百度经纬度,默认值 gcj02
        option.setScanSpan(1000);
        mLocationClient.setLocOption(option);
        mLocationClient.start();
        //搜索按钮添加监听事件
        mBtnSearch.setOnClickListener(new View.OnClickListener(){
            @Override
            public void onClick(View v) {
                if (!(mEdtPOI.getText().toString().equals(""))) {
                    //创建 Intent 对象,关联父 Activity 和子 Activity
                    Intent intent = new Intent(MyPOITestMainActivity.this, PoiActivity.class);
                    //用 intent.putExtra()方法封装传递的检索字符串
                    intent.putExtra("poimsg", mEdtPOI.getText().toString());
                    //启动子 Activity
                    startActivityForResult(intent, POIACTIVITY);
                }
            }
        });
    }
    //重写 onActivityResult()获取 PoiActivity 返回的数据
    @Override
```

```
protected void onActivityResult(int requestCode, int resultCode, Intent data)
{
    super.onActivityResult(requestCode, resultCode, data);
    switch(requestCode)
    {
        case POIACTIVITY:
            if (resultCode == RESULT_OK)
            {
                //获得具体地标名称
                String strPOIName = data.getStringExtra("name");
                //获得纬度
                String strPOILat = data.getStringExtra("Latitude");
                //获得经度
                String strPOILng = data.getStringExtra("Longitude");
                mEdtPOI.setText(strPOIName);
                //在地图上标志检索到的具体地标
                //定义地标点
                LatLng point = new LatLng(Double.parseDouble(strPOILat),
                        Double.parseDouble(strPOILng));
                BitmapDescriptor bitmap = BitmapDescriptorFactory.
                        fromResource(R.drawable.icon_marka);
                //构建 MarkerOption,用于在地图上添加该地标
                OverlayOptions option = new MarkerOptions().position(point).icon(bitmap);
                //在地图上添加地标点,并显示
                mBaiduMap.addOverlay(option);
                //创建地图状态构造器
                MapStatus.Builder builder = new MapStatus.Builder();
                //设置地图的中心位置为地标点位置,并将它缩放级别位置为 18 级
                builder.target(point).zoom(18.0f);
                //以动画方式更新地图
mBaiduMap.animateMapStatus(MapStatusUpdateFactory.newMapStatus(builder.build()));
            }
            break;
        default:
            break;
    }
}
public class MyLocationListener implements BDLocationListener
{
    @SuppressWarnings("unchecked")
    @Override
    public void onReceiveLocation(BDLocation location) {
        //定位失败或 mapview 销毁后
        if (location == null || mMapView == null) {
            return;
        }
        //开启定位图层
        mBaiduMap.setMyLocationEnabled(true);
        // 构造定位数据
        MyLocationData locData = new MyLocationData.Builder()
```

```
                      // 此处设置开发者获取到的方向信息,顺时针 0～360°
                      .direction(100)
                      .latitude(location.getLatitude())
                      .longitude(location.getLongitude())
                      .build();
                // 设置定位数据
                mBaiduMap.setMyLocationData(locData);
                //判断是否第一次定位
                if (isFirstLoc) {
                    isFirstLoc = false;
                    //将地图移动到定位的位置
                    float f = mBaiduMap.getMaxZoomLevel();        //19.0 最小比例尺
                    //float m = mBaiduMap.getMinZoomLevel();      //3.0 最大比例尺
                    LatLng ll = new LatLng(location.getLatitude(), location.getLongitude());
                    MapStatusUpdate u = MapStatusUpdateFactory.newLatLngZoom(ll, f - 4);
                                                                  //设置缩放比例
                    mBaiduMap.animateMapStatus(u);                //移动地图
                }
            }
        }
    }
    @Override
    protected void onDestroy() {
        // 退出时销毁定位
        mLocationClient.stop();
        // 关闭定位图层
        mBaiduMap.setMyLocationEnabled(false);
        //在 activity 执行 onDestory 时执行 mMapView.onDestory(),实现地图生命周期管理
        mMapView.onDestroy();
        mMapView = null;
        super.onDestroy();
    }
```

(4) PoiActivity.java 文件。

```
public class PoiActivity extends Activity {

    PoiSearch mPoiSearch = null;
    ListView mLsvPois = null;
    @Override
    protected void onCreate(Bundle savedInstanceState) {
        super.onCreate(savedInstanceState);
        setContentView(R.layout.activity_poi);
        mLsvPois = (ListView)findViewById(R.id.lsvPoiList);
        //创建 POI 对象
        mPoiSearch = PoiSearch.newInstance();
        //设置 POI 检索监听者
        mPoiSearch.setOnGetPoiSearchResultListener(poiListener);
        //获取父 Activity 传递给子 Activity 的 Intent 对象
        Intent intent1 = this.getIntent();
```

```java
//通过 intent 对象获取父 Activity 传递给子 Activity 的参数
String strPoiMsg = intent1.getStringExtra("poimsg");
//发起检索请求
mPoiSearch.searchInCity((new PoiCitySearchOption())
        .city("重庆")
        .keyword(strPoiMsg)
        .pageNum(5));
//添加单击 ListView 控件选项的事件监听器
mLsvPois.setOnItemClickListener(new AdapterView.OnItemClickListener()
{
    @Override
    public void onItemClick(AdapterView<?> arg0, View arg1, int arg2,
                            long arg3) {
        //从选择项字符串中分离出名称、纬度和经度
        String[] strSel = ((TextView)arg1).getText().toString().split(":");
        String strName = strSel[0];                 //地标具体名称
        String strLat = strSel[2].split(",")[0];    //纬度
        String strLng = strSel[3];                   //经度
        //创建 Intent 对象,关联子 Activity 和父 Activity
        Intent intent2 = new Intent(PoiActivity.this, MyPOITestMainActivity.class);
        //将返回信息封装在 Intent2 中
        intent2.putExtra("name", strName);
        intent2.putExtra("Latitude", strLat);
        intent2.putExtra("Longitude", strLng);
        //设置结果码,携带封装了返回信息的 Intent2
        setResult(RESULT_OK, intent2);
        finish();
    }
});
}
OnGetPoiSearchResultListener poiListener = new OnGetPoiSearchResultListener(){
    public void onGetPoiResult(PoiResult result){
        // 获取 POI 检索结果
        if (result == null || result.error != SearchResult.ERRORNO.NO_ERROR){
            Toast.makeText(PoiActivity.this, "检索失败", Toast.LENGTH_LONG).show();
            return;
        }
        List<String> list = new ArrayList<String>();
        //列出检索到的所有相关 POI
        for (PoiInfo poi : result.getAllPoi()) {
            list.add(poi.name + ":" + poi.location.toString());
        }
        //使用 ArrayAdapter 数组适配器将界面控件和底层数据绑定到一起
        ArrayAdapter<String> adapter = new ArrayAdapter<String>(PoiActivity.this,
                android.R.layout.simple_list_item_1, list);
        mLsvPois.setAdapter(adapter);
    }
    public void onGetPoiDetailResult(PoiDetailResult result){
        //获取 Place 详情页检索结果
    }
```

```
};
@Override
protected void onDestroy() {
    //释放 POI 检索对象
    mPoiSearch.destroy();
    super.onDestroy();
}
```

　　最后,提醒大家: 如果想要运行本章中的三个实例程序或者在原有实例程序上进行二次开发,请参见 11.3.1 节的步骤到百度地图开发平台申请 Key,然后用新的 Key 并覆盖掉上面实例中的原有 Key,这样程序才可以正常运行。

第12章 Android 移动应用编程实践

12.1 实验 1：搭建 Android 开发环境

1. 实验要求和目的

（1）掌握 Android 开发环境的安装和配置方法。

（2）了解 Android SDK 的目录结构和示例程序。

（3）熟悉 Android SDK 编码参考规范及帮助文档。

（4）掌握使用 Android Studio 开发 Android 应用程序的方法。

2. 实验内容

（1）在自带的计算机上搭建 Android 开发环境。

（2）浏览 Android SDK 帮助文档，了解 SDK 帮助文档的结构和用途。

（3）浏览 Android SDK 目录，阐述目录结构及各文件夹含义。

（4）运行 Android 模拟器（AVD）及 DDMS 中的文件浏览器（File Explorer），阐述其功能。

3. 实验习题

（1）在网络上下载 Android API 文档，了解其用途。

（2）运行 Android 模拟器，了解模拟器能模拟哪些功能。

（3）运行不同 Android SDK 版本及分辨率下的模拟器，体会示例程序在不同模拟器下运行的效果。

（4）查阅资料，了解 Android 应用的领域，体会移动平台未来会在哪些方面进一步影响我们的生活。

12.2 实验 2：Android 应用程序及生命周期

1. 实验要求和目的

（1）了解 Android 的程序结构及各文件用途。

（2）熟悉 Activity 生命周期中各状态的变化关系。

（3）掌握 Activity 事件回调函数的作用和调用顺序。

（4）掌握程序调试的方法。

2. 实验内容

（1）第一个 Android 程序。

① 使用 Android Studio 建立第一个 Android 程序并运行。

② 分析 Android 的程序结构及用途(有哪些文件夹及文件,各文件夹及文件的含义,哪些文件是程序员可以修改的,哪些是系统自动生成,程序员不能修改的?)。

③ 分析程序中的 AndroidManifest. xml、main. xml 和 R. java 文件中代码的含义。

④ 将程序中的 TextView 控件的输出内容改为输出学号和姓名。

(2) 在 Activity 中重载图 12.1 中的 9 种事件函数,在调用不同函数时使用 LogCat 在 Android Studio 的控制台中输出调用日志,显示 Activity 在启动、停止和销毁等不同阶段 9 种重载函数的调用顺序。

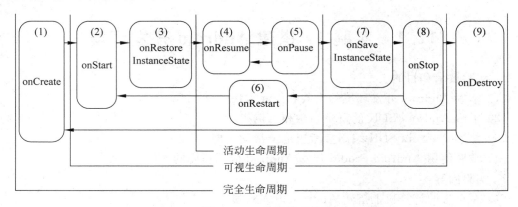

图 12.1   9 种函数重载

(3) 使用设置断点的方法,观察各种函数的调用顺序。

3. 实验习题

(1) 简述 Android 项目开发的大致流程。

(2) Android 应用程序由哪些部分构成? 它们间的关系是什么?

(3) Activity 生命周期中表现状态分为哪些? 其涉及的回调函数有哪些? 它们与生命周期间有什么关系?

(4) 如果要修改 Android 程序的标题文字,应该在哪个文件里修改? 如果要修改运行项目的最小版本号,应该在哪个文件里修改?

(5) 要在 res\layout 文件夹下建立一个 xml 文件,怎样操作? 要在 src 文件夹下建立一个 Java 文件,怎样操作?

12.3   实验 3:Android 用户界面设计

1. 实验要求和目的

(1) 掌握 Android 常用界面控件的使用方法。

(2) 掌握控件响应函数的编写方法。

(3) 掌握各种界面布局的特点和使用方法。

2. 实验内容

(1) 分别使用线性布局、相对布局、表格布局实现如图 12.2 所示界面。

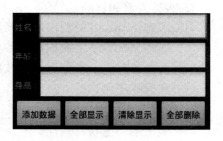

图 12.2   界面布局

（2）建立 3 个页面，各页面控件内容如下：

① 页面 1 标题为"多选及单选演示"，含有 1 个 TextView 控件，3 个 CheckBox 控件和 1 组（含 4 个）RadioButton 控件。其中 TextView 控件用于显示用户单击某控件后的结果。

② 页面 2 标题为"Spinner 演示"，含有 2 个 Spinner 控件，一个 Spinner 用于选择年级（大一～大四），另一个用于选择性别。

③ 页面 3 标题为"ListView 演示"，含有一个 ListView 控件（拥有 10 个子项），一个 TextView 控件，用于显示用户单击某子项后的结果。

（3）在第（1）题的按钮栏下面添加一个 TextView 控件用于显示数据，然后实现"添加数据""全部显示""清除显示"和"全部删除"4 个按钮的功能。

（4）实现第（2）题中各控件的单击响应功能，响应结果显示在所在页的 TextView 控件中。

3. 实验习题

（1）简述 7 种界面布局的特点。

（2）简述 Android UI 框架和 MVC 设计模式的关系，以及 MVC 设计有何优势？

（3）查阅资料，学习 ImageView 控件的用法，然后编写一个 Android 程序演示该控件的功能。

（4）下拉列表控件 Spinner 如何使用？其步骤有哪些？

（5）为案例"移动点餐系统"设计"我的订单"界面布局，显示以下内容：订单编号、总金额、配送状态、订单子项。其中订单子项包含内容为：菜品编号、菜品名称、单价、数量。

提示："我的订单"和"订单子项"分别用两个界面，当用户单击订单界面的某个订单时弹出该订单的订单子项界面。每个界面仿照本书例 3-10 使用 SimpleAdapter 和 ListView 控件分别显示订单列表及订单子项列表。订单界面的列表项包含订单编号、总金额、配送状态。订单子项界面的列表项包含菜品编号、菜品名称、单价、数量。

12.4 实验 4：多个用户界面的程序设计

1. 实验要求和目的

（1）了解使用 Intent 进行组件通信的原理。

（2）掌握使用 Intent 启动 Activity 的方法。

（3）掌握 Activity 间数据传送的方法。

（4）掌握对话框的使用方法。

2. 实验内容

（1）设计一个主 Activity 和一个子 Activity(Sub-Activity)。主 Activity 界面上有一个"登录"按钮和一个用于显示信息的 TextView，单击"登录"按钮后打开一个新的 Activity，新 Activity 上面有输入用户名、密码的控件，在用户关闭这个 Activity 后，将用户输入的用户名和密码传递到主 Activity，如果用户名和密码正确，则主 Activity 上的 TextView 显示"某某用户已登录"，否则弹出一个消息对话框，显示"用户名或密码错误"。

（2）在第（1）题的主 Activity 界面上增加一个"注册"按钮。单击"注册"按钮后打开另一个新的 Activity，新 Activity 上除了用户名和密码的 EditView 控件外，还有"确定"和"取消"按钮,如果单击"确定"按钮,则用户信息在主 Activity 的 TextView 上显示,再次登录时该用户名和密码有效;如果单击"取消"按钮,则直接返回主 Activity 页面。

(3) 在第(1)题中用对话框的方式显示用户登录界面,实现用户登录功能。

3. 实验习题

(1) 显示和隐式启动 Activity 通常的步骤包含哪些?

(2) 设计一个照片墙,可单击上一页、下一页进行翻页。

(3) 在上面的登录程序中增加选项菜单,用户可以通过菜单设置界面的字体和颜色。

(4) 在实验 3 的实验习题(5)的基础上使用 TabActivity 布局分页显示"点餐"和"外卖"订单。当用户在主界面中单击"我的订单"按钮后,弹出分页的内卖订单和外卖订单界面,用户可以分别查看不同类型的各订单配送状态及订单明细。

12.5 实验 5:数据存储与访问

1. 实验要求和目的

(1) 掌握 SharedPreferences 的使用方法。

(2) 掌握各种文件存储的方法。

(3) 掌握 SQLite 数据库的建立和操作方法。

2. 实验内容

(1) 应用程序在使用过程中会被用户或系统关闭,如果能够在程序关闭前保存用户输入的信息,就可以在程序再次启动程序时恢复这些信息,进而提升用户体验。在实验 4 的基础上:

① 尝试使用 SharedPreferences 在程序关闭时保存用户输入的用户名,并在程序重新启动并打开登录页面时自动恢复上次登录的用户名。

② 以 INI 文件的形式,将数据保存在内部存储器上,实现相同的功能。

(2) 使用 Android 代码的方式建立 SQLite 数据库,数据库名称为 test.db,并建立 staff 数据表,表内的属性值如表 12.1 所示。

表 12.1 staff 数据表属性值

属　　　性	数 据 类 型	说　　　明
_id	integer	主键
name	text	姓名
sex	text	性别
department	text	所在部门
salary	float	工资

(3) 在完成建立数据库的工作后,编程实现基本的数据库操作功能,包括数据的添加、删除和更新,并尝试将表 12.2 中的数据添加到 staff 表中。

3. 实验习题

(1) SharedPreference 的访问模式有几种,分别是什么?

(2) Android 系统支持的文件操作模式有哪些?

表 12.2　要添加的数据

_id	name	sex	department	salary
1	Tom	male	Computer	5400
2	Einstein	male	Computer	4800
3	Lily	female	Math & Physics	5000
4	Warner	male	Foreign language	6000
5	Napoleon	male	Business administration	8000

（3）如何才能将信息从 SD 卡中读出及写入,给出实现的步骤和关键代码。

（4）创建联系人 SQLite 数据库,然后编写一个程序实现联系人的添加、修改和删除。

（5）为"移动点餐系统"中的我的订单创建 SQLite 数据库,在主界面中单击"我的订单"按钮后,从数据库中读出相应订单并显示在订单界面中。

12.6　实验 6：后台服务

1. 实验要求和目的

（1）了解 Service 的原理和用途。

（2）掌握本地服务的管理方法。

（3）掌握服务的隐式和显式启动的方法。

（4）掌握线程的启动、挂起和停止的方法。

2. 实验内容

（1）用进程内的绑定服务,实现比较两个整数大小的功能,具体要求如下:

① 在 Service 内提供 int Compare(int, int)函数,输入两个整数,输出较大的整数。

② 设计用户界面,在界面上允许用户输入两个整数,通过调用进程内服务,将较大的数字显示在界面上。

（2）用进程内的多线程服务,随机产生两个整数,实现比较这两个整数大小的功能,具体要求如下:

① 在 Service 内提供 int Compare(int, int)函数,输入两个整数,输出较大的整数。

② 在 Service 中使用多线程产生两个随机数,经比较后将较大数及产生的随机数分别显示在用户界面上。

③ 在用户界面上提供"开始"和"结束"按钮,用户单击"开始"按钮后,调用服务线程每隔一段时间自动随机产生两个整数,输出较大整数。单击"结束"按钮后,终止服务。

3. 实验习题

（1）编写一个 Android 程序,利用广播来启动 Service,Service 的主要功能是播放一首歌。

（2）Java API 中的 Timer 和 TimerTask 类主要用来实现定时器功能,查阅资料并学习这两个类的用法,然后编写一个 Android 程序,通过定时器控制界面背景色,实现每隔 1s 自动更换一次背景色。

12.7 实验 7：WiFi 网络操作

1. 实验要求和目的

(1) 掌握网络通信的基本知识。

(2) 掌握 WifiManager、WifoInfo 类的使用方法。

(3) 掌握 WiFi 下获取移动设备 IP 和 MAC 地址的方法。

2. 实验内容

编写一个 Android 的 WiFi 检测程序，实现下面功能：

① 程序启动后检测手机的当前 WiFi 状态，如果 WiFi 没有开启则弹出一个消息框询问用户是否开启 WiFi，如果用户确定开启，则程序开启 WiFi；如果 WiFi 已经开启，则在程序主界面上显示本机的 IP、MAC 地址、SSID 和连接速度。

② 使用 Service 方式用多线程技术定时检测 WiFi 状态，并将检测结果（开启、关闭）以广播的方式告诉用户。

3. 实验习题

(1) Java API 中的 Timer 和 TimerTask 类主要用来实现定时器功能，查阅资料并学习这两个类的用法，然后编写一个 Android 程序，通过定时器检查当前设备的 WiFi 状态，实现每隔 10s 检查一次，并用广播的方式通知用户。

(2) 设计 Android 程序实现 WiFi 自动连接。

12.8 实验 8：Socket 网络编程

1. 实验要求和目的

(1) 了解 TCP 和 UDP 通信流程。

(2) 掌握 Socket 与 ServerSocket 类的使用方法。

(3) 掌握 DatagramPacket 类与 DatagramSocket 类的使用方法。

(4) 掌握 TCP 和 UDP 套接字通信方法。

2. 实验内容

(1) 使用多线程技术编写基于 TCP 通信的 C/S 模式多客户端聊天程序，实现移动客户端之间的通信，要求满足以下功能：

① 服务器采用 PC 服务器，客户端采用 Android 移动平台。

② 服务器向连接成功的客户端发送欢迎消息。

③ 服务器界面上显示连接到它的客户端的 IP 地址。

④ 在线的客户端通过服务器可以看到其他客户端在线或者离线的状态。

⑤ 客户端可以选择在线的其他客户端文字聊天，聊天信息通过服务器转发。

(2) 用 UDP 通信实现第(1)题的功能。

3. 实验习题

(1) 编写一个 Android 平台的服务器扫描程序，使用多线程技术实现局域网指定 IP 地址范围的主机扫描，并将扫描到的主机 IP 地址显示出来。

（2）编写一个简单的 Socket 服务器，开放端口，通过 Android 客户端读取服务器的数据。

（3）在"移动点餐系统"的局域网中，当某个订单配送完毕，PC 服务器向其客户端发送配送完毕消息，客户端收到后将 SQLite 数据库中该订单状态置为"配送完毕"状态。用户可以通过"我的订单"查看某个订单是否完成。

12.9 实验9：HTTP 编程

1. 实验要求和目的

（1）掌握 Apache HttpClient 类访问 Web 服务器的方法。

（2）掌握 Get 和 Post 方法向 Web 服务器发送消息并接收响应的方法。

（3）掌握使用 JSON 传输数据包的方法。

2. 实验内容

图 12.3 是某速递公司运费价格表，编写基于 Web 的手机运费查询程序，完成图 12.3 所示功能（数据传输以 JSON 数据包的形式进行）。

中国地区名称	区域
江苏省、浙江省、上海市	一 区
广东省、福建省、安徽省、北京市、天津市、湖北省、湖南省、江西省、河北省、河南省、山东省	二 区
四川省、贵州省、海南省、陕西省、云南省、山西省、重庆市、黑龙江省、甘肃省、辽宁省、吉林省、广西壮族自治区、宁夏回族自治区	三 区
内蒙古自治区、西藏自治区、青海省、新疆维吾尔自治区	四 区

圆通速递（http://www.yto.net.cn/）				[查看圆通速递查询网点配送教程]
	一 区	二 区	三 区	四 区
到货时间/天	1～2	2～3	3～4	4～5
首重费用/元/千克	6	10	13	20
续重费用/元/千克	重量*1	重量*8	重量*10	重量*18

图 12.3 某速递公司运费价格表

① 在 Web 服务器上用 MySQL 建立快递运费价格数据库，然后编写基于 PHP 的动态 Web 页面，该网页接收客户端传来的地区名称，查询数据库获得该地区的到货时间、首重费用和续重费用，再根据客户端传来的包裹重量计算运费，最后将计算结果返回给客户端。

② 编写 Android 运费查询程序，用户输入地区名称和包裹重量，单击"查询"按钮后，用 Get 方法提交以上数据到 Web 服务器，经服务器计算后，将"预计到达时间"和"运费"显示给 Android 用户。

③ 编写 Android 运费查询程序，用户输入地区名称和包裹重量，单击"查询"按钮后，用

Post 方法提交以上数据到 Web 服务器,经服务器计算后,将"预计到达时间"和"运费"显示给 Android 用户。

3. 实验习题

(1) HttpURLConnection 和 HttpClient 利用 Post 方法传递数据有哪些不同?

(2) HttpURLConnection 利用 GET 方法传递数据给 Web 页面的步骤有哪些?写出关键代码。

(3) 用 HttpClient 实现访问 Web 页面。要求登录后才能访问页面,否则不能访问。

(4) 在"移动点餐系统"的互联网中,当某个订单配送完毕,Web 服务器向其客户端发送配送完毕消息,客户端收到后将 SQLite 数据库中该订单状态置为"配送完毕"状态。用户可以通过"我的订单"查看某个订单是否完成。

12.10 实验 10:蓝牙传输编程

1. 实验要求和目的

(1) 了解蓝牙的概念及通信流程。

(2) 掌握 BluetoothAdapter 和 BluetoothDevice 类的含义与使用方法。

(3) 掌握 BluetoothServerSocket 和 BluetoothSocket 类的含义与使用方法。

(4) 掌握蓝牙设备的查找与配对方法。

(5) 掌握蓝牙连接与数据传输方法。

2. 实验内容

(1) 编写一个 Android 的蓝牙检测程序,实现下面功能:

程序启动后检测手机当前的蓝牙状态,如果蓝牙没有开启,则弹出一个消息框询问用户是否开启蓝牙,如果用户确定开启,则程序开启蓝牙;如果蓝牙已经开启,则在程序主界面上显示本机已配对的其他蓝牙设备。

(2) 编写一个蓝牙收发图片的程序,实现两个 Android 端之间小型图片的传输及显示。

3. 实验习题

(1) 总结蓝牙设备查找与配对的实现步骤,写出关键代码。

(2) 总结蓝牙设备通信的实现步骤,写出关键代码。

12.11 实验 11:百度地图编程

1. 实验要求和目的

(1) 了解百度地图的概念及主要功能。

(2) 掌握百度地图开发过程。

(3) 掌握百度基础地图与定位主要 API 的使用及方法。

(4) 掌握百度地图检索开发方法。

2. 实验内容

(1) 编写一个 Android 的百度地图应用程序,实现下面功能:

程序启动后显示用户当前位置及经纬度坐标,跟踪并记录用户行动轨迹。

（2）在"移动点餐系统"APP中增加百度地图功能及餐厅位置信息，使用户可以在百度地图中显示该餐厅的位置。

3. 实验习题

（1）总结百度地图中的基础地图、百度定位及地图检索的实现步骤，写出关键代码。

（2）自学百度地图中的路径规划和导航开发方法，学习网址：http://lbsyun.baidu.com/index.php? title=android-navsdk/guide/path。在"移动点餐系统"APP中增加用户到餐厅的路径规划和导航。

第13章 | Android 移动应用编程课程设计

13.1 课程设计目的

本课程设计的目的是为了加深学生对 Android 平台上移动应用程序开发方法及重要算法的理解,通过在 Android 平台上用 Java 语言和 Android SDK 编写若干个相对完整的移动工程实例,让学生更好地掌握 Android 编程方面的技巧和方法,提高学生综合运用 Android SDK 进行编程的专业知识和能力,锻炼学生移动应用综合编程技能。

13.2 题目及要求

1. 基于联系人信息查看器的手机拨号程序

设计要求:

(1)程序具有手机拨号界面及联系人管理界面,拥有拨打电话及联系人管理两个功能。

(2)联系人管理包括新增联系人信息,查看联系人信息,删除、修改该联系人信息。

(3)联系人信息包括姓名、手机号码、家庭电话、E-mail 地址(或其他)。

(4)用户能够在拨号界面中通过按钮输入手机号,进行模拟拨打,如果是已有联系人手机号,拨打时显示联系人姓名。

(5)用户在联系人列表中可以选择某个联系人直接拨打电话,拨打时系统给出提醒:"你确定要拨号给 XXX 吗?"。

2. 基于 Web 的酒店移动查询系统

设计要求:

(1)Web 服务器后台建立数据库,记录酒店基本信息以及入住情况。

(2)超级用户可以在 Web 上添加酒店信息。

(3)普通用户在手机上通过输入条件查询酒店信息,输入条件包括酒店名称、入住时间、房间价位等;选中某一个酒店后,如果房间仍有空闲,可以提交订单,提交订单成功后,数据库里记录会更改,该房间可用数量减 1。

3. 基于 Web 的日志记录应用程序

设计要求:

(1)系统分为 Web 服务器端和 Android 客户端,其中服务器负责保存客户端日志数据,也可以将保存的数据发送给客户端;客户端可以将数据保存在本地,也可以在联网状态下保存到服务器。

(2)客户端上实现新建日志,浏览日志列表,选中某日志以后,查看日志,编辑、删除该日志。

（3）联网状态下客户端上操作与服务器同步，非联网状态下更新后的数据保存在本地，一旦联网自动进行服务器数据的更新。

4. 基于 Web 的记事本应用程序

设计要求：

（1）系统分为 Web 服务器端和 Android 客户端，其中服务器负责保存客户端记事本数据，也可以将保存的数据发送给客户端；客户端可以将数据保存在本地，也可以在联网状态下保存到服务器。

（2）在客户端实现记事本功能包括新建、打开、保存、另存为、退出。

（3）联网状态下客户端上操作与服务器同步，非联网状态下更新后的数据保存在本地，一旦联网自动进行服务器数据的更新。

5. 计算器应用程序

设计要求：

（1）实现数字的加、减、乘、除及括号功能。

（2）能够进行多项式的显示和计算。

6. 个人所得税计算器

设计要求：

输入：收入类型、收入总额、税前扣除的三险一金（默认值为 0）、起征额（默认值为 3500）。

输出：应缴税额、税后收入。

税收计算方法按照《中华人民共和国个人所得税法》，对不同的收入类型采用不同的计算方法。

7. 编写鼠标画图程序

设计要求：

（1）绘制直线、椭圆、矩形、多边形及草稿线。

（2）设置绘制图形的颜色及线条粗细。

（3）能够对封闭图形进行填充。

（4）读入及保存绘制图形。

8. 编写文字处理程序

设计要求：

（1）打开、显示及保存文本文件。

（2）对读入的文件进行编辑。

（3）设置文本的字体、颜色和大小。

（4）可以对指定字符串进行查找、定位和替换。

（5）具有自动换行功能。

9. 编写无线局域网下的多玩家计时拼图游戏

设计要求：

（1）系统分为局域网 PC 服务器端和 Android 客户端，采用 TCP 协议传输数据。

（2）服务器端负责读入图片并随机产生乱序，然后将乱序的图片分发给联网的各个客

327

户端。

(3) Android 玩家通过鼠标单击空格移动图片完成拼图,程序判断拼图是否完成,并将完成时间上传给服务器端。

(4) 服务器端根据各客户端完成时间计算各玩家名次,将结果发给相应玩家。

(5) 玩家客户端程序上显示排名。

10. 编写理财管理器

设计要求:

(1) 记录用户每日收支项(项目时间、收支类别、说明、金额、余额)。

(2) 收支项的添加、编辑、删除。

(3) 统计用户当月的收支情况:收支对比、分类开支及分类收入。

(4) 提供记事本让用户能够写理财日记。

(5) 理财数据用数据库或文件保存,每次用户打开管理器时能够自动加载数据。

11. 基于 Web 的学生选课综合管理程序

设计要求:

Web 服务器后台建立数据库,数据库名为 SelectCourse.mdb,该数据库中有一个名为 student 的表,包含以下字段:学号、姓名、性别、班级编号、出生日期、籍贯;一个名为 CourseInfo 的表,包含以下字段:课程编号、课程名称、学时、学分、开课专业;一个名为 ScoreInfo 的表,包含以下字段:学号、课程编号、分数。用户使用手机登录后实现以下功能:

(1) 实现学生信息的添加、修改、删除。

(2) 实现课程信息的添加、修改、删除。

(3) 实现指定学生的选课及相应成绩的查询。

(4) 实现指定课程的选课学生及相应成绩的查询。

12. 编写员工管理信息程序

设计要求:

数据库名为 Person.mdb,该数据库中包含:①用户信息表(UserInfo),包含以下字段:用户名(主键)、密码、描述;②工种信息表(JobInfo),包含以下字段:工种编号、工种名称(主键)、描述;③员工信息表(PersonInfo),包含以下字段:员工编号(主键)、员工姓名、部门编号、工种名称、性别、生日、籍贯、学历、专业、参加工作时间、进入公司时间、职称、备注;④部门信息表(DepartInfo),包含以下字段:部门编号(主键)、部门名称、部门领导、备注;⑤收入信息表(Income),包含以下字段:收入编号(主键)、月份、员工编号、月收入、备注。要求管理程序实现以下功能:

(1) 只有合法用户(用户信息表中的用户,且密码正确)才能登录。

(2) 实现用户信息的添加、修改、删除

(3) 实现工种信息的添加、修改、删除。

(4) 实现员工信息的添加、修改、删除。

(5) 实现员工所属部门信息的添加、修改、删除。

(6) 实现员工收入信息的添加、修改、删除。

(7) 实现指定员工的所属部门及收入的查询。

13. 编写无线局域网下移动终端聊天程序

设计要求：

编写网络聊天程序，实现 WiFi 下 PC 服务器主导的 Android 手机之间聊天。

（1）聊天程序分为服务器端和客户端，服务器端位于 PC 上，客户端位于 Android 手机上。

（2）客户端登录服务器后获取其他客户端的 IP 地址列表。

（3）客户端之间通过获取的 IP 地址实现 Android 手机间的文字聊天及文件传输。

（4）当某个用户离线时，向服务端发送离线消息，服务端及时向其他在线用户发出用户列表更新消息。

14. 编写无线局域网下移动终端网络多账户提款机存取款程序

设计要求：

（1）多个储户的账户存储在服务器（PC 上），所有账户的金额形成（银行）总额。

（2）任意时刻储户可以从 Android 客户端进行账户余额查询、提取或者存入金额。每次存取款后移动终端显示储户账户提款信息及账户余额。

（3）服务器端动态显示当前所有账户的余额及账户总额。

（4）服务器可以用控制台或 Windows 界面。

15. 编写移动互联网下移动终端网络多账户提款机存取款程序

设计要求：

（1）多个储户的账户存储在 Web 服务器，所有账户的金额形成（银行）总额。

（2）任意时刻储户可以从 Android 客户端进行账户余额查询、提取或者存入金额。每次存取款后移动终端显示储户账户提款信息及账户余额。

（3）服务器端显示当前所有账户的余额及账户总额。

（4）服务器可以使用 ASP 或 PHP 编写。

16. 编写基于 Web 的理财管理器

设计要求：

（1）Web 服务器记录用户每日收支项（项目时间、收支类别、说明、金额、余额）。

（2）用户登录后可以进行收支项的添加、编辑、删除。

（3）统计用户当月的收支情况：收支对比、分类开支及分类收入。

（4）提供记事本，让用户能够写理财日记。

（5）理财数据用数据库或文件保存在 Web 服务器上，用户登录后自动加载数据。

17. 编写基于百度地图的生活轨迹 APP

设计要求：

（1）系统分为前台 APP 和后台 Web 服务器，前后台通过 HTTP 协议进行交互。

（2）系统为每个用户设置一个账户，用户通过 APP 进行账户的注册、登录及注销。

（3）APP 程序定位并记录用户行进位置，生成每日行走轨迹及里程数，该数据保存在后台 Web 服务器上。

（4）用户登录后可以查看指定日期的移动轨迹，该数据从 Web 服务器下载，然后显示在地图上。

（5）用户可以在 APP 上检索感兴趣的地点，程序给出目标及用户位置，并能进行路径

329

规划和导航。

(6) 系统提供"找朋友"功能：若干用户在得到彼此的许可后，可以在 APP 中显示他们各自的位置（提示：用户实时将自己的位置更新到 Web 服务器，其他用户通过查询 Web 服务器得到该用户的位置）。

13.3　考核方式

课程设计成绩评定的依据有设计文档资料、具体实现设计方案的程序及程序运行情况，其中文档资料占总成绩的 30％，程序代码及正确运行占总成绩 70％。

优：有完整的符合标准的文档，文档有条理、文笔通顺，格式正确，其中有总体设计思想的论述；程序完全实现设计方案，程序代码注释清楚，界面设计美观，可靠性好；运行良好。

良：有完整的符合标准的文档，文档有条理、文笔通顺，格式正确；有完全实现设计方案的软件，程序代码有注释，界面设计美观，程序运行良好。

中：有完整的符合标准的文档，有基本实现设计方案的软件，设计方案正确，程序运行正常，但有一些小 bug。

及格：有完整的符合标准的文档，有基本实现设计方案的软件，设计方案基本正确，程序能够运行，但 bug 较多。

不及格：没有完整的符合标准的文档，软件没有基本实现设计方案，设计方案不正确，程序代码混乱，有明显的语法错误，或有明显抄袭情况。

提交的电子文档和软件必须是由学生自己独立完成，雷同者教师有权视其情况扣分或记零分。

参 考 文 献

[1] 王向辉,等.Android 应用程序开发[M]. 2 版.北京:清华大学出版社,2012.

[2] 方欣,赵红岩.Android 程序设计教程[M].北京:电子工业出版社,2014.

[3] 毋建军,等.Android 应用开发案例教程[M].北京:清华大学出版社,2013.

[4] 张荣,等.Android 开发与应用[M].北京:人民邮电出版社,2014.

[5] 百度百科.Android[EB/OL].[2017-05-05].http://baike.baidu.com/view/1241829.html.

[6] Android 中文 API[EB/OL].[2017-05-05].http://www.android-doc.com.

[7] 陈文,郭依正.深入理解 Android 网络编程[M].北京:机械工业出版社,2013.

[8] 工信部通信行业职业技能鉴定指导中心.移动应用开发技术[M].北京:机械工业出版社,2012.

[9] 张思民.Android 应用程序设计[M].北京:清华大学出版社,2013.

[10] 黄隽实.Android 和 PHP 开发最佳实践[M].北京:机械工业出版社,2013.

[11] 张余.Android 网络开发从入门到精通[M].北京:清华大学出版社,2014.

[12] 何孟翰.Google Android SDK 开发实战演练[M].北京:人民邮电出版社,2012.

[13] 罗文龙,等.Android 应用程序开发教程——Android Studio 版[M].北京:电子工业出版社,2016.

[14] 毕小朋.精通 Android Studio[M].北京:清华大学出版社,2017.

[15] 百度.百度地图开放平台[EB/OL].[2017-05-05].http://lbsyun.baidu.com.

图书资源支持

感谢您一直以来对清华版图书的支持和爱护。为了配合本书的使用,本书提供配套的资源,有需求的读者请扫描下方的"书圈"微信公众号二维码,在图书专区下载,也可以拨打电话或发送电子邮件咨询。

如果您在使用本书的过程中遇到了什么问题,或者有相关图书出版计划,也请您发邮件告诉我们,以便我们更好地为您服务。

我们的联系方式:

地　　址:北京海淀区双清路学研大厦 A 座 707

邮　　编:100084

电　　话:010－62770175－4604

资源下载:http://www.tup.com.cn

电子邮件:weijj@tup.tsinghua.edu.cn

QQ:883604(请写明您的单位和姓名)

用微信扫一扫右边的二维码,即可关注清华大学出版社公众号"书圈"。

资源下载、样书申请

书圈